JN268007

1. 超軽量椅子
　 ジオ・ポンテ作
　　（Cassina 社）

2. ジグザグ・チェアー
　 リートフェルト作
　　（Cassina 社）

3. 縁張機の作業——ビューローの側板の縁張
（株：有馬製作所）

4. 自動組立機——ビューロー・スツールの組立
（株：有馬製作所）

5. 標準パネルによる色合せ

6. 衣裳たんす台輪組立

7. 台輪組立

8. スプレーガンによるオイルステイン吹付──桜材，衣裳たんす
   （5・6・7・8ともダニエルグループ伊勢原工場；ハマクラシック）

↑9. ダイニング用家具──チーク製（三越設計部）

↓10. 寝室用家具──チーク製かまち組構造（三越設計部）

技術シリーズ

木 工

普及版

平井信二　上田康太郎
監修　　土屋欣也
　　　　藤城幹夫
　　　　　　　著

朝倉書店

まえがき

　高度成長から安定成長へ，そんな中で迎えた第2次オイルショックは，第1次オイルショック時同様に，限りある資源を見直す気運が高まり，再び木材の市場価格の高騰を促しつつある．
　木材は国土保全，エネルギ資源，また日常生活に欠かせない工業材料であるとの見方が定着しつつあり，これを一層大切に，かつ効果的に使おうという考え方が世界的に高まっている．
　他方，今や基幹産業に成長しつつある住宅産業の中にあって，木質系住宅がユーザーの根強い支持を受けている事実がある．また，高級木製家具をはじめ，伝統工芸や木の民芸などに対する静かなブームもある．
　しかしその理由は，人々の歴史的回帰現象などといわれるものではなく，生物材料としての木材がもっと本質的に，われわれの日常生活のための住空間や道具類の材料として，その諸性質がメンタルな領域までを加えた総合的な要求を最も充し得るものであるからにほかならない．
　本書は，こうした点を踏まえて，わかり易い木材と加工法について，朝倉：技術シリーズの一つとして豊富な図版を駆使してまとめられたものである．
　日頃生産現場で活躍されている若い技術者の参考のため，大学，短大，工高などの木材加工系学科の補助教材としてお役に立てれば幸いである．
　本書の構成は次の通りである．
　Ⅰ章……人間生活にとって木材の有用性を述べた．
　Ⅱ章……木材の諸性質を図版を多くして解説．
　Ⅲ章……木工の仕口，継手，構造法の解説．
　Ⅳ章……木材の機械加工と手加工の解説．
　Ⅴ章……木材接着と塗装を図表でまとめた．
　以上を通して，木材への理解を深め，その加工についての理解を深める一助としていただきたい．
　狂い，あばれる木材，朽ちはてる木材，燃えてしまう木材，これらをその欠点としての諸性質を可能な限り押え，利点を極限まで引出す加工，これがまさしく木材加工，木工である．このようにして，日常生活の中で木材の無駄のない活用ができ，生活にうるおいを与えることができるならば著者らの一層の喜びである．
　おわりに，日本木材加工技術協会会長，東京大学名誉教授平井信二先生には，御多忙中のところ，監修をお引受け下され，多大の御助言・御指導をたまわったことを記して謝意を表したい．また本書を企画された朝倉書店には，終始御面倒をおかけし，種々お世話いただいた．併せて謝意を表したい．

1979年10月

著　　者

目　　次

I. はじめに	藤城幹夫

 1.　人間生活と木材 …………………………………………………………… 1
 2.　木材と加工 ………………………………………………………………… 3

II. 木材の一般的性質	土屋欣也

 1.　樹　木 ……………………………………………………………………… 5
  1.1　種類と分類 …………………………………………………………… 5
  1.2　針葉樹 ………………………………………………………………… 5
  1.3　広葉樹 ………………………………………………………………… 6
 2.　木材の構造 ………………………………………………………………… 6
  2.1　肉眼的構造 …………………………………………………………… 6
   2.1.1　年　輪 ………………………………………………………… 6
   2.1.2　心材，辺材 …………………………………………………… 7
   2.1.3　木取りと材面の性状 ………………………………………… 8
   2.1.4　木　理 ………………………………………………………… 9
   2.1.5　もく（杢） …………………………………………………… 9
   2.1.6　木材の色 ……………………………………………………… 10
  2.2　顕微鏡的構造 ………………………………………………………… 10
   2.2.1　針葉樹の構造 ………………………………………………… 10
   2.2.2　広葉樹の構造 ………………………………………………… 11
   2.2.3　広葉樹の道管の配列による大別 …………………………… 13
   2.2.4　細胞壁の構造 ………………………………………………… 14
   2.2.5　細胞壁の壁孔 ………………………………………………… 14
 3.　木材の性質 ………………………………………………………………… 15
  3.1　物理的性質 …………………………………………………………… 15
   3.1.1　比　重 ………………………………………………………… 15
   3.1.2　木材の比重 …………………………………………………… 15
   3.1.3　木材の含有水分 ……………………………………………… 15
   3.1.4　膨潤および収縮 ……………………………………………… 17
  3.2　機械的性質 …………………………………………………………… 18

　　　　3.2.1　応力とひずみ……………………………………………………………18
　　　　3.2.2　木材の圧縮強さ，引張強さ……………………………………………19
　　　　3.2.3　木材の曲げ強さ…………………………………………………………19
　　　　3.2.4　木材のせん断強さ，衝撃強さ…………………………………………20
　　　　3.2.5　木材の硬さ，割裂強さ…………………………………………………21
　　　　3.2.6　許容応力と安全率………………………………………………………21
4.　木材の欠点………………………………………………………………………………23
　4.1　木材のきず…………………………………………………………………………23
　　　4.1.1　木材のきず…………………………………………………………………23
　　　4.1.2　節………………………………………………………………………………24
　　　4.1.3　材の割れ……………………………………………………………………24
　4.2　木材の腐朽と虫害…………………………………………………………………26
　　　4.2.1　木材の腐朽…………………………………………………………………26
　　　4.2.2　シロアリと乾材害虫………………………………………………………26
5.　製材と規格………………………………………………………………………………27
　5.1　製材と木取り………………………………………………………………………27
　　　5.1.1　板目木取り，まさ目木取り………………………………………………27
　　　5.1.2　製材歩止り…………………………………………………………………27
　5.2　用材規格……………………………………………………………………………28
　　　5.2.1　製材規格（Ⅰ）……………………………………………………………28
　　　5.2.2　製材規格（Ⅱ）……………………………………………………………29
6.　木材の乾燥………………………………………………………………………………30
　6.1　天然乾燥……………………………………………………………………………30
　6.2　人工乾燥……………………………………………………………………………31
7.　木質材料…………………………………………………………………………………32
　7.1　集成材………………………………………………………………………………32
　　　7.1.1　集成材の種類………………………………………………………………32
　　　7.1.2　集成材の接着と強さ………………………………………………………33
　7.2　合　板………………………………………………………………………………34
　　　7.2.1　合板の種類…………………………………………………………………34
　　　7.2.2　合板の接着と強さ…………………………………………………………35
　7.3　パーティクルボード………………………………………………………………37
　　　7.3.1　パーティクルボードの種類と用途………………………………………37
　　　7.3.2　パーティクルボードの接着と強さ………………………………………37
　7.4　ファイバーボード…………………………………………………………………38
　　　7.4.1　ファイバーボードの種類と用途…………………………………………38
　　　7.4.2　ファイバーボードの性質…………………………………………………39

III. 構造法　　　　　　　　　　　　　　　　　　　上田康太郎

1. **基本構造** …………………………………………………… 41
   1.1 継手と仕口 ………………………………………………… 41
   　1.1.1 木材の接合 …………………………………………… 41
   　1.1.2 かまち材の仕口 ……………………………………… 41
   　1.1.3 かまち材および板材の接合 ………………………… 44
   　1.1.4 板の接合 ……………………………………………… 44
   1.2 パネル構造 ………………………………………………… 47
   　1.2.1 ソリッドパネル ……………………………………… 47
   　1.2.2 かまち組みパネル …………………………………… 48
   　1.2.3 練心合板構造 ………………………………………… 48
   　1.2.4 フレームコア合板構造 ……………………………… 49
   1.3 縁張り，エッジ構造 ……………………………………… 49
   　1.3.1 木材によるエッジ構造 ……………………………… 49
   　1.3.2 金属およびプラスチックによるエッジ構造 ……… 49
   1.4 金具類 ……………………………………………………… 50
   　1.4.1 接合金具（緊結金具） ……………………………… 50
   　1.4.2 家具金物 ……………………………………………… 50
2. **家具構造** …………………………………………………… 55
   2.1 椅子，ベッド ……………………………………………… 55
   　2.1.1 腰掛け ………………………………………………… 55
   　2.1.2 小椅子の構造 ………………………………………… 55
   　2.1.3 ひじ掛け椅子の構造 ………………………………… 57
   　2.1.4 安楽椅子，長椅子の構造 …………………………… 57
   　2.1.5 ベッドの構造 ………………………………………… 57
   2.2 机，テーブル ……………………………………………… 59
   　2.2.1 テーブルの構造 ……………………………………… 59
   　2.2.2 甲板の構造 …………………………………………… 59
   　2.2.3 脚部の構造 …………………………………………… 59
   　2.2.4 脚部と甲板の取付け ………………………………… 61
   　2.2.5 丸テーブルの構造 …………………………………… 61
   　2.2.6 伸長テーブルの構造 ………………………………… 62
   　2.2.7 折畳みテーブルの構造 ……………………………… 62
   　2.2.8 平机の構造 …………………………………………… 64
   　2.2.9 片袖机の構造 ………………………………………… 64
   　2.2.10 両袖机の構造 ………………………………………… 65
   2.3 収納家具 …………………………………………………… 65

2.3.1　整理だんすの構造……………………………………65
　　　2.3.2　わく体…………………………………………………65
　　　2.3.3　支輪・台輪・脚の構造……………………………67
　　　2.3.4　引出しの構造…………………………………………69
　　　2.3.5　引出しの仕込…………………………………………70
　　　2.3.6　戸の構造………………………………………………70
　　　2.3.7　戸の取付け……………………………………………72
　　　2.3.8　たなの構造……………………………………………73
　　　2.3.9　ユニットファニチャの構造………………………74
　　　2.3.10　ビルトインファニチャの構造……………………74
　　　2.3.11　和だんすの構造………………………………………76
　3.　クッション構造………………………………………………77
　　3.1　一般構造，種類…………………………………………77
　　3.2　薄張り………………………………………………………78
　　3.3　厚張り………………………………………………………79
　　　3.3.1　スプリングを用いる場合……………………………79
　　　3.3.2　ウレタンフォームを用いる場合……………………80
　　3.4　あおり張り（張包み）…………………………………80
　　3.5　その他の張り……………………………………………80
　　3.6　マットレス………………………………………………81

IV.　木工機械と加工　　　　　　　　　　　　　　　藤　城　幹　夫

　1.　木工機械の分類………………………………………………83
　2.　のこ盤…………………………………………………………83
　　2.1　帯のこ盤…………………………………………………83
　　　2.1.1　主要部の機構と機能…………………………………83
　　　2.1.2　調整と取扱い…………………………………………84
　　2.2　丸のこ盤…………………………………………………86
　　　2.2.1　横挽き盤の構造と機能………………………………87
　　　2.2.2　縦挽き盤の構造と機能………………………………87
　　　2.2.3　昇降丸のこ盤の構造と機能…………………………88
　　　2.2.4　丸のこ盤の調整と取扱い……………………………89
　3.　かんな盤………………………………………………………92
　　3.1　手押しかんな盤…………………………………………92
　　　3.1.1　テーブルの構造………………………………………92
　　　3.1.2　かんな胴の構造………………………………………93
　　　3.1.3　自動送材装置…………………………………………93

         3.1.4　調整と取扱い……………………………………………94
　　3.2　自動一面かんな盤……………………………………………96
         3.2.1　送材用ロール……………………………………………96
         3.2.2　カッターヘッド…………………………………………97
         3.2.3　板押え機構………………………………………………98
         3.2.4　テーブル…………………………………………………98
         3.2.5　送材変速機構……………………………………………98
         3.2.6　調整と取扱い……………………………………………98
　　3.3　自動二面かんな盤…………………………………………100
　　3.4　自動三面かんな盤と自動四面かんな盤…………………101
4.　成形削り機械………………………………………………………102
　　4.1　面取り盤主要部の構造と機能……………………………102
　　4.2　面取り盤の作業……………………………………………104
         4.2.1　直線削り…………………………………………………104
         4.2.2　曲線曲面削り……………………………………………105
　　4.3　ルーターマシン……………………………………………106
         4.3.1　主要部の構造……………………………………………106
         4.3.2　ルーター作業……………………………………………106
5.　木工旋盤……………………………………………………………110
6.　穴あけ………………………………………………………………110
　　6.1　角のみ盤……………………………………………………111
　　6.2　ボール盤，ラジアルボール盤……………………………112
　　6.3　ボール盤の穴あけ作業……………………………………112
　　6.4　多軸ボール盤………………………………………………112
7.　枘取り盤……………………………………………………………113
　　7.1　縦形単軸枘取り盤…………………………………………114
　　7.2　多軸枘取り盤………………………………………………115
8.　組継ぎ加工…………………………………………………………116
　　8.1　コーナーロッキングマシン………………………………116
　　8.2　ダブテールマシン…………………………………………118
9.　仕上げ加工用機械…………………………………………………119
　　9.1　超仕上げかんな盤…………………………………………119
　　9.2　研削機械……………………………………………………120
         9.2.1　ベルトサンダー…………………………………………121
         9.2.2　研削量……………………………………………………122
10.　自動化と省力化……………………………………………………123
11.　手加工と工具類……………………………………………………125
　　11.1　のこぎりとのこ挽き作業…………………………………125

11.1.1 のこぎり……………………………………………125
11.1.2 のこぎりの歯形…………………………………126
11.1.3 のこぎりの種類と用途………………………127
11.1.4 のこ挽き作業…………………………………130
11.1.5 のこぎりの目立てと調整……………………132
11.2 かんなとかんな削り作業……………………………132
11.2.1 かんな…………………………………………132
11.2.2 平削りにおける刃物と被削材………………134
11.2.3 切削の形態……………………………………135
11.2.4 かんなの調整…………………………………136
11.2.5 かんな削り……………………………………142
11.3 のみと穴掘り…………………………………………143
11.3.1 のみ……………………………………………143
11.3.2 のみによる加工………………………………144
11.4 玄能・槌類……………………………………………145
11.5 曲尺(かねじゃく)……………………………………146
11.6 その他の工具…………………………………………146
11.6.1 錐(きり)………………………………………146
11.6.2 罫引(けびき)…………………………………146
11.6.3 その他…………………………………………148

V. 接着・塗装　　　　　　　　　　　土屋欣也・藤城幹夫

1. 接着……………………………………………………(土屋)…149
1.1 接着と接着剤…………………………………………149
1.2 接着機構………………………………………………149
1.3 接着層の形成…………………………………………150
1.4 接着剤に必要な性質…………………………………150
1.4.1 材表面のぬれ…………………………………150
1.4.2 材面の浸透……………………………………151
1.4.3 接着剤の流動…………………………………151
1.4.4 接着剤の固化…………………………………151
1.5 接着剤に関係する木材の条件………………………152
1.5.1 樹種と比重……………………………………152
1.5.2 接着剤面………………………………………153
1.5.3 木材の含水率…………………………………153
1.5.4 接着面の粗さ…………………………………153

1.6　接着操作条件 …………………………………………………… 153
　1.6.1　接着剤の塗付量 ………………………………………… 153
　1.6.2　堆積時間 ………………………………………………… 154
　1.6.3　圧縮力 …………………………………………………… 154
　1.6.4　接着剤の塗付方法 ……………………………………… 154
　1.6.5　接着の圧縮方法 ………………………………………… 154
1.7　接着剤 …………………………………………………………… 156
　1.7.1　化学組成による分類と用途 …………………………… 156
　1.7.2　木材と異種材料との接着 ……………………………… 157
　1.7.3　動物にかわ接着剤 ……………………………………… 158
　1.7.4　カゼイン接着剤 ………………………………………… 159
　1.7.5　酢酸ビニル樹脂エルマジョン接着剤 ………………… 160
　1.7.6　ユリア(尿素)樹脂接着剤 ……………………………… 160

2. 塗　装 ……………………………………………………(藤　城)… 162
2.1　塗装の概要 ……………………………………………………… 162
2.2　塗装工程 ………………………………………………………… 162
　2.2.1　素地調整 …………………………………………………… 163
　2.2.2　目止め, 着色 ……………………………………………… 164
　2.2.3　下塗り ……………………………………………………… 165
　2.2.4　中塗り ……………………………………………………… 166
　2.2.5　上塗り ……………………………………………………… 166

文　献 ………………………………………………………………………… 169
索　引 ………………………………………………………………………… 171

■**資料提供協力会社**（五十音順）

株式会社有馬製作所	庄田鉄工株式会社
飯田工業株式会社	砂村家具工芸株式会社
Cassina S.p.A 社（伊）	株式会社高橋たんす店
株式会社カタヌマ	竹川鉄工株式会社
兼房刃物工業株式会社	株式会社西野製作所
株式会社桑原製作所	日本ビクター株式会社インテリア事業部
国際インテリア株式会社	株式会社服部鉄工所
株式会社コスガ	ハマクラシック家具株式会社
株式会社コダカ	株式会社平安鉄工所
株式会社下平製作所	株式会社松本たんす店
ジャノメ精器株式会社	山本工業株式会社

I. はじめに

1. 人間生活と木材

　人間生活の全領域にわたって，木材ほど深くわれわれとかかわっている材料はないであろう．木材のわが国における年間需要は1978年で約 1.1 億 m^3 に達し，その約 70% が住宅関連用とされている．これほど多くの木材が使用されている最大の理由は，要するに，木材が，単に入手しやすくかつ加工しやすい材料であるというばかりではなく，われわれ人間生活の場で使用する素材として，望ましいいくつかの条件を備えているからである．つまり木材は，その物理的・化学的諸性質および視覚的にも心理的にもわれわれの使用上の要求をトータルに満しうる素材だからに他ならない．

　たとえば，木と草と土や紙に囲まれて永らく生活してきたわれわれ日本人の生活様式を見るにつけても，建築・インテリア材料としての木材の良さや有用性をあらためて感じないわけにゆかない．それは，先人の積年にわたる生活体験を通じてつちかわれてきた「木の文化」ともいえるものであろう．

　たとえば，木造柱 1 本の年間水分の吸放出量はほぼビールビン 1 本分（633 ml）に及ぶといわれる．柱に背割をして表面の乾燥割裂を防止しているが，柱の水分は四季を通じて変化し，これにともなって背割溝は呼吸するかのように幅を変え表面応力を吸収している．このようにして木材を用いた内装材は，室内の温湿度に応じて，水分の吸放湿をし，畳など一連の生物材料とともにいわば室内の

図 I-1　荒壁の窓．弧蓬庵本堂（京都）

図 I-2　利休好みの下地窓．妙喜庵茶室（京都）

I. はじめに

図 I-3 キリ衣裳たんす

図 I-4 キリ衣裳たんす
（総桐：前象嵌）

図 I-5 たな（クワ材）

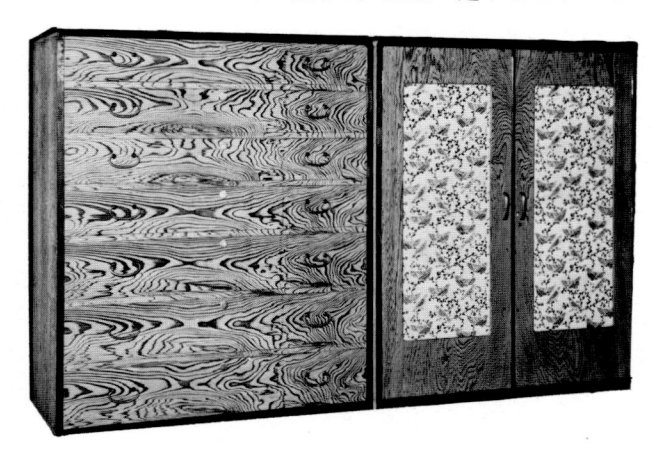

図 I-6 スギ時代仕上げ（整理たんす）

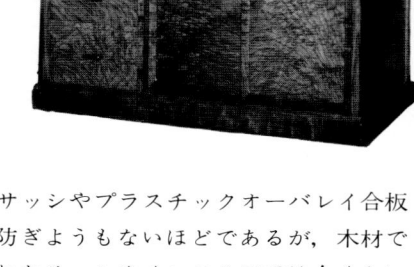

湿度を一定に保つ調和をはかっているともいえる。

また，木製のテーブルトップは作業中の視神経にもっとも望ましいことが研究により判明している。テーブルトップの表面の道管その他の細胞孔によって照明光束が乱反射ないしは吸収されて視神経を不用に刺激しないので，和らかな照明環境を提供するからだといわれる。

また冬期の結露も，露点に達するとアルミニウムサッシやプラスチックオーバレイ合板では，防ぎようもないほどであるが，木材で構成されたサッシやインテリアでは全くといって良いほど結露は問題にならない。

それだけではなく，木製品や木の羽目板などにかこまれていると心がなごむ思いがするのは筆者だけだろうか。

住いについて木材の使い方をみると，障子，畳，長押などわが国のインテリアでは，直線的な構成が多いところから，各部材には，天井・床などの板材を除いて，主として，柾目材が好まれ，木理のまっすぐな框材・四方柾の柱などが良しとされてきた伝統があるが，これらの部材はまた狂いにくいという利点を有し，直線的な部材構成の中で控え目なインテリアを作り出すのに役立っている。

しかも，木材は，工業諸材料中，植林と伐採を計画的に行うことにより，次々と再生で

図 I-7　スギ時代仕上げ（座卓）

きるという利点を持っている．これほど有用な木材を改めて評価し，それを生活のあらゆる場面で適材を適所に使ってゆきたいものである．燃えかつ朽ちはてる木材，狂いあばれる木材，これらの欠点を次章で十分に研究し，さらに木材の広範な利用を望みたいと思う．

2. 木材と加工

木材には，以上のような人間にとって好ましい多くの性質があるが，さらに色香，木理などといった他素材にはない生物材料固有の特徴を有するものである．中でも木理は，加

図 I-8　かりん花台

図 I-9　かりん花台

工との深いかかわりを有するほとんどの木材を他材料から判別する決定的ともいえる特性である．

木工，木材加工とは，こうした木の素材としての性質を知りつくして，これを十二分に生かした加工をし製品化することだといえよう．その領域は，家具，什器類をはじめとする生活用具万般から，建具や建築物へと及ぶ広範なものである．

ここで，少し生活用具・家具について，その加工法，素材の生かし方，……など木工について見てみよう．

わが国の木工技術には大変すぐれた伝統があり，それらの一部は御物類をはじめとして，伝統的工芸品や日用雑貨を通して知ることができる．こうした作品の背景には，根本的には，国民性ともいえる製作態度があり，これにもとづく木取り法，加工法，さらに豊富で精巧な工具類があることを無視できない．

まず工匠は，製作にあたって素材を見て，それをどう生かしきるかに腐心する．こうし

図 I-10　タモ曲木（ピーコックチェア）　図 I-11　チーク肘掛け椅子．

て作品へのイメージを徐々に練り上げてゆく．おびただしい素材群の中から，木の個性を生かしながら得心のゆく作品を生み出してゆく製作態度は，木を扱う工匠に共通のものである．また木の都合でさまざまな作業を進めて行くという加工法は，無限といってよいほどの多種多様な工具類を生み出し，工匠はこれらの工具に囲まれて仕事をする．この豊富な工具と繊細な技術とが，一種の相乗作用とも

4　I. はじめに

サイザーによる加工

図 I-12　　　　面取り加工

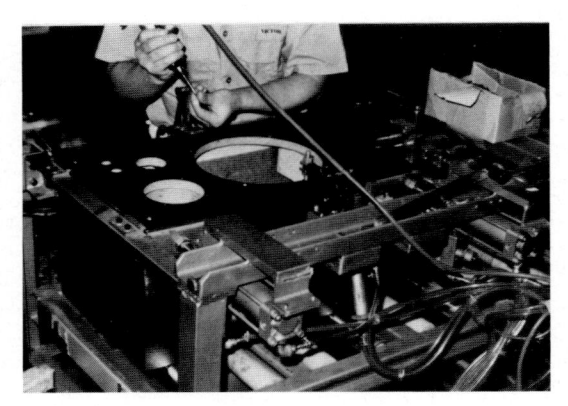

エア工具が手先で駆使される

いえる効果を生み出し，独特の仕口や構造法あるいはわが国の指物＝木工製品を作り出してきたものといえる．

　上述の工具類のうち，鋸，特に畔挽鋸（あぜひきのこ）や胴突鋸（どうづきのこ）などは諸外国のものと対比していちじるしい特徴をもつもので細かい歯の１つ１つにていねいな目立て，研摩が施されている点は特に大きな差異であろう．胴突鋸や柄挽鋸（えびき）の紹介が洋書に登場するなど諸外国でも関心をあつめている（James Krenow：The Fine Art of Cabinet Making など）

　わが国が電子工学やカメラ，時計，自動車といった分野で質の高い技術で世界をリードしているのも，上述のこととは無関係ではない．超技術といわれる最先端のそれと，わが国の伝統的技能・技術とは一見かかわりがなさそうに見えるが，その根底で強く結ばれているのである．現在，われわれのまわりには，省力化，資源の効果的利用，経済性（コスト）などのより強い影響下から送り出されてきたと思われるものと，一方木の良さを引出して付加価値を高めたものとの両極が存在しているように見える．後者には，木理を生かした木取りから，適切な構造法や部材断面の選定，機能性の追求や表面仕上げから塗装の良さなど一連の技術が，木工のために結集されている．そのためには生物材料における水分調節の取扱いや，材の硬軟，粘り，含有物質の種類などによる工具，機械刃物の刃先角・切削角の選定や切削速度の調節などが有機的に調整されなくてはならない．III章以下ではこれらの技術について学ぼうと思う．

II. 木材の一般的性質

1. 樹　木

　私たちの生活している日本は全国土の70％が森林で緑に恵まれている．しかし地球表面で考えると，地球表面の29％が陸地であり，その3分の1の約10％が森林で，草原，砂漠，氷雪地が約20％であるといわれる．これからは森林の中で用材として利用されている木本植物の成長と保存を地球全体で考えてゆかなければならないものと思われる．

1.1　種類と分類

　樹木を分ける呼び名には一般的に，針葉樹，広葉樹などと区別した呼び方がある．図II-1は植物分類学からみた分けかたの一つである．木材を生産する木本植物はだいたい裸子植物と被子植物の双子葉類とに属している．近年は日本の市場にも多くの種類の外国産材がみられる．そして今まで用材として利用されていない樹木もこれからはどんどん研究・利用されていくものと思われる．

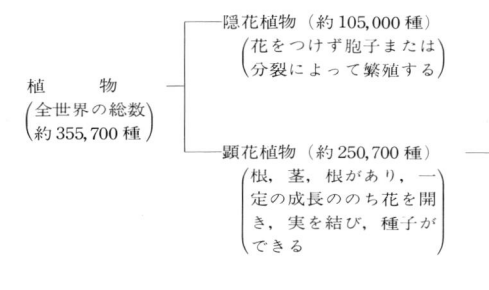

1.2　針葉樹

　針葉樹は植物分類学上は裸子植物に属し，一般に葉が細く硬い針状をしている．しかし，葉が平たくやわらかいイヌマキなどもあるし，イチョウのように扇形の葉で葉脈を放射状に出しているのもある．一年中葉をつけている常緑樹がほとんどであるが，イチョウやカラマツなどは落葉樹で，冬に葉が落ちるものもある．温帯林から寒帯林地域に多く成育する．

表 II-1　針葉樹一般名

日本産材	マツ科	アカマツ・クロマツ・ゴヨウマツ類，カラマツ，トガサワラ，エゾマツ・トウヒ類，ツガ，コメツガ，トドマツ・モミ類
	イチイ科	イヌガヤ　イチイ　カヤ
	ヒノキ科	アスナロ　ヒノキ　サワラ　ネズコ　ビャクシン
	スギ科	スギ
	イチョウ科	イチョウ
北米材	マツ科	イースタンホワイトパイン（ストローブマツ）シトカスプルース（ベイトウヒ）ダグラスファー（ベイマツ）ウェスタンヘムロック（ベイツガ）ホワイトファー（ベイモミ）
	ヒノキ科	ウェスタンレッドシーダー（ベイスギ）アラスカシーダー（ベイヒバ）
	スギ科	レッドウッド（セコイア）
南洋材	ナンヨウスギ科	アガチス　フープパイン
	マツ科	メルクシマツ

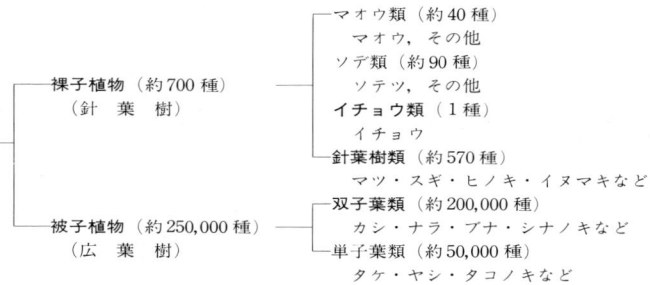

```
                  ┌─隠花植物（約105,000種）
                  │  （花をつけず胞子または
                  │   分裂によって繁殖する）
植　物          　│                                    ┌─マオウ類（約40種）
（全世界の総数）─┤                                    │  マオウ，その他
 約355,700種）    │                                    │  ソテ類（約90種）
                  │                 ┌─裸子植物（約700種）─┤  ソテツ，その他
                  │                 │  （針　葉　樹）    │  イチョウ類（1種）
                  │                 │                    │  イチョウ
                  │                 │                    └─針葉樹類（約570種）
                  └─顕花植物（約250,700種）                 マツ・スギ・ヒノキ・イヌマキなど
                     （根，茎，根があり，一│
                      定の成長ののち花を開 │                ┌─双子葉類（約200,000種）
                      き，実を結び，種子が │                │  カシ・ナラ・ブナ・シナノキなど
                      できる）             └─被子植物（約250,000種）─┤
                                             （広　葉　樹）           └─単子葉類（約50,000種）
                                                                        タケ・ヤシ・タコノキなど
```

太字の中に木本植物があり，木本植物には高木，低木，つる性などがある．（植物の種類数はC. L. Wilson (1953)によったもの）

図 II-1　植物の分類と種数

図 II-2 ブナの樹幹（ブナ科ブナ）
学名 *Fagus Crenata* Bl.
　　　属名　種小名　命名者

図 II-3 アカマツの樹幹（マツ科アカマツ）
学名 *Pinus densiflora* S. & Z.
　　　属名　　種小名　　命名者

スギの葉（スギ科スギ）
学名 *Cryptomeria japonica* D. Don
　　　属名　　　種小名　　　命名者

カツラの葉（カツラ科カツラ）
学名 *Cercidiphyllum japonicum* S. & Z.
　　　属名　　　種小名　　　命名者

1.3 広葉樹

広葉樹は分類学上は被子植物の双子葉類に属し，地球上最も優勢で，また進化した植物である．葉は広く網状の葉脈をもち，一般に広葉樹と呼ばれている．冬に落葉する落葉広葉樹（クリ，ケヤキ，ミズナラ，ブナ，トチ，カエデその他）と，1年中葉をつけている常緑広葉樹（カシ，シイ，クス，ツバキ，モチノキ）などとがある．単子葉植物（タケ，ヤシ）は葉脈がたがいに平行している．落葉広葉樹は温帯林から寒帯林に，常緑広葉樹は暖帯林から熱帯林地域に多く成育している．

2. 木材の構造

木材は多数の細胞の集りによってできている．針葉樹，広葉樹によって，それぞれ違った組織があり，それらの細胞組織の形，大きさ，配列などにより木材はさまざまな性質や構造をつくりだしている．

2.1 肉眼的構造
2.1.1 年輪

樹幹の成長は，樹皮の内側の形成層の分裂活動によっている（図II-4参照）．1個の核

表 II-2　広葉樹一般名

日　本　産　材			南　洋　材		北米材	中南米材
ドロノキ	アカガシ	イタヤカエデ	チーク	アピトン	ヒッコリー	リグナムバイダ
オニグルミ	シラカシ	カエデ	コクタン	ラミン	ウォルナット	マホガニー
サワグルミ	アカダモ	トチノキ	ターミナリカ	シタン		バルサ
ハンノキ	ケヤキ	シナノキ	レッドラワン	ジョンコン		プリマベラ
マカンバ	カツラ	セン	ヤカール	カロフィルム		グリーンハート
アサダ	ホオノキ	ミズキ	マヤピス	バスウッド		
クリ	クスノキ	カキ	バンキライ	エリマ		
シイノキ	タブノキ	シオジ	タンギール	マラス		
ブナ	イスノキ	ヤチダモ	アルモン	カメレレ		
イヌブナ	ヤマザクラ	トネリコ	ホワイトラワン			
ミズナラ	キハダ	キリ	バクチカン			
コナラ	ツゲ		カプール			

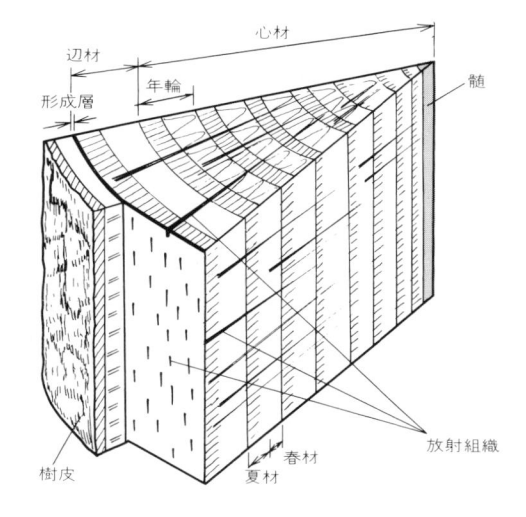

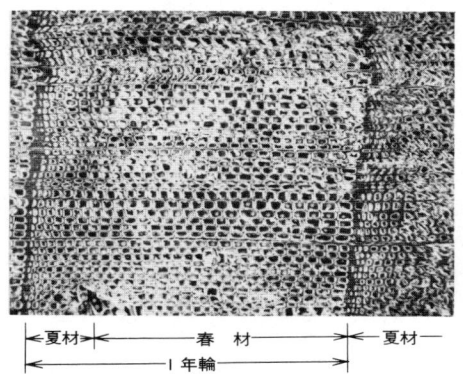

をもった細胞が分裂し，たえず内側に向かっては木質部を，外側に向って師部をつくっている．春につくられる細胞は大きく，膜は薄く，色も淡色で，これを春材といい，秋につくられる細胞は膜が厚く，小さく密になり，色も濃い．これを夏材という．春材と夏材とが一年間で形成されるので木材の木口面に同心円状の濃淡の模様が現れる．これを年輪という．熱帯では雨季・乾季の区別がないところでは四季を通して成長の休止期がないので年輪のあきらかでないものがふつうである．雨季・乾季の別があると年輪に相当する成長輪ができる（表Ⅱ-3）．例チーク．

表 Ⅱ-3 年輪の明瞭な材と不明瞭な材

	明 瞭 な 材	不 明 瞭 な 材
針葉樹	アカマツ クロマツ スギ サワラ カラマツ	イチョウ カヤ コウヤマキ
広葉樹	ケヤキ クリ カシ ヤチダモ ミズナラ	ホオノキ カツラ マカンバ

図 Ⅱ-4 樹幹の成長を示す模式図（上）（春材，夏材，年輪）とヒノキ木口面（下）

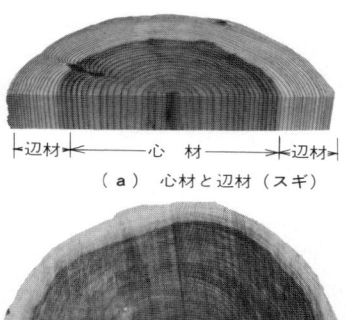

（a）心材と辺材（スギ）

（b）スギ丸太の心材・辺材

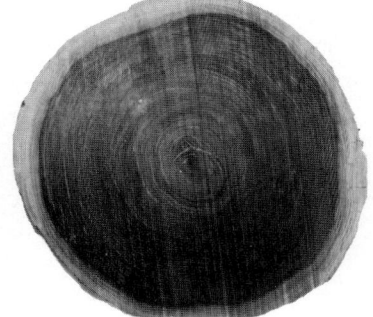

（c）リグナムバイタ心材・辺材

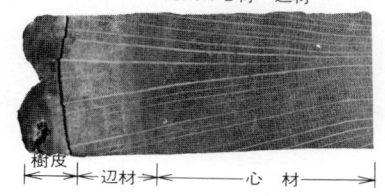

（d）ナラ（横に走る白い線は放射組織）

図 Ⅱ-5 心材と辺材

2.1.2 心材，辺材

木材の木口面は図Ⅱ-5に見られるように，樹皮に近い部分と内部とでは材色が違う．外部の白色または淡色を帯びている部分を辺材または白太といい，樹木の生活に必要な水分運搬や養分貯蔵の作用を営んでいる．内部の色の濃い部分を心材または赤味といい，それまで生活を営んでいた細胞が死んでしまい細胞内腔に種々の物質（ゴム，樹脂，タンニン，鉱物質，色素）などが沈着して着色されるために辺材より濃い色を

8　Ⅱ．木材の一般的性質

表 Ⅱ-4　辺材，心材の明瞭な材と不明瞭な材

	明 瞭 な 材	不 明 瞭 な 材
針葉樹	スギ，カラマツ，サワラ，ネズコ	モミ，イヌマキ，スプルース
広葉樹	ケヤキ，クリ，カツラ，シナノキ，アオギリ	イタヤカエデ，アカシデ，ツゲ，トチノキ，ジェルトン，エリマ，ラミン

しており，樹体を支えるといった，主に機械的作用を営むようになる．辺材は虫害，腐朽菌に対して弱く，心材は強い．樹種によっては辺材，心材の区別がないものもある（表Ⅱ-4）．

2.1.3　木取りと材面の性状

図Ⅱ-6で見られるように，木材は木取りにより樹幹の断面にさまざまの模様があらわれ

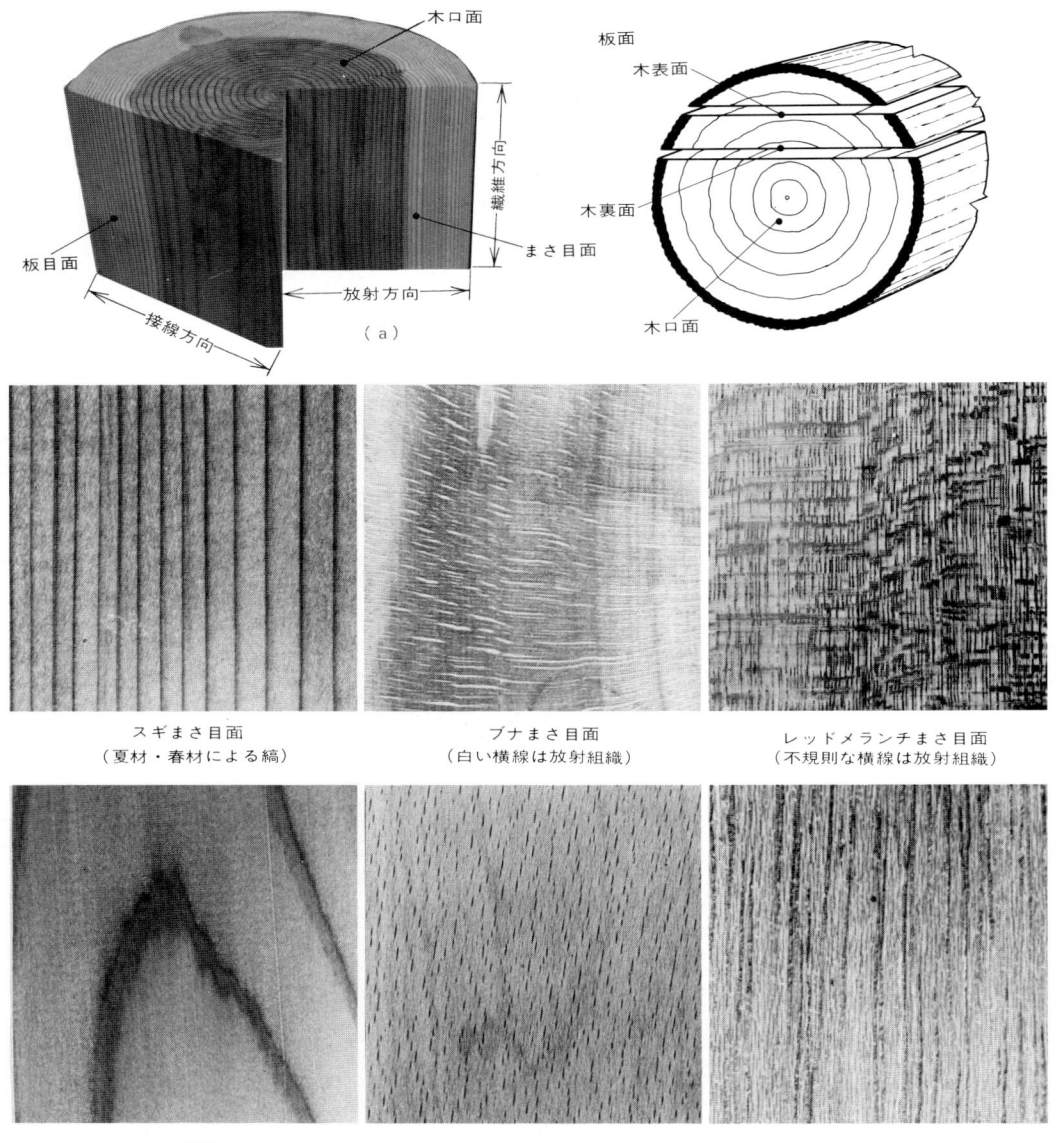

スギまさ目面
（夏材・春材による縞）

ブナまさ目面
（白い横線は放射組織）

レッドメランチまさ目面
（不規則な横線は放射組織）

スギ板目
（夏材部の山形模様）
（b）スギ

ブナ板目
（縦の黒い点は放射組織）
（c）ブナ

レッドメランチ板目
（縦の線は道管溝）
（d）レッドメランチ（南洋材）
一般にはラワンと呼ばれている

図 Ⅱ-6　木取りと材面の性状

る．樹幹の中心軸に直角に切った横断面を木口面，中心軸をふくむ縦断面をまさ目面，そして髄を通らないでまさ目に直角な縦断面を板目面という．材面の性状は年輪が明瞭で，春材，夏材の色調がはっきりしている材は図Ⅱ-6(b)のように，まさ目面では縞模様に板目面では山形模様になる．一般に針葉樹に多く見られる．図Ⅱ-6(c)，(d)の広葉樹材では，まさ目面に放射組織が繊維方向に直角に不規則なる線になって認められるのが多いし，板目面で年輪の明瞭度によって山形模様が出る．また放射組織が点状に見られるのもある．板目板には表と裏があり，樹皮の方の面を木表といい，中心の方の面を木裏という．広葉樹でまさ面に放射組織がはっきり認められる樹種は次のようなものである．

イタヤカエデ，ブナ，ケヤキ，ハリギリ，ハンノキ，ミズナラ，アカガシ，シラカシ，ハルニレなど．

2.1.4 木理

木材を構成している細胞にはいろいろな形があり，配列もさまざまで，方向も違っている．この状態を木理（木目）という．木理には，次のようなものがある．

（1） 通直木理： 目が通るといって，繊維が樹幹の軸に平行しており，加工上また強度的にも良材である．

（2） 斜走木理： 目が通っておらず，繊維が樹幹の軸に対して平行していないものである．目切れともいう．

（3） 旋廻木理（らせん木理，ねじれ）：繊維が幹軸に対してらせん状に走りねじれている．逆目の原因そして製材では目切として現れる．ヒバ，ニレなどによく出る．

（4） 交錯木理（縄目，組み）： いくつかの年輪層とその隣の年輪層とが繊維の方向を違え，らせん状に走る．ラワン類など熱帯産の樹木によく見られる．日本産ではクスノキ，タブノキなどによく現れる．

（5） 波状木理： 繊維の配列が幹軸に対して波行している．まさ目面で見られる．

2.1.5 もく（杢）

木材繊維の交錯，放射組織の配列など種々の原因によって縦断面に自然の美しさをもつ模様をつくる．この模様を杢（もく）という．図Ⅱ-8に示すように樹幹の根に近いところ，またコブになっているところ，枝の別れ目の複雑な繊維の流れになっているところ，大きい放射組織をもっている材，波状木理になっているものなどが材面に現われたときに美しい杢として見られる．美しい杢の板材は昔から貴重とされ，世に得がたい品物であり，貴重の木とか選ばれた木として銘木になっている．

杢は紋様の形などによってさまざまの名称がつけられている．筍杢，野鶏杢，雲頭の杢，鶉杢，笹杢，根杢などは神代スギ，屋久スギ，黒部スギ（ネズコ）などに多く現れる．

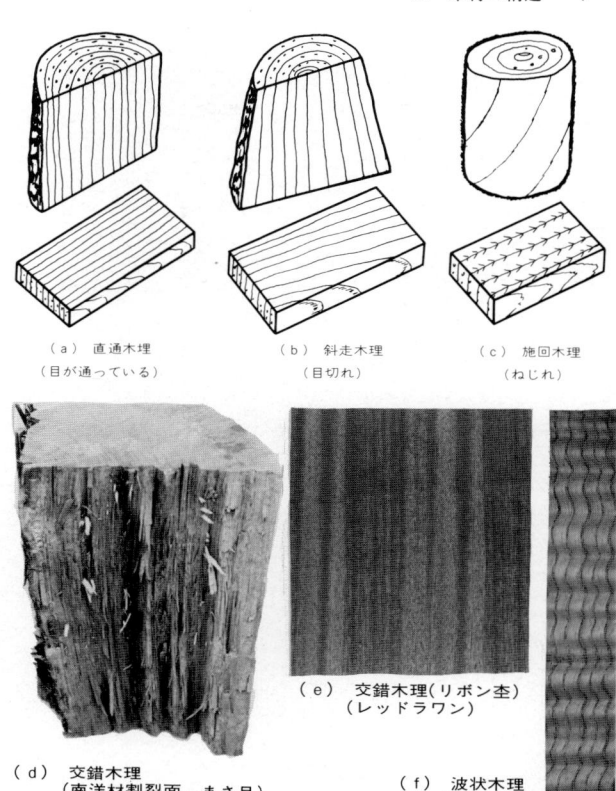

(a) 直通木理（目が通っている）
(b) 斜走木理（目切れ）
(c) 施回木理（ねじれ）
(d) 交錯木理（南洋材割裂面．まさ目）
(e) 交錯木理（リボン杢）（レッドラワン）
(f) 波状木理（ヤチダモ）

図Ⅱ-7　木　理

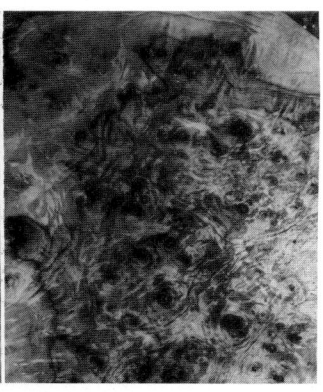

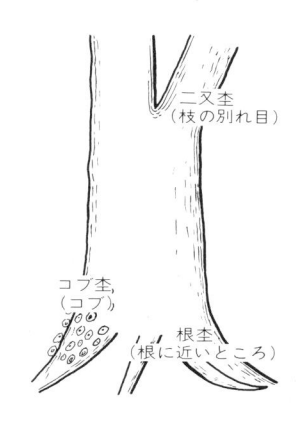

(a) 虎斑(ミズナラまさ目面) (b) 縮緬杢(カエデまさ目面) (c) 玉杢(トチノキ)
   (放射組織にて)   (放射組織にて)   (コブのところより)

(d) 玉杢(ケヤキ)   (e) 波杢(シオジ)

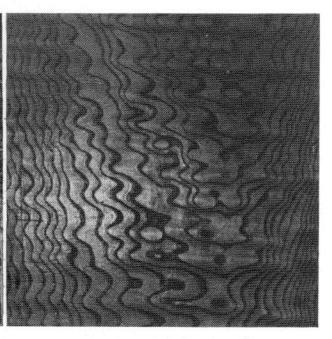

図 II-8 もく(杢)

その他次のような杢がある．玉杢(ケヤキ，カエデ，クワ，クスノキ)，縮緬杢(トチノキ，カエデ，ツツジ，ホオノキ，ケヤキ，ケンポナシ)，如鱗杢(ケヤキ，ヤチダモ，タブノキ)，牡丹杢(ケヤキ，ヤチダモ，クワ，ケンポナル)，ぶどう杢(クスノキ，ヤチダモ)，鳥眼杢(イタヤカエデ，マツ，トウヒ，カラマツ)，縮杢(ヤチダモ，マホガニー)，銀杢(ブナ，スズカケノキ，ナラ，ヤマモガシ)，リボン杢(ラワン類，クスノキ)，虎斑(ミズナラ，まさ目)，漣紋(トチノキ，カキ，シナノキ，マホガニー)．

2.1.6 木材の色

木材中に含まれる物質には，セルロース，ヘミセルロース，リグニンのほか特殊成分が含まれている．この特殊成分が細胞腔や細胞膜に含まれ木材の香気，色調光沢，味などに関係している．材の色彩は肉眼で観察しても，また同一樹種でも複雑微妙で，表現方法はきわめて困難であるが，大体は木材の心材部の色によって表現している．表II-5は日本産材と外国産材に別けてあるが，熱帯材の中には濃い縞模様になっているのもある．

2.2 顕微鏡的構造

2.2.1 針葉樹の構造

針葉樹材を形成している組織は，仮道管，柔組織，放射組織などである．仮道管は樹体の支持と，水分養分の運搬を行なう両端の細長い紡錘形の細胞で，材の90％以上をしめている．夏材部と春材部では仮道管の細胞腔の大きさ，壁厚が違いがある．夏材部の細胞腔が小さく，壁が厚いので機械的性質は優れている．柔組織は養分を貯蔵している細胞で縦の方向に並んでおり，まさ目面に黒く連なっているのが見られることがある．放射組織は髄心およびそれ以外の材部から放射状に配列され，養分，水分の運搬・貯蔵の役目をしている．針葉樹では一般に放射組織は見ることはできないが，イチョウ，イヌマキ，ツガ，

表 II-5 木材の色

	日本産材		外国産材	
	針葉樹	広葉樹	針葉樹	広葉樹
1. 黒色		カキ		コクタン（赤色シマ）エボニー フィリピンエボニー（黄色シマ）アフリカンブラックウッド
2. 黒かっ色				タガヤサン ウェンジ（細淡色シマ）
3. 赤色				アフリカパドウク アフリカマホガニー
4. 濃赤かっ色	スギ ビャクシン	ヤマザクラ		レンガス レッドメランチ タンギール アピトン コシポ
5. 赤かっ色	イチイ	ミズメ クスノキ アサダ タブノキ イスノキ	インセンスシーダー	ドリアン マコレ シタン（黒色シマ） コーア（濃色シマ）ケンパス ブビンガ（暗色スジ）シボ トラック（黒色シマ）トウシエ ニヤンゴン
6. 淡赤色	ヒメコマツ			アルモン マヤピス ホワイトラワン
7. 淡赤かっ色	トガサワラ ツガ	マカンバ アカガシ	ベイスギ	カブール チトラ（濃色シマ）サペリ シポ
8. かっ色	カラマツ	クリ カツラ	カポック	マラス ソロモンウォルナット（灰かっ色シマ）
9. 濃暗かっ色				チーク（黒色シマ）クインスランドウォルナット（灰黒色シマ）リグナムバイタ（暗色シマ）アゾベ マコレ
10. 淡かっ色	クロマツ	ブナ イタヤカエデ トチノキ トネリコ カエデ シオジ	シュガーパイン	ヒッコリー ターミナリア
11. 淡くすんだかっ色	ドロノキ			
12. くすんだかっ色		オニグルミ ヤチダモ ミズナラ コナラ アカダモ		
13. 桃色				マコレー ブビンガ（紫色シマ）
14. 淡い桃色				テレンタン ゲロンガン ボセ
15. 桃かっ色				ホワイトラワン マトア マモガニー（金色光沢）カロフィンム シルキーオーク ジョンコン ゼブラウッド（濃かっ色シマ）ティアマ
16. 紫かっ色				ローズウッド（黒色シマ）ウォールナット（濃色シマ）サペリ ココボロ シポ
17. 黄色	カヤ	ツゲ	ベイヒバ	イエローウォルナット（灰黒色シマ）イエローセラヤ フラミレ
18. 暗黄色	イヌマキ			
19. 暗黄白色		サワグルミ		
20. 淡黄色	イチョウ ヒバ		ベイモミ ストロープマツ	ジェルトン イエローメランチ エリマ メルサワ（桃色シマ）アンベロイ アボディレ
21. 黄白色	エゾマツ	ミズキ	ベイヒ	ラミン バルサ ワク カメルン プリマベラ（濃色シマ）メルサワ（桃色シマ）サンバ
22. 黄かっ色	アカマツ ネズコ サワラ	シイ キハダ ケヤキ	ベイマツ	マングローブ ダオ（シマ）カリン（シマ）イロコ リンバ（黒色シマ）コクロジュア（濃色シマ）アサメラ
23. 暗黄かっ色				オバンコール（黒色シマ）
24. 淡黄かっ色	コウヤマキ ヒノキ	シナノキ	ニオイヒバ、ベイトウヒ	ハードメープル ホワイトオーク ゼブラ（暗かっ色シマ）
25. 緑かっ色				グリーンハート（暗色シマ）
26. 灰黄かっ色				ソフトメープル
27. 灰かっ色		ハンノキ センシラカシ		ダオ（黒色シマ）マンソニア（紫色シマ）ロボマ（濃色シマ）ベテ
28. 灰緑色		ホオノキ		
29. 灰白色				アスペン
30. 白色	モミ ドドマツ			
31. くすんだ白		キリ		

表 II-6 針葉樹の組織を構成する割合（％）

樹種	仮道管	柔組織	放射組織	仮道管の長さ（mm）
スギ	97.20	0.80	2.00	1.0～3.0～6.0
ヒノキ	97.09	0.58	2.33	2.0～3.5～6.0

モミなどのまさ目面では肉眼でも認められる．

2.2.2 広葉樹の構造

広葉樹は針葉樹より進化しており，材を形

12 Ⅱ. 木材の一般的性質

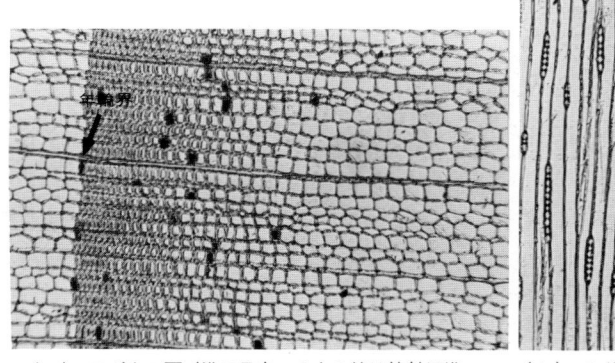

(a) スギ木口面（横に目立つ3本の線は放射組織，黒い部分は濃色の物質を含む柔組織）

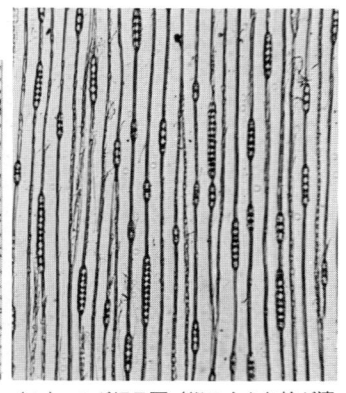

(b) スギ板目面（縦に小さな輪が連なっているのは放射組織，縦に白くみえるところは仮道管）

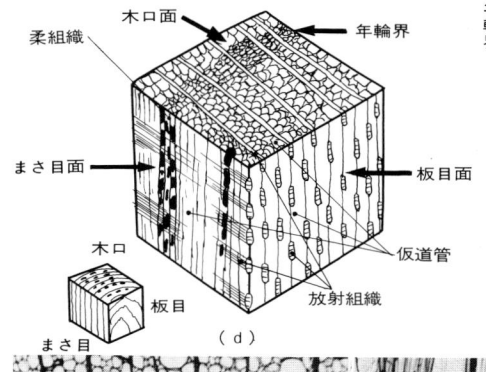

(c) スギまさ目面（縦に黒くみえるところは柔組織，横の縞は放射組織）

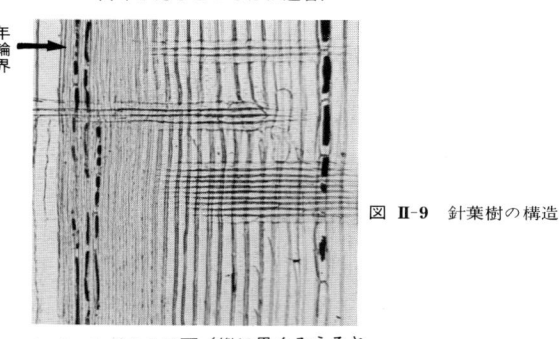

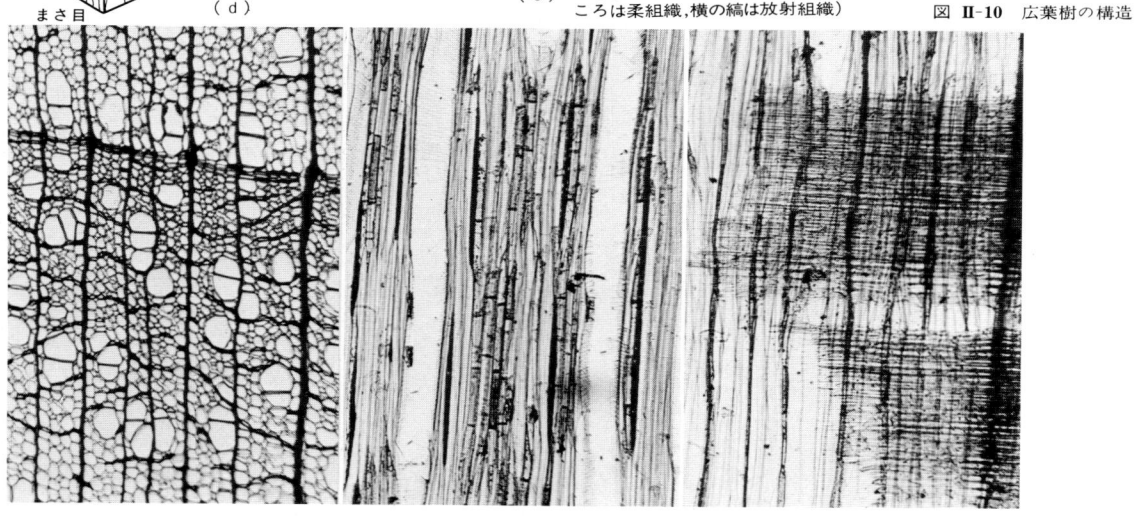

(d)

図 Ⅱ-9 針葉樹の構造

(a) シナノキ木口面
大きな孔：道管，小さな孔：繊維，繊維の部分に横に黒く連なっているのは柔組織，縦の黒い線は放射組織．

(b) シナノキ板目面
太い白い部分は道管孔，細い部分は繊維，縦の黒い線は柔組織．繊維の間に放射組織がある．

(c) シナノキまさ目面
縦の白い部分は道管孔，細くみえるのは繊維，黒い線は柔組織，横の縞は放射組織．

図 Ⅱ-10 広葉樹の構造

成する組織としては道管，真正木繊維，柔組織，放射組織などからできている．道管は水分の通導作用を行い，真正木繊維は樹体の支持という，機械的な作用をしている．材の構成割合はふつう55～75％をしめている．柔組織は針葉樹より数も多く，道管のまわりに散在しているもの，長く帯状のものなど配列はさまざまである．熱帯産林の柔組織細胞の

表 II-7 広葉樹の組織を構成する割合（％）

樹　種	道管	繊維	柔組織	放射組織	繊維の長さ（mm）
キ　リ	17.85	41.21	36.88	4.06	0.4～0.9～1.2
ミズナラ	12.65	65.54	6.78	15.04	0.5～1.1～1.6
レッドラワン	25.46	54.09	8.11	12.22	0.98～1.98

中には，シリカなどの結晶を含む材があり加工上刃物などを損傷することもある．放射組織は針葉樹より数も多く，単列のものより多列のものが非常に多く，幅も広く，高さも高い．放射組織のよく見られる材にはヤマザクラ，ミズナラ，ブナ，カシなどがある．

2.2.3 広葉樹の道管の配列による大別

木材の木口面をカミソリの刃で少し削り10～20倍率の拡大鏡で観察をすると材によって道管の配列様式の違いを見ることができる．配列は材の種類によってそれぞれ特長があり，材を見分けるのに役だつ．道管配列を大別すると，次のように分けることができる．

（1）環孔材：　大きな道管が春材部の内側に環状に並んでいる．シオジ，ヤチダモ，キリ，ケヤキなどの材．

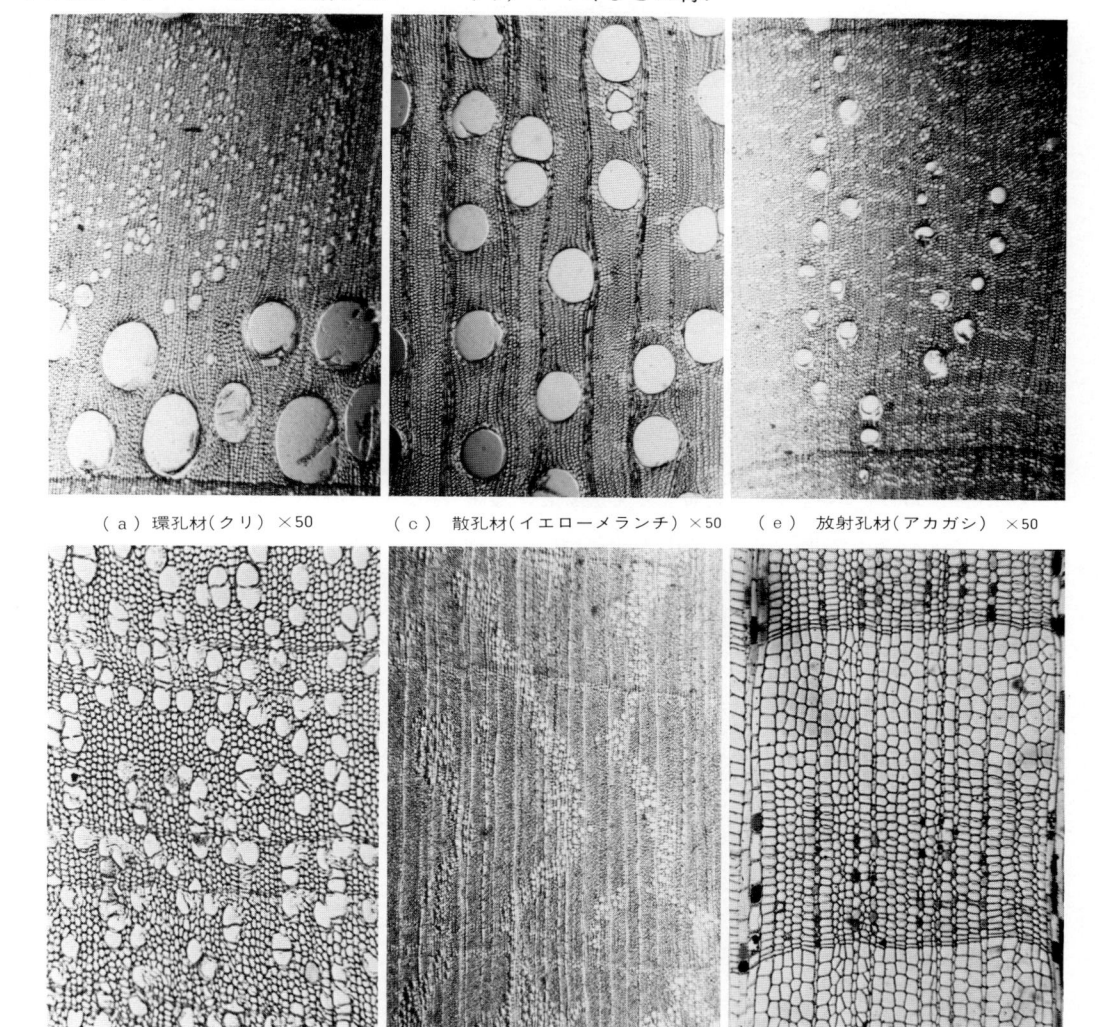

（a）環孔材（クリ）×50　　（c）散孔材（イエローメランチ）×50　　（e）放射孔材（アカガシ）×50

（b）散孔材（トチ）×50　　（d）紋様材（ヒイラギ）×50　　（f）無孔材（ヤマグルマ）×50

図 II-11　広葉樹の道管の配列

14　II. 木材の一般的性質

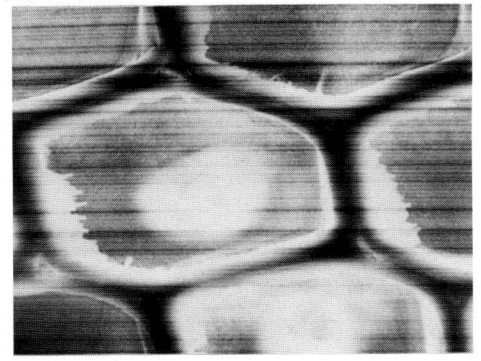

図 II-12　ヒノキの細胞壁（×2000）

（2）散孔材：　木口面上に道管が一様に分布している．ブナ，イヌツゲ，カエデ，シナノキ，サクラ，ホオノキ，カツラ，カバなどの材．

（3）放射孔材：　樹心から放射方向に道管が並んでいる．カシ，シイ，イヌシデ，クマシデ，サワシバなどの材．

（4）紋様材：　小さな道管がX字形また炎状になっている．ヒイラギ，モクセイ，トベラ，コクサギなどの材．

（5）無孔材：　道管がないもの．ヤマグルマなどの材．

2.2.4　細胞壁の構造

木材は無数の細胞からできている．図 II-12 はヒノキ材の細胞を 2,000 倍に拡大したものである．細胞壁は形成層から分裂してできるときは，図 II-13 の模式図で見られる一次壁だけで隣りあっているが，成長するにつれて内方に二次壁外層，中層，内層と層状に厚くなる．その内の全壁厚の約 70％ 以上を中層がしめている．細胞壁をつくっている主成分はセルロース 50％，リグニン 20〜30％，そのほか非セルロース多糖類ヘミセルロース 20％ である．繊維の細胞壁を電子顕微鏡で観察してみると，最小構造単位としてミクロフィブリルというものが認められ，繊維の長軸方向に長い無数のセルロース糸状分子の集束したものと考えられている．この糸状分子が

図 II-13　針葉樹仮道管の模式図

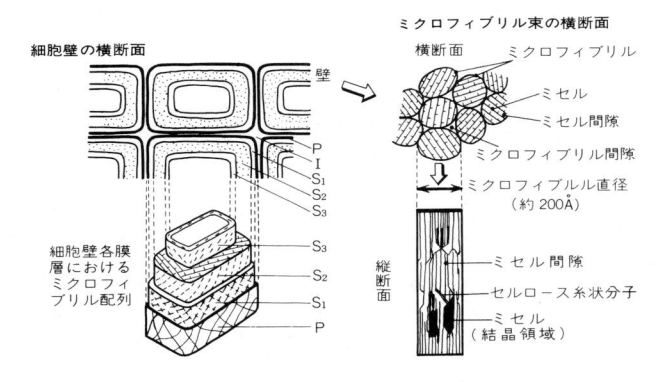

1Å（オングストローム）＝1/10000000mm

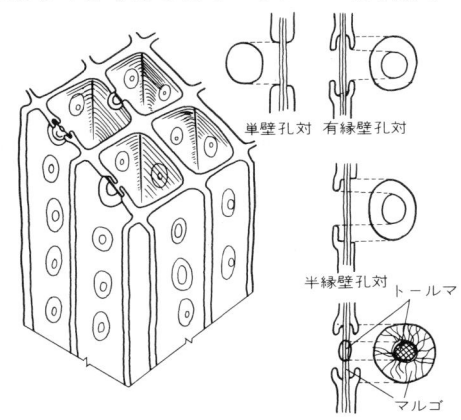

図 II-14　壁孔模式図

互いに並列し結晶性を示す部分をミセルといい，不規則に散乱している部分をミセル間隙という．ミセルはX線解析によってその本態が明らかにされている．

2.2.5　細胞壁の壁孔

木材は無数の細胞からできていて，樹幹の縦方向に水分や養分の運搬をしている．しかし木材は縦方向だけでなく横方向にも水分，養分を送っている．細胞壁と細胞壁が接しているところどころに壁孔があり，それが細胞相互間の水分，養分の通路となっている．壁孔には単壁孔と有縁壁孔の2種類があり，隣接する細胞の種類によって単壁孔対，半縁壁孔対，有縁壁孔対の三つの形がある．

図 Ⅱ-15

3. 木材の性質

木材の性質は樹種によって異なり，加工，製品などにするうえでさまざまな影響を及ぼすことが多い．木材のもつ性質を十分理解して適材を適所に使用することが大切である．

3.1 物理的性質

3.1.1 比 重

木材の空隙を取りさった部分の細胞壁を実質とよび，その比重を真比重という．樹種によって大差はなく大体 1.50 といわれている．したがって木材の比重は空隙率の大小によってきまる．一般に木材の比重は重量を空隙などを含んだその容積で割った値なので容積重

ともいう．木材は含水率によって重さ，容積が変化するので，比重は含有水分の状態によって生材比重，気乾比重，全乾比重などに分けられる．木材の比重で用材としてもっとも軽い木材の気乾比重 0.10 のバルサ材から，もっとも重いリグナムバイタ材の 1.24 まで樹種によって違いがある．木材の比重の変化は水分だけでなく材の年輪幅，夏材率によって影響され同一樹種でもばらつきが大きい．

3.1.2 木材の比重 （表Ⅱ-8参照）

木材の比重は次のように測定する．

$$生材比重 = \frac{生材の重量}{生材の容積}$$

$$全乾比重 = \frac{全乾材の重量}{全乾材の容積}$$

$$気乾比重 = \frac{含水率15\%の重量}{含水率15\%容積}$$

$$材の空隙率(\%) = \left(1.0 - \frac{全乾比重}{1.50}\right) \times 100$$

3.1.3 木材の含有水分

木材は，生育中は水分を多く含んでおり，立木を伐採してすぐあとの材を生材という．生材を大気中に長時間放置しておくと，しだいに水分を蒸発して空気中の湿気とつりあうようになる．この状態を平衡含水率という．平衡含水率は温度と関係湿度との関係によって，図Ⅱ-17 より求めることができる．木材中に含まれる水分は，その状態によって，自由

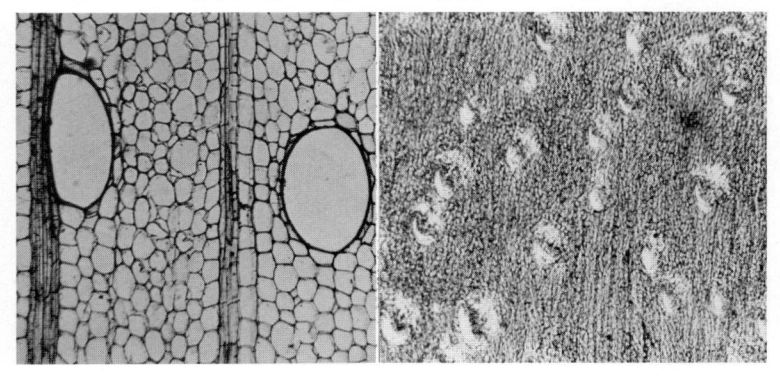

	空隙率（％）	気乾比重
バルサ	94	0.10
リグナムバイタ	48	1.24

図 Ⅱ-16 世界で最も軽い木材（バルサ：左）と最も重い木材（リグナムバイタ：右）の木口面（ともに同倍率）（×50）

表 II-8 木材の比重（気乾比重含水率15%）（平均値）

比重	針葉樹材 日本産材	針葉樹材 北米材	針葉樹材 南洋材（一般名）	広葉樹材 日本産材	広葉樹材 北米材	広葉樹材 南洋材（一般名）	広葉樹材 中南米材	広葉樹材 アフリカ材
重い材 0.81以上				アカガシ 0.92 シラカシ 0.90 クヌギ 0.89 イスノキ 0.89 コナラ 0.82	ヒッコリー 0.82	トリステニア 1.11 シタン 1.09 ラン 1.03 マンバコーア 1.00 コクタン 0.98 レサック 0.97 ビリアン 0.96	ヤカール 0.95 パラス 0.94 マラス 0.92 ナリグ 0.90 カンパス 0.87 ナンヨウガシ 0.86 ローズウッド 0.85 ギアム 0.85	メンガリス 0.83 イピール 0.82	リグナムバイタ 1.24 （最も重い材） グリーンハート 1.01 ホンジュラスロー 1.00 ズウッド ブラジリアンロー 1.00 ズウッド ココボロ 0.98 0.98	アンベ 1.10 ベンゲ 0.96 アビンガ 0.94 ゼブラ 0.85
0.71〜0.80		ダイオウショウ 0.67	メルクシマツ 0.69	イチイガシ 0.79 アカシデ 0.76 ツゲ 0.75 トネリコ 0.75 ミズナラ 0.67	ホワイトオーク 0.77 イエローバーチ 0.71 ニセアカシア 0.72	レンガス 0.80 アピトン 0.80 ジョンゴア 0.76 メンクラン 0.76 マンガチャパイ 0.75 モラビ 0.73 レッドビーチ 0.72	ペダーク 0.72		アサメラ 0.80 コンポ 0.80 ニャンコン 0.80 オベベ 0.78 アフリカンペド 0.77 ーク トウエ 0.75 オベシコール 0.74
0.61〜0.70	ヒバクシン 0.65			アサダ 0.70 マカンバ 0.69 ミズメ 0.69 ブナ 0.69 ケヤキ 0.68 イヌガヤエア 0.67 ミズキ 0.67 ヤマダモ 0.65	レッドオーク 0.70 ホワイトアッシュ 0.69 ハードメープル 0.65 ウォールナット 0.63	タイア 0.70 カプール 0.70 ベロウビス 0.69 コムパキ 0.69 チーラ 0.65 アルトカルパス 0.65 ミャレレ 0.64 カロフィルム 0.64 ドリアン 0.64	レッドメランチ 0.62		ベペ 0.70 イロコ 0.70 マコレ 0.66 サベリ 0.65 シポ 0.62
0.51〜0.60	クロマツ 0.57 イヌマキ 0.55 イチイ 0.55 カラマツ 0.54 アカマツ 0.53 コメツガ 0.52 ツガ 0.51	ベイマツ 0.55 ベイヒバ 0.51	アガチス 0.52 ラークパイン 0.51	シオカンバ 0.60 シイノキ 0.60 ヤマグワ 0.60 アカグモ 0.59 ヤマモモ 0.55 クリ 0.55 トチノキ 0.53 アスナロ 0.52 オニグルミ 0.51	アメリカニレ 0.58 キンツカエデ 0.55	メルサワ 0.60 セペタア 0.58 ペダチカン 0.58 ブラジチョネラ 0.58 タンキール 0.57 アルモン 0.54	イエローメラン 0.60 チ ベルパベロ 0.53 ホワイトラワン 0.53 レッドラワン 0.53 マヤピス 0.51		アポデイレ 0.65 ボセ 0.65 プラミレ 0.65 ティアマ 0.60 ロンキ 0.57 リンパ 0.55 アフリカンマホ 0.53 ニー
0.41〜0.50	トウヒ 0.45 モミ 0.44 エゾマツ 0.43 トドマツ 0.42 アスナロ 0.42 コウヤマキ 0.42 ヒノキ 0.41	ベイモミ 0.50 ベイヒ 0.47 ベイトウヒ 0.47 ベイツガ 0.46 ベイモミ 0.45 ストローブマツ 0.42 シュガーパイン 0.41	クリンキパイン 0.45	セン 0.50 カツラ 0.49 ホオノキ 0.48 シナノキ 0.48 キハダ 0.45	アメリカドロ 0.44 ノキ アメリカシナノ 0.41 キ	マンガシノロ 0.50 メダン 0.50 ジョンコン 0.48 ゲロンガン 0.47 ターミナリア 0.46 ジェルトン 0.46 プライ 0.44 テレンタン 0.43	プリママラ 0.48		サペンゴ 0.50
軽い材 0.40以下	シラベ 0.40 スギ 0.38 サワラ 0.34 ネズコ 0.33			オオベヤナギ 0.39 ドロノキ 0.38 サワグルミ 0.34	アスペン 0.39	アンペロイ 0.40 セドレラ 0.40 エリマ 0.39	キャンナンスベ 0.38 ルフ 0.38 バスウッド 0.38	ホワイトリシス 0.37 カポック 0.31	バルサ 0.10 （最も軽い材）	ワワ 0.40

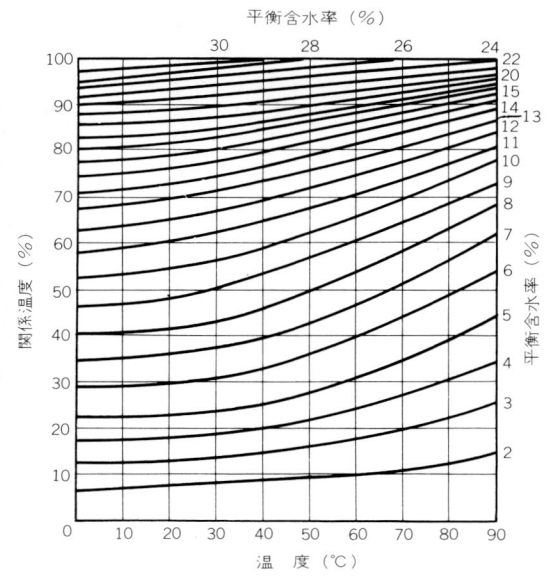

図 II-17 温度, 関係湿度, 平衡含水率との関係

水と結合水とに分けられる。図 II-18 に示すように, 自由水は細胞内腔および細胞間隙などの空隙の部分に含まれる水で, 移動もわりあい自由な水分である。結合水は細胞壁内に含まれている水分で, ミクロフィブリルのセルロースの糸状分子非結晶領域すなわちミセルの間隙に吸着しているものと考えられている (p.14 参照)。生材には自由水と結合水が含まれているが, 乾燥するにつれて, まず自由水が移動して蒸発し, 自由水がなくなると細胞壁中の結合水が蒸発をはじめる。この移り変わりのところを繊維飽和点とよび, この点の含水率は約30％ぐらいである。木材において含水率が30％以下では, 物理的, 機械的性質に大きな影響を及ぼす。

木材中の含水率は次式で求められる。

$$含水率\ u = \frac{G_u - G^0}{G^0} \times 100\ (\%)$$

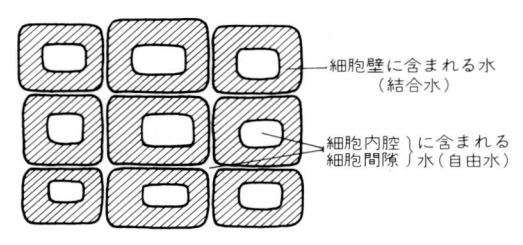

図 II-18 木材の細胞と自由水・結合水

G_u: ある水分を含んだ材の重量
G^0: 水分を含んだ材を 100〜105℃で乾燥して全乾状態になったときの重量

[例] $G_u = 15.0$ g, $G^0 = 13.0$ g のとき

$$\frac{15.0 - 13.0}{13.0} \times 100 = \frac{2.0}{13.0} \times 100 = 15.4$$

したがってこの場合の含水率 u は 15.4％ である。

3.1.4 膨潤および収縮

木材は繊維飽和点以下の含水率（約30％）になると, 木材の細胞壁のミセルの間隙に水分が入ったり出たりすることによって, ミセル間の距離が大きくなったり小さくなったりして, 細胞壁の容積が増大または減小し木材の多数の細胞全体が膨潤または収縮の現象をおこす（図 II-19）。いわゆる木材は繊維飽和点において細胞壁の最大限の水分を含んでいるわけで, 材の容積も最大となっている。細

図 II-19 繊維飽和点以下の含水率の変化による細胞の状態

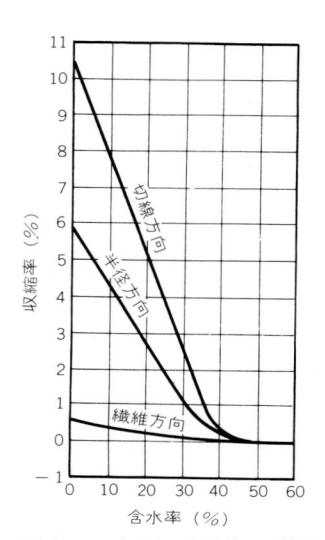

細胞壁に含まれる結合水はミセルのすきまに吸着している

繊維飽和点（含水率30％）以下になると細胞壁の厚さが右の図のように減少し収縮をおこす

空隙に含まれ自由水は木材の性質を変えないとされている

図 II-20 含水率と収縮率との関係

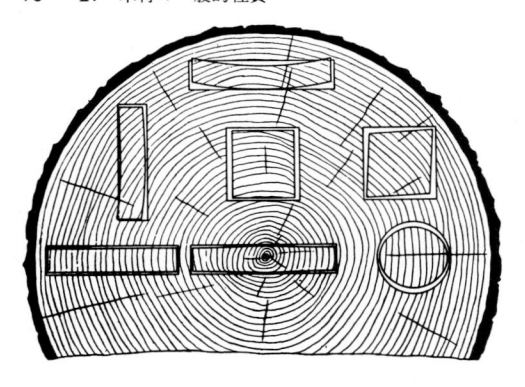

図 II-21 木材の収縮による材の変形

3.2 機械的性質
3.2.1 応力とひずみ

物体に外力が働くと物体内に応力が生じる．応力を示すには物体の断面の単位面積当りの力で表わす（図 II-22）．単位は kg/mm^2，kg/cm^2，t/cm^2 など用いられている．ひず

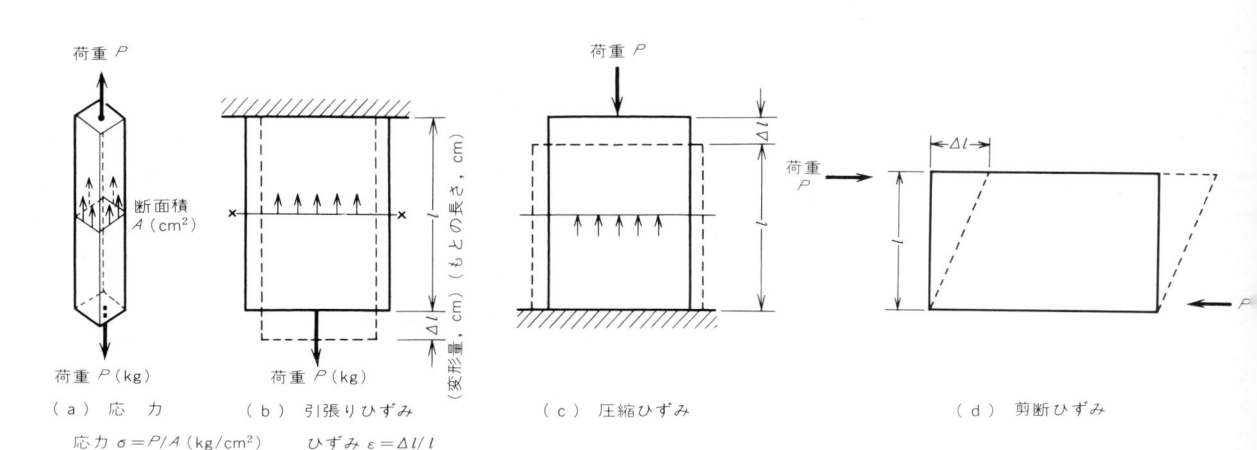

(a) 応力　　応力 $\sigma = P/A$ (kg/cm^2)
(b) 引張りひずみ　　ひずみ $\varepsilon = \Delta l/l$
(c) 圧縮ひずみ
(d) 剪断ひずみ

図 II-22 応力とひずみの種類

胞壁は水分の蒸発によって収縮するが，木材は細胞配列によって，接線方向（板目），放射方向（まさ目），繊維方向の収縮量が違い，その比は 10：5：1～0.5 である．含水率と収縮率との関係を図 II-20 に示す．木材の横断面（木口）の木取りの場所によって木材が乾燥すると，細胞配列の収縮の差が原因で図 II-21 に示したように変形する．材の収縮率は次の式によって表される．

$$\text{気乾収縮率（\%）} \quad \alpha_1 = (l_1 - l)/l_1 \times 100$$
$$\text{全収縮率（\%）} \quad \alpha_2 = (l_1 - l_3)/l_1 \times 100$$
$$\text{平均収縮率} \quad \alpha_3 = (l_2 - l_3)/nl \times 100$$

$l_1 =$ 生材時の長さ
$l_2 =$ 含水率 15％ 付近気乾時の長さ
$l_3 =$ 全乾の長さ
$n = l_2$ を測定したときの含水率（％）

$$l = l_3 + \frac{15(l_2 - l_3)}{n}$$

みは物体に応力が生ずると，それに相応して変形がおこる．物体の外力を取りさると応力の消滅とともにひずみもなくなる．この性質を物体の弾性という．このような性質をもつ物体を弾性体といっている．ひずみは変形した長さの割合で表わす（図 II-22）．材料の応力とひずみの関係は図 II-23 に示したように，

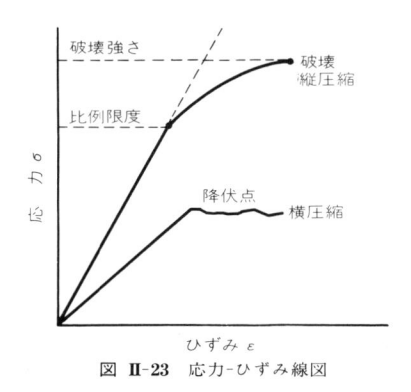

図 II-23 応力-ひずみ線図

3. 木材の性質

表 II-9 主要樹種のヤング係数 （10^3kg/cm²）

樹種		繊維方向 E_L	放射方向 E_R	接線方向 E_T
針葉樹	スギ	75	6.0	3.0
	アカマツ	120	125	6.5
広葉樹	ブナ	125	13.5	6.0
	ミズナラ	115	14.5	7.5
	キリ	60	6.0	2.5

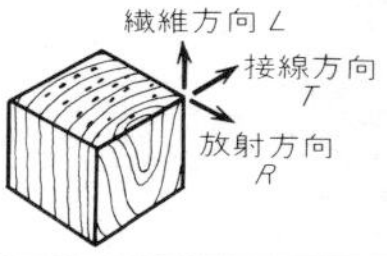

応力-ひずみ線図で示される．"フックの法則"によれば材料は弾性限度内では，ひずみはその応力と正比例し，次式で表わされる．

$$E = \frac{\sigma}{\varepsilon} = \frac{P/A}{\Delta l/l}$$

E は弾性係数またはヤング係数といい，材料が，ひずみやすいか，ひずみにくいかを表わすものである．ひずみやすい材料は値が小さくなる．表 II-9 に各樹種の方は別のヤング係数を示した．

3.2.2 木材の圧縮強さ，引張り強さ

圧縮と引張り強さは木材の繊維が平行で材の比重が同じときは，圧縮強さにくらべて引張強さは約3倍程度の強さである．木材は引張りにきわめて強い材料である．表 II-10 に主

表 II-10 木材の圧縮強さと引張り強さ （平均値）

樹種		含水率15％（比重）	圧縮強さ (kg/cm²)	引張り強さ (kg/cm²)
針葉樹	スギ	0.38	350	900
	ヒノキ	0.41	400	1,200
	アカマツ	0.53	450	1,400
広葉樹	カツラ	0.49	400	1,000
	シオジ	0.55	440	1,200
	ブナ	0.63	450	1,350

図 II-24
木材の圧縮
（上）縦圧縮
　　左：正常材
　　右：圧縮した材
（下）横圧縮
　　左：圧縮した材
　　右：正常材

圧縮強さ＝$\frac{最大荷重(kg)}{断面積(cm^2)}$ (kg/cm²)

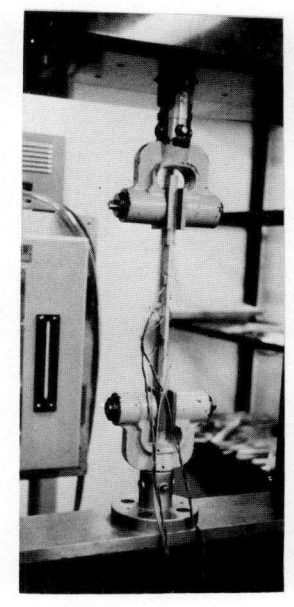

図 II-25
引張り試験と引張り試験片

引張り強さ＝$\frac{最大荷重(kg)}{中央部断面積(cm^2)}$ (kg/cm²)

な木材の圧縮強さと引張り強さを示した．

木材には繊維が平行でなく傾斜して使用されるときもある．そのときの強さは，圧縮強さも引張り強さも平行時より減少する．図 II-26 は繊維走向度と圧縮強さ，引張強さの減少を示したものである．引張強さは圧縮強さより繊維走向度が強さにおよぼす影響が著しい木材の含有水分によっても強さが影響される．圧縮強さも引張り強さも繊維飽和点以下では含水率が低下するほど強さを増す．

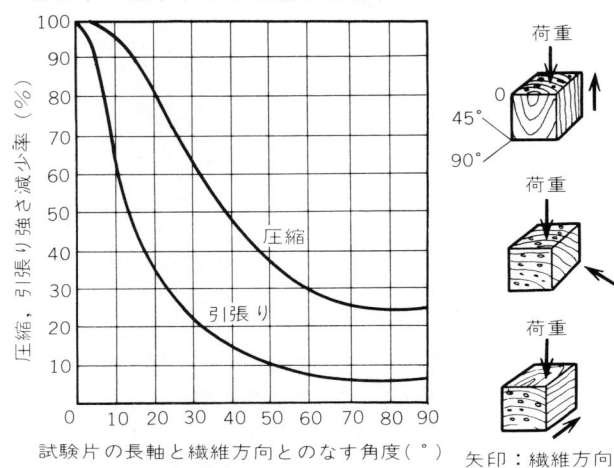

図 II-26 繊維走向性の圧縮・引張りにおける影響
（右図の矢印は繊維方向）

図 II-27　曲げ試験（左）と曲げ破壊面（引張り側）（右）

3.2.3　木材の曲げ強さ

木材が使用されている場所で曲げ応力を受けている場合は非常に多く見られる．ある厚さの材の両端を適当な方法でささえ中央部に垂直な荷重をかけると，図 II-28 に示すように，材の外側には引張り力が働き，内側には圧縮力が働き，材の中央部の中立軸より一番遠いところに一番大きい力が働く．材が同一断面積でも，断面の形状寸法によって強さには大きく影響される．同一断面積ならば材の高さの高い方を立てて使用した方が曲げ強さに対して強い働きをする．強さとしては，圧縮強さと引張り強さの，ほぼ中間ぐらいの程度である．繊維走向との角度が大きくなるほど強さは減少する．図 II-29 に示す．含水率との関係は，含水率1％の増減に対して，曲げ強さは4％減増するとされている．また比重が大きいほど曲げ強さは増す．各樹種の曲げヤング係数と曲げ強さを表 II-11 に示す．

図 II-28

$$曲げ強さ = \frac{最大荷重(kg) \times スパン(cm)}{4 \times 断面係数(cm^3)} (kg/cm^2)$$

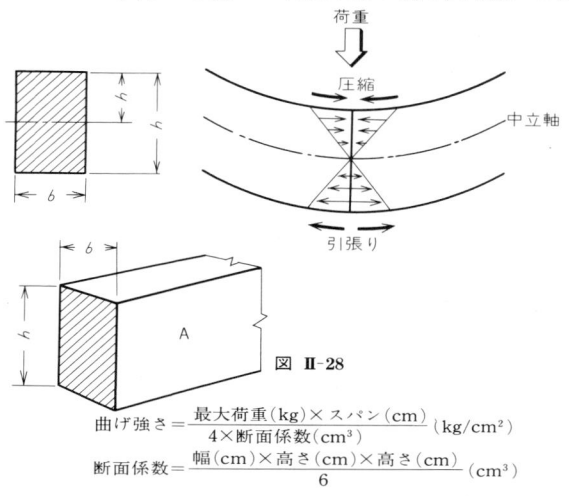

$$断面係数 = \frac{幅(cm) \times 高さ(cm) \times 高さ(cm)}{6} (cm^3)$$

表 II-11　木材の曲げヤング係数と曲げ強さ　（平均値）

樹　　種		気乾比重	曲げヤング係数 (kg/cm^2)	曲げ強さ (kg/cm^2)
針葉樹	スギ	0.38	75,000	650
	ヒノキ	0.41	90,000	750
	アカマツ	0.53	115,000	900
広葉樹	カツラ	0.49	85,000	750
	シオジ	0.55	95,000	900
	ブナ	0.63	120,000	1,000

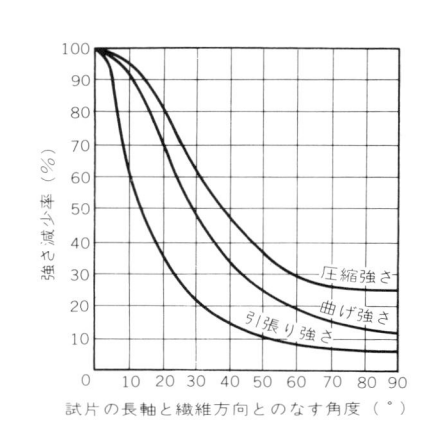

図 II-29

3.2.4　木材のせん断強さ，衝撃強さ

木材のせん断強さは，繊維方向にずらすので圧縮強さや引張り強さなどに比べると非常に弱い．繊維走向との角度が大きくなるほど強さは減少するが，圧縮，引張りほど大きな影響を受けない．水分の影響は，繊維飽和点以下において含水率1％の増減に対してせん断強さは3％減増するとされている．比重が大きくなるほど強さは増す．

衝撃強さは木材に瞬間的に加わる荷重の抵抗で，木材のじん性，粘り強い性質がわかる．

3. 木材の性質

(a) せん断試験機

まさ目　　　　　板目
(b) せん断破壊

$$せん断強さ = \frac{最大荷重(kg)}{せん断面積(cm^2)} (kg/cm^2)$$

(c) シャルピー衝撃試験機

(d) 木材の繊維方向に直角に荷重を与えたときの破壊
荷重面——上：板目面，下：まさ目面

$$衝撃吸収エネルギー = \frac{衝撃仕事量(kg・m)}{試片幅(cm) \times 試片高さ(cm)} (kg・m/cm^2)$$

図 II-30 せん断試験と衝撃試験

表 II-12 木材のせん断強さと衝撃吸収エネルギー（平均値）

樹種		含水率15% (比重)	せん断強さ (kg/cm^2)	衝撃吸収エネルギー $(kg・m/cm^2)$
針葉樹	スギ	0.38	60	0.35
	ヒノキ	0.41	75	0.45
	アカマツ	0.53	95	0.50
広葉樹	カツラ	0.49	85	0.70
	シオジ	0.55	110	0.90
	ブナ	0.63	130	1.20

衝撃強さは一般に衝撃曲げ強さによって示され，材料を破壊するのに要する吸収エネルギーで表わす．圧縮，引張り，せん断，曲げ，などと大きく違うことは，木材の含水率はあまり影響されないことである．表II-12に各樹種のせん断強さ，衝撃吸収エネルギーを示す．

3.2.5 木材の硬さ，割裂強さ

硬さは，木材面に鋼球を押しつけてへこまし，この抵抗が大きいものを硬い材，抵抗の小さいものを軟かい材という．材表面は木理によって抵抗は大きくかわる．夏材部と春材部とではいちじるしい差異がある．硬さにおける木材の水分は繊維飽和点以下において含水率1%の増減に対して木口4%，側面2.5%の増減があるとされている．比重の大きい材ほど硬さは大になる．

割裂は木材の繊維方向と直角に荷重をかけて引裂くもので，一般に針葉樹では板目面割裂よりまさ目面割裂のほうが割裂抵抗は大きい．広葉樹では細胞が複雑なので，板目面，まさ目面割裂強さは樹種によっていちじるしく差異がある．放射組織の大きい材は割裂抵抗は小さい値を示す．表II-13に各樹種の硬さ，割裂抵抗を示した．

3.2.6 許容応力と安全率

許容応力とは安全上許しうる応力で，圧縮，引張り，曲げ，せん断の機械的性質の破壊強さよりはるかに小さい値である．それは構造物や工作物が安全であるために，応力を弾性限度より小さい範囲内にとどめているわけである．図II-32に材料の強さと許容応力の関係

Ⅱ. 木材の一般的性質

(a) ブリネル硬さ試験機

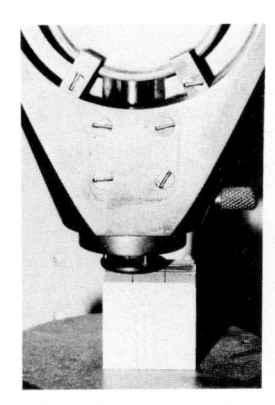

鋼球を材面におしつけてくぼみをつける．鋼球の深さをダイヤルゲージ 1/100mm で測定

(d) 割裂抵抗
木材の繊維方向と直角に荷重をかけて引裂く

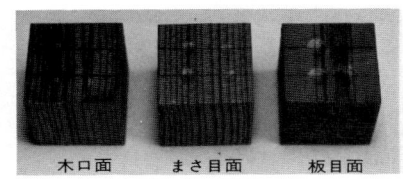

(c) 永久くぼみ　　木口面　まさ目面　板目面

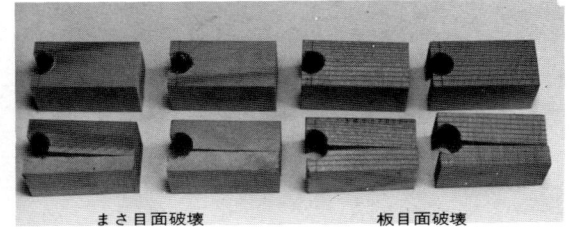

(d) まさ目面と板目面の割裂　　まさ目面破壊　板目面破壊

$$\text{ブリネル硬さ} = \frac{\text{荷重(kg)}}{3.14 \times \text{鋼球の直径(mm)} \times \text{くぼみの深さ(mm)}} \text{ (kg/mm}^2\text{)}$$

$$\text{割裂強さ} = \frac{\text{最大荷重(kg)}}{\text{試験体の幅(cm)}} \text{ (kg/cm)}$$

図 Ⅱ-31　硬さ試験と割裂強さ

表 Ⅱ-13　木材の硬さと割裂抵抗（平均値）

樹種		気乾比重	硬さ (kg/mm²)			割裂抵抗 (kg/cm)	
			木口面	まさ目面	板目面	板目面	まさ目面
針葉樹	スギ	0.58	3.2	1.0	0.8	7.7	9.6
	ヒノキ	0.41	3.7	1.1	1.1	13.5	9.9
	アカマツ	0.53	4.3	1.3	1.2	7.8	14.0
広葉木	カツラ	0.49	3.5	1.0	1.2	26.7	19.3
	シオジ	0.55	3.5	1.3	1.5	21.4	27.1
	ブナ	0.63	4.5	2.0	1.8	38.1	25.8

を示す．材料の強さが許容応力の何倍になるかを示す値を安全率といって，材料の荷重に対する安全の度合いを表わす．表Ⅱ-14に材料の種類と荷重の種類と安全率を示した．数値はあくまでもめやすであって安全率をいくらにするかは木材の種々の条件によって考えなければならない．木材の許容応力度は建築基準法によって決められている（表Ⅱ-15）．

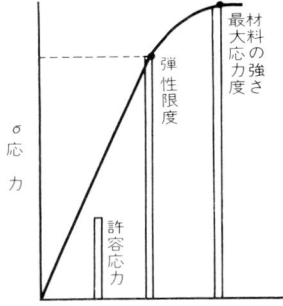

図 Ⅱ-32　応力とひずみの関係

表 Ⅱ-14　安全率

$$\text{安全率} = \frac{\text{材料の強さ（最大応力度）}}{\text{許容応力}}$$

荷重の種類 材料の種類	静荷重	動荷重		
		繰返し	交番	衝撃
もろい金属(例：鋳鉄)	4	6	10	15
軟　　　鋼	3	5	8	12
鋳　　　鋼	3	5	8	15
軟らかい金属(例：銅)	5	6	9	15
木　　　材	7	10	15	20
れんが積み	20	30	—	—

表 I-15 普通構造材の繊維方向の許容応力度 （kg/cm²）（不構造設計規準）

木材の種類		許容応力度 長期応力に対する			短期応力に対する		
		圧縮	引張り曲げ	せん断	圧縮	引張り曲げ	せん断
針葉樹	スギ　モミ　エゾマツ　トドマツ ベイスギ　ベイツガ	60	70	5	長期応力に対する許容応力度の2倍		
	アカマツ　クロマツ　カラマツ　ヒバ ヒノキ　ツガ　ベイマツ　ベイヒ	80	90	7			
広葉樹	クリ　ナラ　ブナ　ケヤキ	70	100	10			
	カシ	90	130	14			

4. 木材の欠点

木材の欠点にもさまざまなものがあるが，木材を用材として使用するうえで，構造材としての強さを必要とする材と，美的価値を求めるものとでは，使用する目的によって欠点材も欠点でなくなる場合がある．一般的には欠点として利用価値を低下させているものが多い．

4.1 木材のきず
4.1.1 木材のきず

木材の欠点でもある"きず"は，樹木の成育中に生じる生理的なものと病理的なもののほかに人為的なきずがある．

木材のきずには次のようなものがある．

木材の曲り（一方曲り，多方曲りがあり製材歩留りが低下する）

根張り（根元の著しく太ったもの，製材時，不自然にねじれをおこす）

うらごけ（根元から末に行くにしたがって標準以上に太さの細くなったもの）

ねじれ（繊維の方向のねじれた木質組織の不規則なもの）

旋回木理（繊維がらせん状に不規則なもの）

あて（異常生長材で正常材にくらべ色濃く重硬でもろく縦方向の収縮が異常に多い）

多芯（木口に二つ以上に芯のあるもの）

脆心材（熱帯産の樹木で丸太の中心部がきわめて脆い）

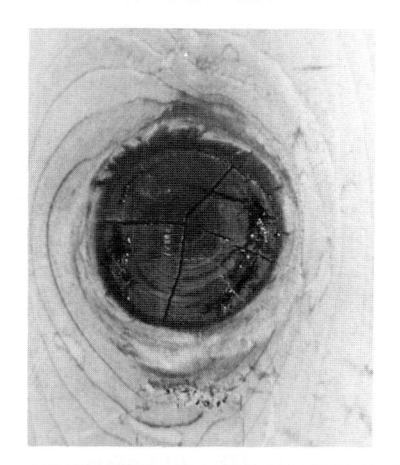

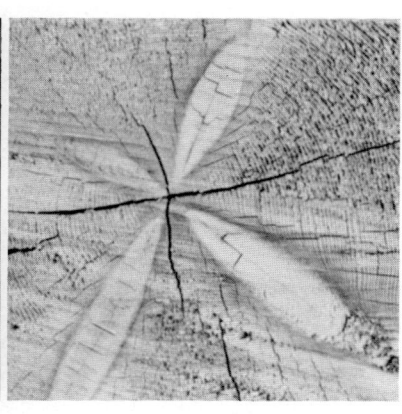

図 II-33 生節

(a) 樹幹の枝の切口　　(b) 枝の縦断面　　(c) 枝の木口断面

図 II-34 節となる枝の外観と断面

Ⅱ. 木材の一般的性質

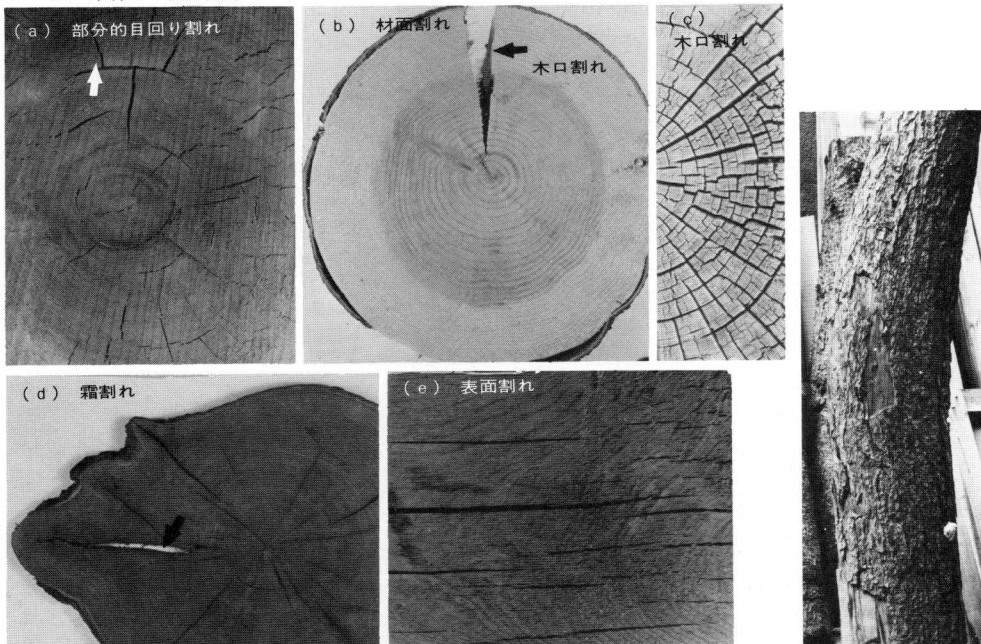

図 Ⅱ-35 材の割れ
(a) 部分的目回り割れ
(b) 材面割れ／木口割れ
(c) 木口割れ
(d) 霜割れ
(e) 表面割れ

図 Ⅱ-36 一方曲り

ぬか目（広葉樹環孔材で成長がわるく年輪幅がきわめて狭いもの）

目切れ（繊維方向が材軸に平行せず途中で切れる）

反り（不規則に曲る波反り，幅反りなどもある）

芯持（髄を持った材，干割れをおこす）

落込み（不良乾燥にておこる材面の局部的凹み）

もめ（立木時に風による振動で生じた横方向の破壊線）

丸身（材のりよう線部分において鋸または鉋のかからなかった部分）

やに壺（材の空隙部に樹脂の推積したもの）

入皮（外部のきずの結果，死滅した木質あるいは樹皮）

カナスジ（材中に炭酸カルシウムなど鉱物質結晶を沈積したもので刃物を損傷させる）

はつりきず（斧や截断器でできた木質の部分まで達した浅いきず）

4.1.2 節

樹木が生長して年々大きくなってゆくにしたがい，多くの枝は枯死して落ちる．また針葉樹などでは人工的に枝打ちをするが，そのあとが節（ふし）として残る．

幹は樹皮で枝落ちした部分を年々包んで大きく成長してゆき，節は樹幹の中に隠れてしまう．樹幹の外観からでは見えない節も，製材して角材や板材になるとさまざまの形の節となって現れてくる．板の表面に現われている節はどこでも見ることができるので，図 Ⅱ-34 には幹の中にある節の常態を角度をかえて見たものを示した．節はその形と状態によって分けられ次のような名称がつけられている．

生節（繊維が周囲の材と連絡しているもの）
死節（繊維が周囲の材と連絡していなもの）
抜け節（死節で抜け落ちてしまったもの）
腐れ節（節が腐っているもの）
丸節（節の形が円形をしているもの）
流れ節（節の形が，傾斜して細長い形状になっている）
隠れ部（幹，材の中にあり表面から見えないもの）

4.1.3 材の割れ

立木を伐採した時点では木材は多くの水分を含んでいる．これら木材が不均一に乾燥したため不均一に収縮して割れをおこす．

一般的に多く見られる割れは，木材の木口

面と材表面に生じる割れである．そのほか，立木のときにうける凍結，風圧などによる割れもある．割れはその形や位置によっていくつかに分けられている．表面割れ，内部割れ，干割れ，乾燥にともなって不均一な収縮の結果生じた割れ，木口割材の木口面から入った割れ，芯割れは髄心から放射組織にそった割れ，星裂は髄心に生ずる星状の割れ，霜割れは立木時凍結のため発生した割れである．目廻りは年輪にそって円形に生じた割れ，風，凍結などにより多くは立木時に入る．

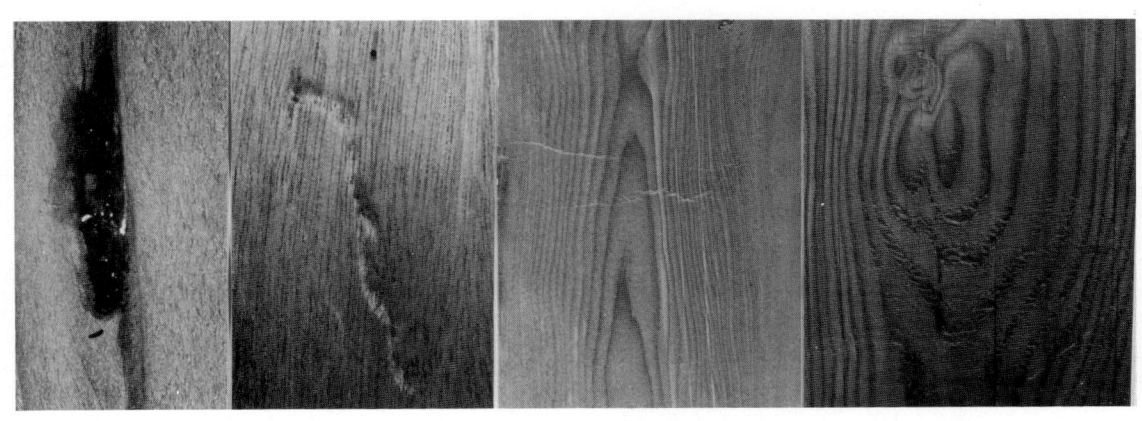

(a) やに壺　(b) みみず　(c) もめ　(d) 逆目

図 II-37　木材のきず (1)

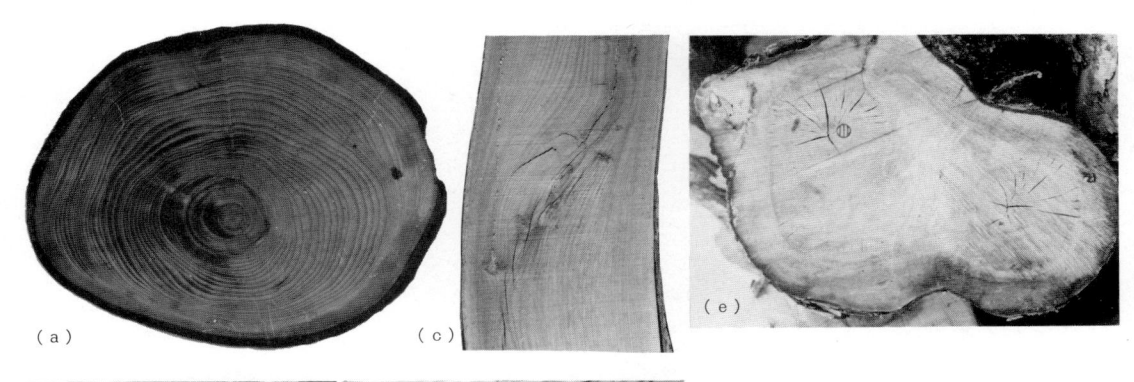

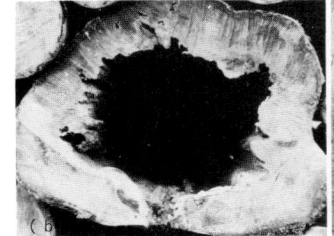

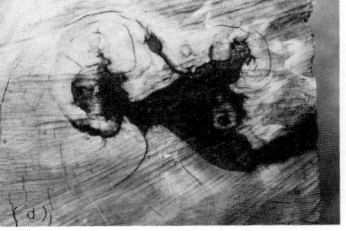

図 II-38　木材のきず (2)
(a) 黒い部分がアテ
(b) 心腐れ空胴
(c) 髄心繊維の曲り
(d) 入皮
(e) 多芯

(a) 白色腐朽　　(b) ブナ材丸木口(ブナクワイカビ)　(c) ブナ材(カワラタケ)　　(d) 褐色腐朽

図 II-39　木材の腐朽

4.2 木材の腐朽と虫害
4.2.1 木材の腐朽

木材の腐朽は，木材腐朽菌が木材に侵入して，木材の細胞壁中の成分であるセルロース，リグニンを養分として繁殖し，木材組織を破壊することによっておこる．腐朽菌の成育には養分だけでなく，温度，湿度，材中の水分，空気などが必要である．最もよく繁殖するのは 25～30°C，湿度 85％程度，木材中の水分が 40～60％のときである．死滅温度は 70°C 以上である．木材に被害を与える菌類を表 II-16 に示した．

表 II-16　木材に被害を与える菌類

1. 担子菌類	白色腐朽菌	木材の材中深く侵入し，リグニンを主として分解する
	褐色腐朽菌	木材のセルロースを主として分解する
2. 子のう菌類	カビ類	木材の表面でのみ繁殖
	変色菌類	木材内部まで侵入し，木材質をわずかに分解する
	軟腐朽菌類	木材の浅い部分のセルロース，ヘミセルロースなどを分解
3. 不完全菌類		子のう菌と同じように木材の変色
4. 細菌類		木材はわずかに分解

防腐処理としては，まず木材の含水率を菌類の繁殖しにくい水分にすることで，それには短期でできる人工乾燥をほどこすことが必要である．そのほか水中貯材またはスプリンクラーで散水などさせ材を高含水率にしておき，菌類に必要な空気の供給をさえぎる薬剤（クレオソート油，銅化合物，亜鉛化合物，その他）を材中に浸透させるなどの方法がある．

腐朽に弱い木（心材）：ヘムロック，スプルース，エゾマツ，ツガ，アカマツ，マカンバ，ヤチダモ，ブナなど

腐朽に強い木（心材）：ヒバ，ヒノキ，スギ，カラマツ，クリ，ケヤキ，アカガシ，カポール，チーク，ベイヒ，ベイヒバなど

4.2.2 シロアリと乾材害虫

木造建築の木部に大きな被害を与えるシロアリには，ヤマトシロアリ（日本全土に分布）とイエシロアリ（神奈川県以西の主に海岸線に沿った温暖な地域に分布）がある．シロアリの生活は，多数で群棲し，女王，王を中心に副女王，副王，兵アリ，職アリがそれぞれの仕事も分業している．

加害木材は，ヤマトシロアリは湿った材を好み，イエシロアリは湿った木材に限らない．好む土質でもヤマトシロアリは粘土分の多い植質土，イエシロアリは粘土分の少ない砂質土と，2種の性質はちがっている．防蟻薬剤としてはクレオソート油その他がある．

表 II-17　シロアリの生活と防虫法

1. 成虫の大きさ	扁平で 2mm～7mm
2. 色	赤かっ色ないし暗かっ色
3. 分布	熱帯から温帯各地
4. 産卵	木材の辺材道管の中
5. 産卵月	5～6月
6. 木材含水率	最適 16％，繊維飽和点（25～30％）以上
7. 栄養源	辺材中のデンプン
8. 卵期	10～12日で幼虫になる
9. 成虫	4～5月頃羽化した成虫になる

○防虫法
1　辺材を使用しないこと
2．成虫に産卵されないように，材に塗装をしておくこと
3．殺虫剤を使用材中に浸漬または加圧注入して産卵防止と死滅をはかる
4．加熱法．普通 50°C 以上の温度にふれると死滅するので，人工乾燥を行なう．

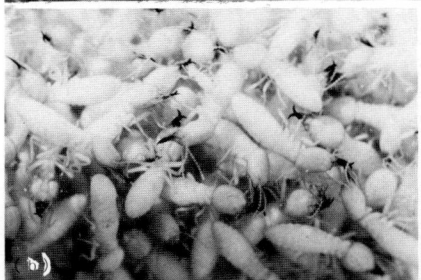

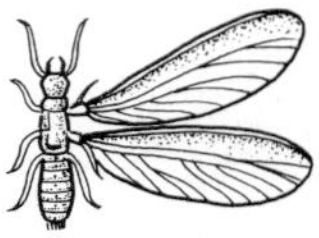

図 II-40 イエシロアリとその被害
(a) 女王と王（白く大きいのが女王），(b) 兵アリ（全体の5％で，外敵に対して防御），(c) 職アリ（全体の90％），(d) 被害材，(e) イエシロアリ（ハアリ）．ずん胴で，前後翅が同形同大．体長6.5〜8.5 mm．

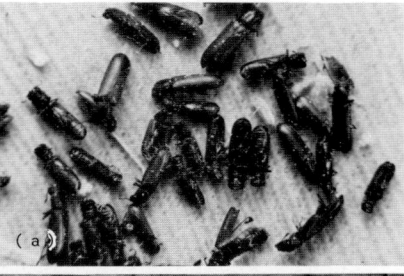

図 II-41 ヒラタキクイムシ（成虫）とその被害
(a) ヒラタキクイムシ成虫（体長2〜7mm），(b) 被害材（南洋材）．黒い点が羽化した成虫の脱出孔（直径2mm前後）．脱出するとき白粉を排出する．

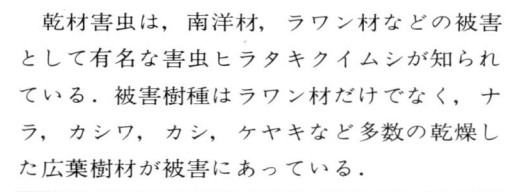

乾材害虫は，南洋材，ラワン材などの被害として有名な害虫ヒラタキクイムシが知られている．被害樹種はラワン材だけでなく，ナラ，カシワ，カシ，ケヤキなど多数の乾燥した広葉樹材が被害にあっている．

5. 製材と規格

木材は使用する用途によって丸太より製材し，板類，ひき割類，ひき角類などの商品として規格化され，決められた寸法になっている．

5.1 製材と木取り
5.1.1 板目木取り，まさ目木取り

丸太を製材する場合，木取りといって木材の木理，板物，角物などの所定の製品を，丸太の欠点などを避けてもっとも有利に挽割が行われる．木取りの仕方をII-45に示す．

木取りには丸太より一丁取りの正角，木材の末口に丸味がある野角（山角，面付角，杣角）など，角材の二面に木理通直なまさ目面が出る二方まさ，角材の四面に出る四方まさ木取りがある．

図 II-42 丸太材

5.1.2 製材歩止り

製材で，歩止りとは原木材積に対する，利用可能な主製品そして副製品も含めた材積の割合をいう．それには丸太からの木取る方法が歩止りの良い，悪いに関係があり，そのほか丸太の形状，欠点，挽減の大小（鋸の厚さ，ア

28　Ⅱ. 木材の一般的性質

図 Ⅱ-43　自動送材車帯鋸盤

図 Ⅱ-44　製材板

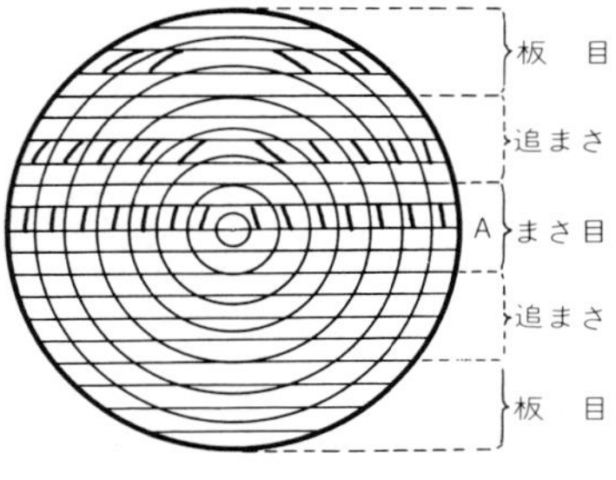

図 Ⅱ-45　板目, 直まさ, まさ目の区分

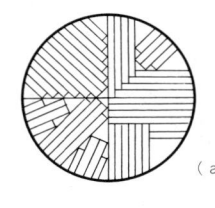

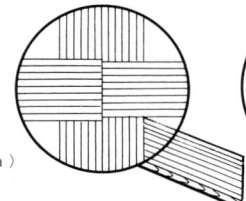

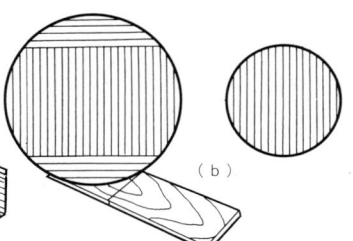

	正まさ目木取り	板目木取り
広幅材	とれない	とれる
木取り	簡単でない	簡単
収縮	小さい	大きい
そり	少ない	多い
その他		割れやすい

図 Ⅱ-46　正まさ目木取り（a）と板目木取り（b）

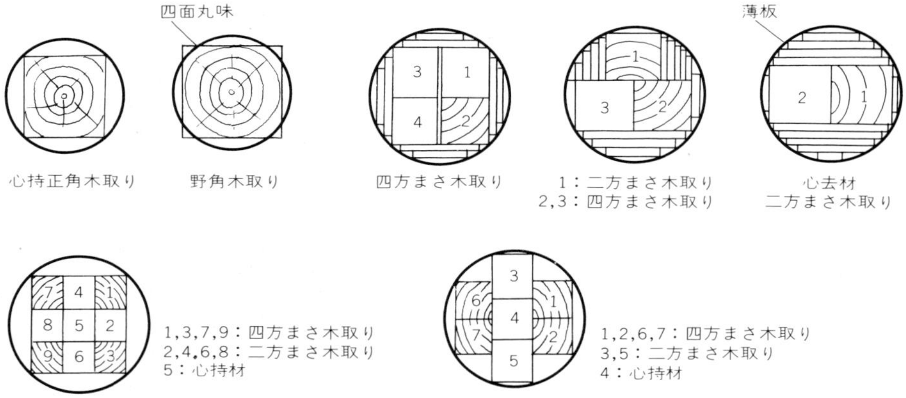

心持正角木取り　　野角木取り　　四方まさ木取り　　1：二方まさ木取り　2,3：四方まさ木取り　　心去材　二方まさ木取り

図 Ⅱ-47　木取り

1,3,7,9：四方まさ木取り
2,4,6,8：二方まさ木取り
5：心持材

1,2,6,7：四方まさ木取り
3,5：二方まさ木取り
4：心持材

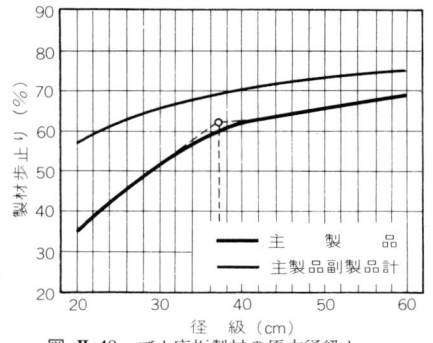

図 Ⅱ-48　ブナ床板製材の原木径級と製材歩止りの関係

$$製材歩止り = \frac{製品材積(m^3)}{原木材積(m^3)} \times 100$$

サリ幅), 製品の長さ, 製材挽曲り, 挽肌, 毛羽立ちなどがさまざまに関係して製材歩止りの数値になる. 図Ⅱ-48は丸太径と製材歩止りを示す. 大体, 小径では60〜70％大径では70〜75％ぐらいである.

5.2　用材規格

5.2.1　製材規格（Ⅰ）（JAS）

原木を製材し商品として, 名称, 形状, 寸度, 品等などを統一し, 木取り, 市場, 使用者がわかりやすくまた合理化を図るために, 木材の製材品には日本農林規格（JAS）が適用されている. 図Ⅱ-49は針葉樹, 図Ⅱ-50は広葉樹の製材標準寸法である. また品等は木材の欠点を％または不良面判定をA, B, C

厚さ (cm)	幅 (cm)																										長さ(m)							
0.7								3.6													15.0	18.0	21.0	24.0	27.0	30.0	1.8	1.9	2.0					
0.9								3.6				小	幅	板	7.5		9.0	10.0	10.5	12.0	15.0	18.0	21.0		板		1.8	1.9	2.0		3.65	3.8		
1.1															7.5		9.0	10.0	10.5	12.0	15.0	18.0	21.0	24.0	27.0	30.0	1.8	1.9	2.0	3.0	3.65	3.8	4.0	
1.3										4.5					7.5		9.0	10.0	10.5	12.0	15.0	18.0	21.0	24.0	27.0	30.0	1.8	1.9	2.0	3.0	3.65	3.8	4.0	
1.5	1.5									4.5					7.5		9.0	10.0	10.5	12.0	15.0	18.0	21.0	24.0	27.0	30.0	1.8	1.9	2.0	3.0	3.65	3.8	4.0	
1.8		1.8								4.5							9.0	10.0	10.5	12.0	15.0	18.0	21.0	24.0	27.0	30.0	1.8	1.9	2.0	3.0	3.65	3.8	4.0	
2.0						3.0				4.5							9.0	10.0	10.5	12.0	15.0	18.0	21.0	24.0	27.0	30.0	1.8	1.9	2.0	3.0	3.65	3.8	4.0	
2.4				2.4		3.0		3.6		4.5							9.0	10.0	10.5	12.0	15.0	18.0	21.0	24.0	27.0	30.0	1.8	1.9	2.0	3.0	3.65	3.8	4.0	
2.7					2.7			3.6			平		6.0		7.5		9.0	10.0	10.5	12.0	15.0	18.0	21.0	24.0	27.0	30.0	1.8	1.9	2.0	3.0	3.65	3.8	4.0	
3.0						3.0		3.6	4.0	4.5	割		6.0				9.0	10.0	10.5	12.0	15.0	18.0	21.0	24.0	27.0	30.0	1.8	1.9	2.0	3.0	3.65	3.8	4.0	
3.3							3.3	3.6	4.0						7.5		9.0	10.0	10.5	12.0	15.0	18.0	21.0	24.0	27.0	30.0	1.8	1.9	2.0	3.0	3.65	3.8	4.0	
3.6								3.6	4.0	4.5							9.0	10.0	10.5	12.0	15.0	18.0	21.0	24.0	27.0	30.0	1.8	1.9	2.0	3.0	3.65	3.8	4.0	
4.0									4.0	4.5			6.0				9.0	10.0	10.5	12.0	15.0	18.0	21.0	24.0	27.0	30.0	1.8	1.9	2.0	3.0	3.65	3.8	4.0	
4.5										4.5		5.5	6.0			8.5	9.0	10.0	10.5	12.0				厚	板		1.8	1.9	2.0	3.0	3.65	3.8	4.0	
5.0																8.5	9.0	10.0	10.5	12.0							1.8	1.9	2.0	3.0	3.65	3.8	4.0	
5.5												5.5					9.0		10.5	12.0							1.8	1.9	2.0	3.0	3.65	3.8	4.0	正
6.0													6.0				9.0		10.5	12.0							1.8	1.9	2.0	3.0	3.65	3.8	4.0	角
7.0														7.0													1.8	1.9	2.0	3.0	3.65	3.8	4.0	の
7.5												正			7.5												1.8	1.9	2.0	3.0	3.65	3.8	4.0	み
8.5												割				8.5											1.8	1.9	2.0	3.0	3.65	3.8	4.0	
9.0																	9.0						平	角			1.8	1.9	2.0	3.0	3.65	3.8	4.0	
10.0															正	角		10.0			15.0	18.0					1.8	1.9	2.0	3.0	3.65	3.8	4.0	6.0
10.5																			10.5		15.0	18.0	21.0	24.0		30.0	1.8	1.9	2.0	3.0	3.65	3.8	4.0	6.0
12.0																				12.0	15.0	18.0	21.0	24.0		30.0	1.8	1.9	2.0	3.0	3.65	3.8	4.0	6.0

図 II-49 針葉樹の製材の標準寸法

厚さ(cm)	幅 (cm)																											長さ(m)
0.9								7.7	9.0	10.0	10.5	12.0	13.0	14.0	15.0	16.0	18.0	21.0	23.0	26.0	28.0	31.0	.					0.3 以上 1.65 まで 0.15 建
1.2							小幅	7.7	9.0	10.0	10.5	12.0	13.0	14.0	15.0	16.0	18.0	21.0	23.0	26.0	28.0	31.0	.					1.8 以上 0.2 建
1.5							板	7.7	9.0	10.0	10.5	12.0	13.0	14.0	15.0	16.0	18.0	21.0	23.0	26.0	28.0	31.0	33.0	36.0	38.0	41.0	板	
1.8								7.7	9.0	10.0	10.5	12.0	13.0	14.0	15.0	16.0	18.0	21.0	23.0	26.0	28.0	31.0	33.0	36.0	38.0	41.0		
2.1					5.1		6.4	7.7	9.0	10.0	10.5	12.0	13.0	14.0	15.0	16.0	18.0	21.0	23.0	26.0	28.0	31.0	33.0	36.0	38.0	41.0		
2.6	2.6		3.8		5.1		6.4	7.7	9.0	10.0	10.5	12.0	13.0	14.0	15.0	16.0	18.0	21.0	23.0	26.0	28.0	31.0	33.0	36.0	38.0	41.0		
3.2		3.2	3.8		5.1		6.4	7.7	9.0	10.0	10.5	12.0	13.0	14.0	15.0	16.0	18.0	21.0	23.0	26.0	28.0	31.0	33.0	36.0	38.0	41.0		
3.8			3.8		5.1		6.4	7.7	9.0	10.0	10.5	12.0	13.0	14.0	15.0	16.0	18.0	21.0	23.0	26.0	28.0	31.0	33.0	36.0	38.0	41.0		
4.5				4.5		平	割								15.0	16.0	18.0	21.0	23.0	26.0	28.0	31.0	33.0	36.0	38.0	41.0	厚	
5.1					5.1		6.4	7.7	9.0	10.0	10.5	12.0	13.0	14.0	15.0	16.0	18.0	21.0	23.0	26.0	28.0	31.0	33.0	36.0	38.0	41.0		
6.0						6.0									15.0	16.0	18.0	21.0	23.0	26.0	28.0	31.0	33.0	36.0	38.0	41.0		
6.4				正			6.4	7.7		10.0	10.5	12.0	13.0	14.0	15.0	16.0	18.0	21.0	23.0	26.0	28.0	31.0	33.0	36.0	38.0	41.0	板	
7.7				割				7.7							15.0	16.0	18.0	21.0	23.0	26.0	28.0	31.0	33.0	36.0	38.0	41.0		
10.0							正			10.0					15.0	16.0	18.0	21.0	23.0	26.0	28.0	31.0	33.0	36.0	38.0	41.0		
13.0							角						13.0		15.0	16.0	18.0	21.0	23.0	26.0	28.0	31.0	33.0	36.0	38.0	41.0	平	
16.0																16.0	18.0	21.0	23.0	26.0	28.0	31.0	33.0	36.0	38.0	41.0	角	

図 II-50 広葉樹の製材の標準寸法

などで区別されている．図II-51には大きくわけた製材の材種を示した．

5.2.2 製材規格（II）

製材された材木には樹種名，等級，寸法名製造業者名などを表示することが日本農林規格（JAS）で決められている（図II-52）．

材の等級は現在，針葉樹の製材は建築用に使用されるうえで構造材として強度面を主体とした等級づけ（特等，1等，2等）の3階級に区分されるが，昔から使用されている等級の無節，上小節，小節などという名称も化粧材としての必要から選択表示できることに

板 類 [厚さ 7.5cm 未満 / 幅：厚さの4倍以上]

(1) 板　　12cm以上　3cm未満
(2) 小幅板　12cm未満　3cm未満
(3) 斜面板　6cm以上　厚さ（台形）
(4) 厚板　　3cm以上

ひき割類 [厚さ 7.5cm 未満 / 幅：厚さの4倍未満]

(1) 正割（正方形）　(2) 平割（長方形）

ひき角類 [厚さ 7.5cm 以上 / 幅：7.5cm 以上]

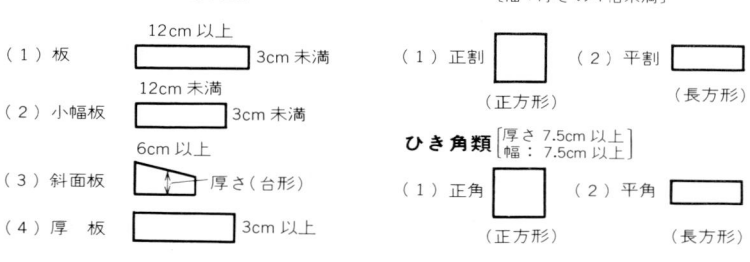

(1) 正角（正方形）　(2) 平角（長方形）

図 II-51　製材の材種の分類

なっている．広葉樹の製材の等級も木材の欠点の程度によって特等，1等，2等，3等の4階級または特等を含む3階級に区分されている．一般に建築材は材種別主要用途によって寸法が決まっている．針葉樹材の場合を表 II-18 に示した．

表 II-18　小売店における主要用途別品目・寸法

銘　柄	長さ(m)	厚さ(cm)	幅(cm)	等　級	単　位
檜　正角	3.00	9.0	9.0	1等	m³
	4.00	12.0	12.0	1等	m³
松　平角	3.00	12.0	15.0	1等	m³
	3.00	12.0	24.0	1等	m³
杉　割板	3.65	1.1	18.0	1等	m³
	3.65	1.5	18.0	2等	m³
エゾタルキ	3.80	3.0	4.0	1等	1本
	3.80	3.6	4.5	2等	1本
秋田杉 造作材	3.80	4.5	10.5	赤無	m³
杉　小　割	3.65	2.1	3.0	1等	1本
杉　ヌ　キ	3.65	1.3	9.0	1等	1丁
キ　ズ　リ	1.80	0.7	3.6		100入1束
杉　小幅板	1.80	0.9	0.9		m²
杉　耳付板	3.00	0.9	1.8		束

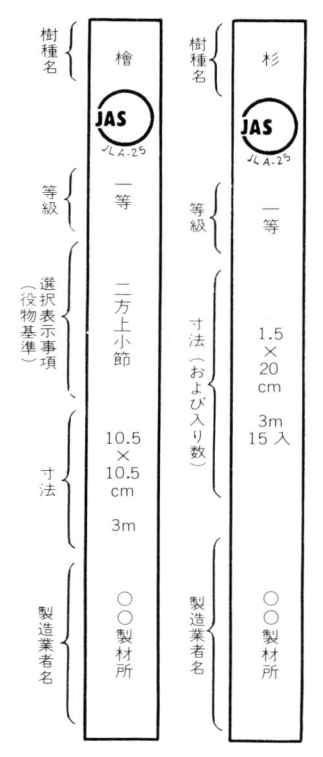

図 II-52　役物基準の選択表示事項

（樹種名：檜／等級：一等／選択表示事項（役物基準）：二方上小節／寸法：10.5×10.5cm　3m／製造業者名：○○製材所）

（樹種名：杉／等級：一等／寸法（および入り数）：1.5×20cm　3m　15入／製造業者名：○○製材所）

また材積（m³）は次のように計算される．

正割，正角の場合

$$[一辺の長さ(cm)]^2 × 材長(m) × \frac{1}{10,000}$$

正割，正角以外の場合

$$厚さ(cm) × 幅(cm) × 材長(m) × \frac{1}{10,000}$$

6.　木材の乾燥

木材は生材のときは多量の水分を含んでいる．大気中で自然に平衡含水率まで乾燥された木材を気乾材といい，含水率約15％である．さらに木材を乾燥させるには人工的な方法を用いる必要がある．木材は乾燥することによって強度を増し，加工性が良く，製品に狂いが生じないなどの利点がある．

図 II-53　製材品の乾燥（1）

6.1　天然乾燥

木材を戸外に桟積みして自然に乾燥させることを天然乾燥といい，こうして乾燥されたものを気乾材という．特別な装置を要せず，排水および空気の流通のよい乾いた場所があればできる．しかし乾燥時間が長いこと，乾燥する土地の気象条件などに左右される．気乾材の含水率はわが国では15～16％が限度

図 Ⅱ-54 製材品の乾燥（2）
(a) 天然乾燥（平積み）(b) 天然乾燥（井げた積み）
(c) はざ掛け（もたせ掛け）(d) 自動桟積み機

である．乾燥方法は材と材の間に桟木を置いて木材の両面に乾いた空気が自由に流通して木材から湿気を運び去るようにする．木材の積み方には平積み，傾斜積み，井げた積み，垂直積み，はさ掛けなどの方法がある．注意する点は木口割れのおきやすい材は木口などにペイントなどを塗布し湿気の流通を止めて防止する．また，雨水，直射日光を防ぐためトタン板を天乾材の上に置く．一般には人工乾燥の予備乾燥として効果がある．天然乾燥で含水率約20％前後になるのにどのくらいの日数がかかるか，針葉樹，広葉樹などによる違いを表Ⅱ-19に示した．

表 Ⅱ-19 樹種による乾燥日数

樹　　種	材の厚さ (cm)	終末含水率 (％)	乾燥日数 (日)
ブナ　だらびき	6.0	27	174
ブナ　だらびき	3.0	18	68
ナ　　ラ	2.5	19	74
ナ　　ラ	3.8	24	74
針 葉 樹	2.5	20	13～20
	5.0	20	30～70

6.2 人工乾燥

人工乾燥は天然乾燥と違って気象に関係なく，短期間に，木材の損傷を少なく，低含水率まで，使用目的に応じて乾燥ができる．乾燥室には昔より使用されている種々の方式があるが，現在もっとも多く採用されている乾燥方式は蒸気による内部送風式乾燥室（I.F.型）（図Ⅱ-55）である．この乾燥室はボイラで発生した蒸気を加熱管に送り，乾燥室内の温度を上昇させるもので，湿度の調節は生蒸気の噴射と吸排気孔の開閉により行っている．温湿度は自動制御装置で集中管理がなされている．木材乾燥でもっとも大切なことは温度，湿度，空気の循環で，この3つの要素をたくみに調節しながら，木材内部の水分を表面に移動させ，表面の水分を蒸発させることである．そのときの材表面と内部の水分量の差を水分傾斜という．乾燥中木材に割れ，落ちこみなどの損傷，水分のむらなどを生じないようにすることが大切である．

樹種，板厚，材の木取りなどによって，乾燥中の木材の含水率に応じた温湿度の調節図

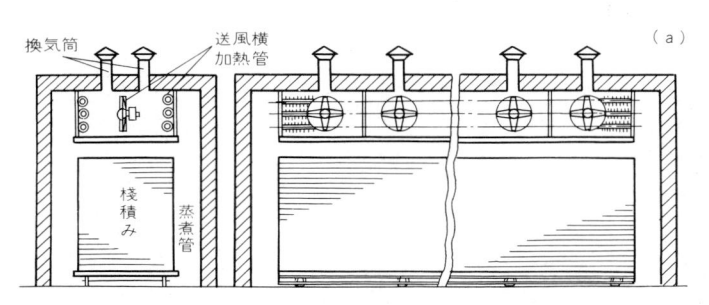

図 II-55 内部送風式乾燥室（I. F. 型）
(a) 蒸気式乾燥室　(b) 乾燥室前面
(c) 乾燥室内　(d) 温湿度自動制御記録装置

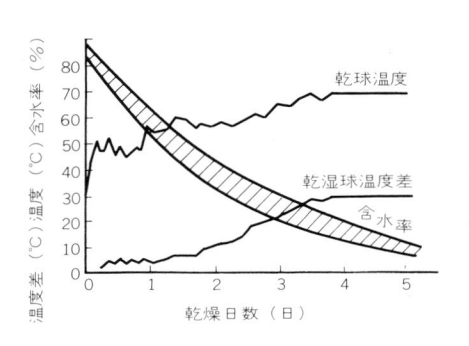

図 II-56 ブナ床板のスケジュール
初期温度 30°C からゆっくり 70°C まで上げる．乾湿球温度差をゆっくり上げてゆき，含水率を徐々に 90％ から 10％ まで下げる．

（図 II-56）がある．この図を乾燥スケジュールといって，乾燥日数と温度差，温度，含水率とからできている．

7. 木質材料

木質材料とは木材のもつといろいろな利点を助長した木材の一次加工品のことである．これらは合成樹脂接着剤の進歩とともに大きな発達をとげた集成材，合板，パーティクルボード，ファイバーボードなどである．現在建築，家具，建具，工芸品など多方面に使用されている．

木材資源は単に材料としてだけでなく環境保存上も大変に貴重なものになりつつある．限られた木材を一層有効に利用しなければならない．

7.1 集成材
7.1.1 集成材の種類

集成材は以前は挽板積層材という名称で呼ばれていたこともある．木材の挽板を繊維方向をすべて平行にして，長さ，幅，厚さの方向に集成接合したものである．長所としては，木材の持つ欠点を分散できる．また除去して接着集成することができる．小さい材から大断面の長大集成材などもできる．わん曲したものを作ることが可能，などである．種類と用途は次の4つに区分できる．

図 II-57

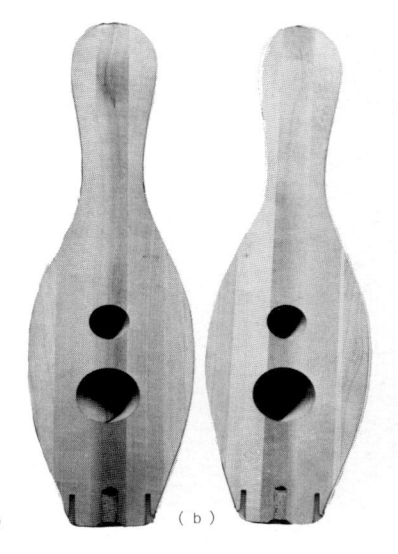

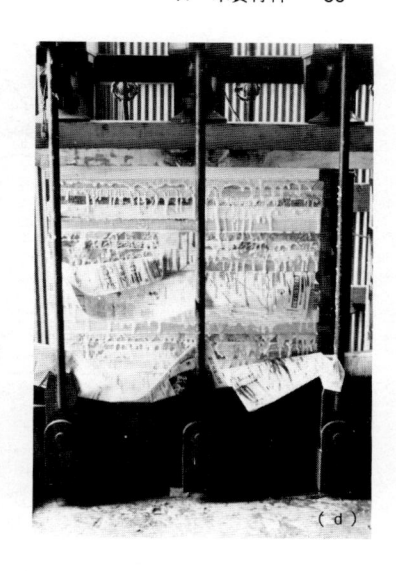

図 Ⅱ-58 集成材
(a) 構造用集成材柱（10.5 cm 角 5 枚合せ）
(b) ボウリングピン（樹種：カエデ）
(c) 手すり用集成材（木口断面）（樹種：シオジ）
(d) 集成接着ねじ圧縮

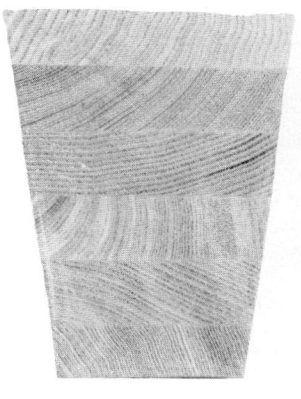

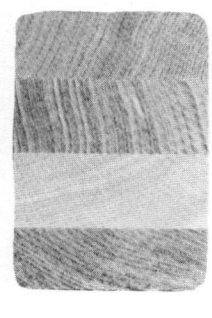

(1) 造作用集成材： 手すり，階段板，床材料，ドア－枠，壁材料，家具材料，その他．

(2) 化粧ばり造作用集成材： 長押，敷居，鴨居，その他．

(3) 構造用集成材： 建築用材，わん曲アーチ材，その他．

(4) 化粧ばり構造用集成材： 建築用柱，ヒノキ，スギなど銘木を表面化粧，その他．

表Ⅱ-20 に集成材に用いられる樹種を示した．

7.1.2 集成材の接着と強さ

集成材に使用されている常用接着材は，造作用集成材および化粧ばりにはユリア樹脂系，構造用集成材にはレゾルシノール樹脂系が用いられている．そのほか酢酸ビニルとユリア樹脂混合，ホットメルト系接着材なども使用される．

集成材の長さ方向材の木口面どうしの接合はスカーフジョイントが用いられていたが，材の接合面の歩止りが悪いので，現在ではミニフィンガージョイント（図Ⅱ-60）がつかわれている．継手部分の長さは 6～12 mm 程度である．強さは接着剤の種類と接着技術，ラミナの縦つぎによる工作精度などが大きな影響を及ぼす．表Ⅱ-21 はベイツガ，ヒノキの

表 Ⅱ-20 集成材の使用樹種

針 葉 樹		広 葉 樹	
A 類	B 類	A 類	B 類
アカマツ	スギ	ミズナラ	ラワン
クロマツ	エゾマツ	ブナ	
カラマツ	トドマツ	シオジ	
ヒバ	モミ	カバ	
ヒノキ	ツガ	カタギ	
ベイマツ	スプルース	ケヤキ	
ベイヒ	ベイツガ	イタヤカエデ	
	ベイモミ	ニレ	
		アピトン	

A類，B類は材の強さによって分けられている．

図 II-59 化粧ばり集成材

図 II-60 ジョイントの例
スカーフジョイント（傾斜度 1/10 以下、厚さ 1cm で傾斜 10cm）
ミニフィンガージョイント（6～12mm）

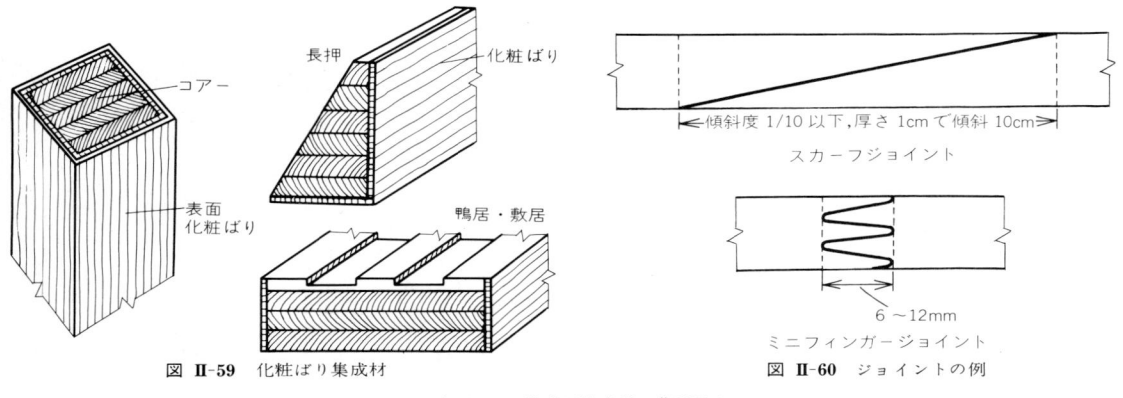

表 II-21 構造用集成材の曲げ強さ

種類	樹種	積層数と断面寸法	比重（平均）	曲げ強さ（平均）(kg/cm²)	ヤング率（平均）(kg/cm²×10³)	フィンガージョイント	
構造用集成材 ヒノキ単板 1.5mm 化粧ばり	ベイツガ	5 枚合わせ 10×10 cm	0.47	⊥ 780 ∥ 700	115 110	先端幅 2.8mm ピッチ 9.8mm	長さ 21mm 傾斜 1/10
	ヒノキ	5 枚合わせ 10×10 cm	0.45	⊥ 570 ∥ 490	90 95	先端幅 2.0mm ピッチ 12.0mm	長さ 35mm 傾斜 1/9

ラミナ：長さ 60 cm，接着剤：レゾルシノール-フェノール共縮合樹脂，⊥：ラミナに直角方向，∥：ラミナに平行方向の荷重の場合．

集成材の曲げ強さ，ヤング率を示したもので，建設省告示による集成材の繊維方向の許容応力度は，曲げ，引張りにおいて普通構造材の 1.5 倍の値が認可されている．許容応力度を表 II-22 に示す．

表 II-22 建設省告示第 75 号による集成材の繊維方向の許容応力度（kg/cm²）

樹種		長期			短期
		圧縮	曲げ, 引張り	せん断	
針葉樹	A 類	90	135	7	長期の 2 倍
	B 類	90	100	5	
広葉樹	A 級	100	150	10	
	B 級	100	130	6	

7.2 合 板

7.2.1 合板の種類

合板は，丸太をロータリーレースで薄くむいた単板を繊維方向を 1 枚ごとに直交させて奇数枚合せにし，接着剤ではり合わせ，1 枚の板としたものである（図 II-65）．

単板には，丸剝単板（まるはぎ）（ロータリー単板），平削単板（ひらけずり）（スライド単板），鋸挽単板（のこびき）（ソーン単板），半丸剝単板（はんまるはぎ）（ハーフランド単板）の 4 種類がある．ソーン単板以外には，図 II-63 に示したような，ある角度で裏割れが入る欠点があるが，割れの割合が小さいほどよい単板である．

合板には普通合板と構造用合板（建築の耐

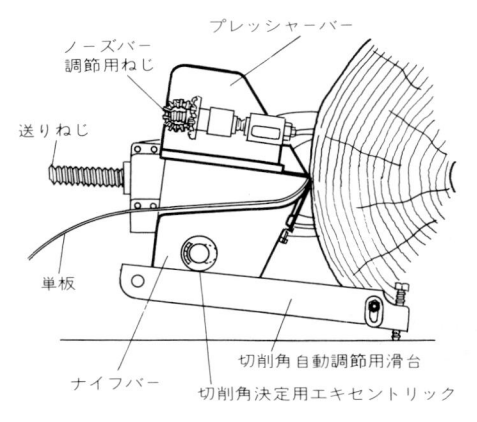

図 II-61 ロータリーレースの自動角度変更装置の一例

図 II-62 ロータリーレースによる単板の切削（左側中央部）

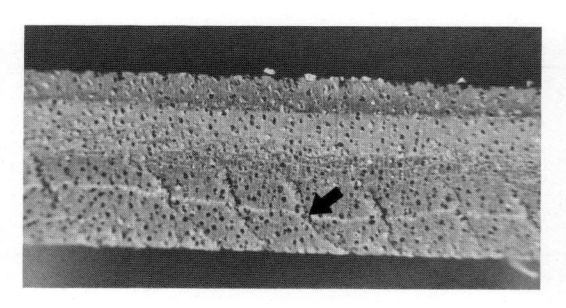

図 Ⅱ-63　ラワン材単板の割れ

図 Ⅱ-64　単板の乾燥（連続ドライヤー）

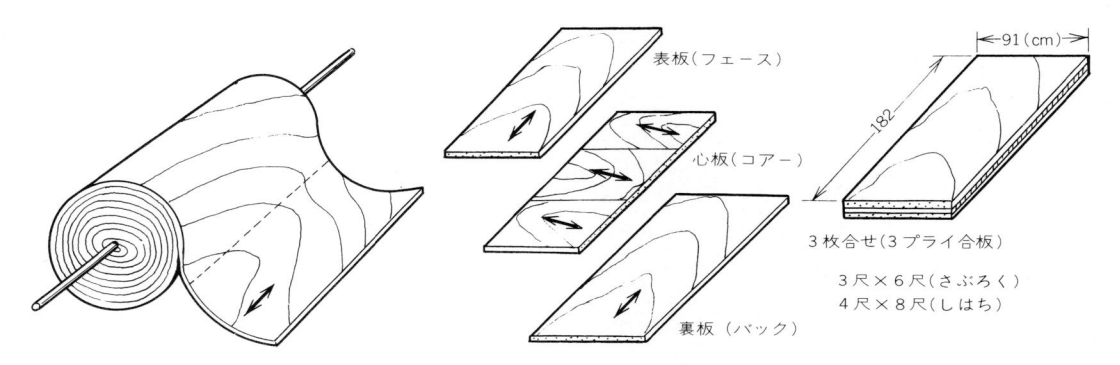

図 Ⅱ-65　ロータリー単板の寸法裁断

力壁，足場板，コンテナ用）とがあり，合板の厚さ，プライ数の構成もさまざまである．

その他に特殊合板として板表面仕上げの美観を求めるときなど，目的に適した構成に変化を与えたり，二次加工を施したりしたものなどがある．表Ⅱ-23, Ⅱ-24に大別を示す．

用途としては家具や建築の外装，天井，内装，床，建具など多数あるが，建築内装にもっとも多く使用されている．合板のすぐれた特性は膨張や収縮などの狂いが少ない．大面積の板材で，工場生産できる．加工も容易にできる材料である．

7.2.2　合板の接着と強さ

合板は，JAS規格では接着剤の耐水湿性，耐久性によって，一類合板 Type I，二類合板 Type II，三類合板 Type III の三つに類別されている．使用にあたっては，用途によって選択することが大切である．

合板用接着剤として現在わが国で広く使用されているものを耐水性のある接着剤より示すと，フェノール樹脂，メラミン樹脂，メラミン・ユリア共縮合樹脂，ユリア樹脂，その他である．

合板の強さは，使用接着剤の種類，単板の構成，単板の厚さ，プライ数，そして板表面の繊維方向などにより異なる．合板の曲げ，引張りなどの強度は，表板の繊維方向に平行，直角方向に対して非常に強く，45°方向が最も弱くなる．また同じ樹種で同じ厚さの合板を作った場合でも，その構成によって強度が変わり，プライ数が多いほど縦と横の方向性の強度差も少なくなる．合板の収縮，膨張は，表板と同方向の単板と直交方向の単板の厚さのそれぞれの和が等しければ，伸縮率が非常に小さく，素材の約1/10程度となる．含水率1%当りの収縮率はラワン合板0.045%，ブナ合板0.025%である．

接着剤は薄い膜になっているので，水や湿気を吸いにくい性質をもっている．プライ数が多いほど吸湿しにくくなる．大面積の板で素材のように割れたり裂けたりすることもない．

36　II. 木材の一般的性質

表 II-23　特殊合板の分類

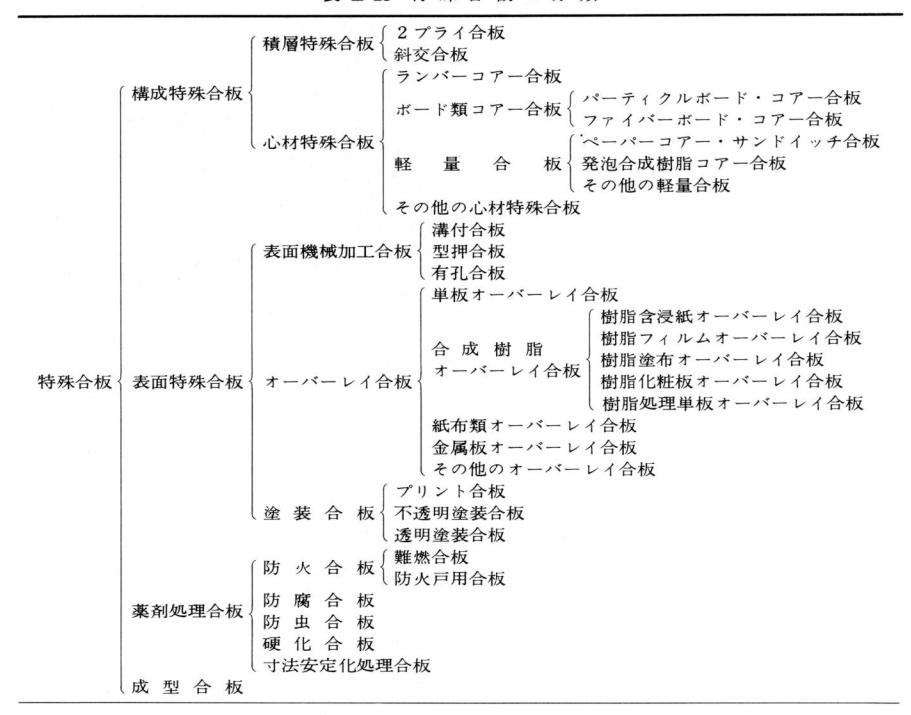

```
特殊合板 ┬ 構成特殊合板 ┬ 積層特殊合板 ┬ 2プライ合板
         │              │              └ 斜交合板
         │              └ 心材特殊合板 ┬ ランバーコアー合板
         │                              ├ ボード類コアー合板 ┬ パーティクルボード・コアー合板
         │                              │                    └ ファイバーボード・コアー合板
         │                              ├ 軽量合板 ┬ ペーパーコア・サンドイッチ合板
         │                              │          ├ 発泡合成樹脂コアー合板
         │                              │          └ その他の軽量合板
         │                              └ その他の心材特殊合板
         ├ 表面特殊合板 ┬ 表面機械加工合板 ┬ 溝付合板
         │              │                  ├ 型押合板
         │              │                  └ 有孔合板
         │              ├ オーバーレイ合板 ┬ 単板オーバーレイ合板
         │              │                  ├ 合成樹脂オーバーレイ合板 ┬ 樹脂含浸紙オーバーレイ合板
         │              │                  │                          ├ 樹脂フィルムオーバーレイ合板
         │              │                  │                          ├ 樹脂塗布オーバーレイ合板
         │              │                  │                          ├ 樹脂化粧板オーバーレイ合板
         │              │                  │                          └ 樹脂処理単板オーバーレイ合板
         │              │                  ├ 紙布類オーバーレイ合板
         │              │                  ├ 金属板オーバーレイ合板
         │              │                  └ その他のオーバーレイ合板
         │              └ 塗装合板 ┬ プリント合板
         │                          ├ 不透明塗装合板
         │                          └ 透明塗装合板
         ├ 薬剤処理合板 ┬ 防火合板 ┬ 難燃合板
         │              │          └ 防火戸用合板
         │              ├ 防腐合板
         │              ├ 防虫合板
         │              ├ 硬化合板
         │              └ 寸法安定化処理合板
         └ 成型合板
```

表 II-24　合板の類別（JAS 規格）

類別	接着剤	用途
Type I	フェノール樹脂　メラミン・ユリア共縮合樹脂	長期間の外気および湿潤状態の露出に耐える．外装用合板．
Type II	純度の高いユリア樹脂	多少の湿潤状態の露出に耐える．内装用合板，家具など．
Type III	カゼイングルー，増量ユリア	一応の耐湿性が期待できる．

表 II-25　ラワン合板の強さ

公称厚さ (mm)	プライ数	単板構成 (mm)	類別	比重	引張り強さ (kg/cm²)			曲げ破壊係数 (kg/cm²)			曲げヤング係数 (10^3kg/cm²)		
					0°	90°	45°	0°	90°	45°	0°	90°	45°
2.7	3	0.8+1.3+0.8	II	0.60	487	682	115	809	372	542	77.8	40.6	28.8
3.0	3	0.8+1.6+0.8	I	0.56	593	584	134	789	380	495	90.3	23.3	24.9
			II	0.56	520	620	126	718	385	481	99.4	24.5	27.4
4.0	3	1.0+2.4+1.0	I	0.57	399	588	113	701	425	431	91.2	27.1	22.2
			II	0.54	459	630	104	624	452	419	93.8	31.1	20.8
5.5	3	1.0+4.0+1.0	I	0.54	267	623	105	592	563	325	72.9	41.7	18.4
			II	0.55	313	672	106	506	599	342	77.5	49.1	19.3
6.0	3	1.2+4.2+1.2	I	0.55	344	513	103	516	481	323	70.9	34.7	18.6
			II	0.55	375	671	100	504	461	329	71.7	37.5	18.8
9.0	5	1.2+2.4+2.4+2.4+1.2	II	0.59	481	499	109	585	446	213	74.5	50.6	14.0
12.0	5	1.2+4.0+2.4+4.0+1.2	II	0.59	292	649	89	396	603	174	50.6	82.6	13.2
15.0	7	1.2+3.0+2.4+3.0+2.4+3.0+1.2	II	0.55	393	492	104	392	515	181	50.8	68.0	13.2
18.0	7	1.2+4.0+2.8+3.4+2.8+4.0+1.2	II	0.55	325	525	88	341	557	158	46.4	84.6	12.9
21.0	7	1.5+4.2+3.4+4.2+3.4+4.2+1.5	II	0.53	353	497	81	381	514	133	47.5	63.9	11.0

7.3 パーティクルボード
7.3.1 パーティクルボードの種類と用途

パーティクルボードは，木材の細片に接着剤を加えて熱圧して成型した板である（図Ⅱ-66，Ⅱ-67）．パーティクルボードの種類を分類すると表Ⅱ-26のようになる．

図 Ⅱ-66 パーティクルボードの原料チップ
長さ2cm．幅広チップ：表層用，厚さ0.2mm．
破砕したチップ：内層用，厚さ0.5〜0.8mm．

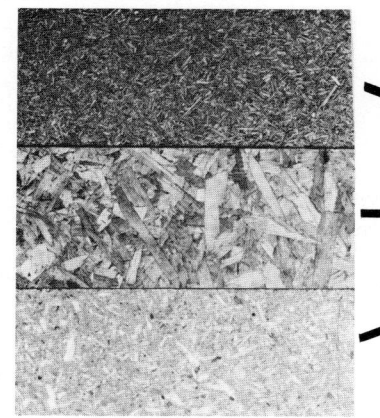

図 Ⅱ-67 パーティクルボードの表面（左）と木口面（右）

用途は家具，建築，家電製品，楽器，ミシン台，造船，建具など多方面にわたっている．パーティクルボードに二次加工などを施し，特殊合板と同じようにボード表面に単板オーバーレイ，合成樹脂フィルム焼付，塗装，プリント，圧刻，切削などして使用する．

接着剤は主にユリア樹脂が用いられているが，今後耐湿性が改良されれば構造用としても使用できる可能性がある．

パーティクルボードは品質管理の行き届いた工業製品として量産用の材料に適している．パーティクルボードのすぐれた特性は，未利用木材，小径木，そのほか工場廃材などを使用すること，板の方向による強度差がなく，大面積の板が得られること，温湿度の変化による狂いや伸縮が少ないこと，などである．

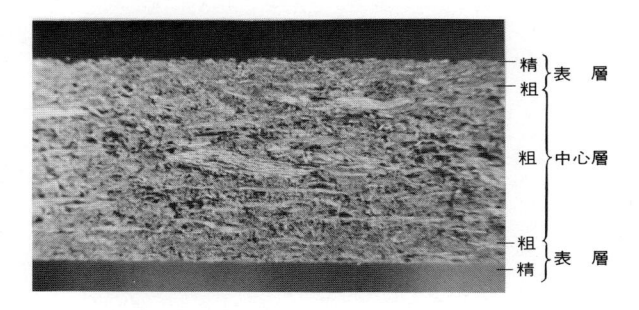

図 Ⅱ-68 パーティクルボード木口面

表 Ⅱ-26 パーティクルボードの分類（JIS）

(1) ボードの構造上の層数による区分	(3) 曲げ強さによる分類（JIS）
単層：木片の状態が表面・裏面・心とも同じもの 3層：木片の状態が表面・裏面・心とも異なり3層 多層：木片の状態が異なり多層	200：曲げ強さ200kg/cm² 以上のもの 150：曲げ強さ150kg/cm² 以上のもの 100：曲げ強さ100kg/cm² 以上のもの
(2) 比重による分類	(4) 表面の研磨の有無による分類（JIS）
軽量パーティクルボード：0.25〜0.40 中庸パーティクルボード：0.40〜0.80（一般用） 硬質パーティクルボード：0.80〜1.20	両面みがき 片面みがき 素　材

表 II-27 形状および寸法（JIS規格）

厚さ*(mm)	厚さの許容差(mm)			幅(cm)×長さ(cm)
	両面みがき	片面みがき	素板	
6 8 10 12 15	+0.4	±0.6	±1.0	91×182 121×242 152×484 182×400
17 20	±0.5	±0.7	±1.2	
25 30 35	±0.5	±0.8	±1.5	

＊ 厚さは板の周辺から20mm以上のところを1/20mm以上の精度をもつ測定器で測る．この場合測定器の板に接する部分は径6mm以上の円とする．
備考：2層の場合に限り当分の間厚さ9mmのものを認める．

表 II-28 ボードの品質（JIS規格の強さ）

種類	比重	含水率(%)	曲げ強さ(kg/cm²)	剝離抵抗(kg/cm²)	木ネジ保持力(kg)
200	0.40以上	5～13	200以上	2.0以上	40以上
150	0.40以上	5～13	150以上	1.5以上	30以上
100	0.40以上	5～13	100以上	1.0以上	20以上

備考：剝離抵抗および木ネジ保持力は厚さ15mm以上のものについて適用する．

7.3.2 パーティクルボードの接着と強さ

パーティクルボードは木材を小片化して接着剤を混じ熱圧成板するものなので，接着剤によって板の性質は大きく影響される．使用している接着剤は，ユリア樹脂系接着剤，ユリア・メラミン共縮合樹脂系接着剤，耐水性のあるフェノール樹脂系接着剤である．

木材の小片（チップ）の形状によって板の性質は異なるが，接着剤とともにボードの構造が板の強さに関係してくる．

成板にはチップの並べ方で単層，2層，3層，そして3層ボードをより発達させた多層ボードとがある．板表層のチップは精で薄く，接着剤も多く，中心層のチップは粗いのを用いる．そうすることで表層，中心層と各層が安定し，表裏バランスのとれた構造になり，狂いの少ない，曲げ強さにも強い板になる．

家具用としては曲げ強さだけでなく，板の剝離抵抗の大きいものが望まれる．成板の曲げ強さは比重が大きくなるほど強さを増すが，比重の影響より板の構造によって強さは異なる．剝離抵抗と比重との関係も比重が大きくなるほど抵抗は増大する．釘の保持力は家具用材として使われた場合，大切な性質の一つである．板の比重が大きいほど保持力を増すが，表層の硬さ，チップ形状，ことに中心層のチップの形が影響を及ぼす．ボード表面に化粧板を張る場合は表裏のバランスを狂わせないようにする．

木口部分は吸湿が大きいので，吸湿を防止する目的と美観のため木口処理が必要である．ボードの角の部分は衝撃に対してきわめて脆いので取り扱いには十分注意が必要である．釘をボード木口部分に打ち込むと割裂しやすいので接合にはダボを用いた方が適切である．

7.4 ファイバーボード

7.4.1 ファイバーボードの種類と用途

ファイバーボード（繊維板）は植物繊維を原料とするが，主として木材繊維を原料としてよく繊維化したのを成板し乾燥するものと，繊維化したのち成形し，熱圧して成板するものとがある．図II-71～II-73は小径木，工場廃材より小さな小片チップにし繊維化し成板にする状態を示したものである．

成板した比重によって軟質繊維板（インシ

図 II-69 ボード比重と圧縮，引張り，せん断強さとの関係

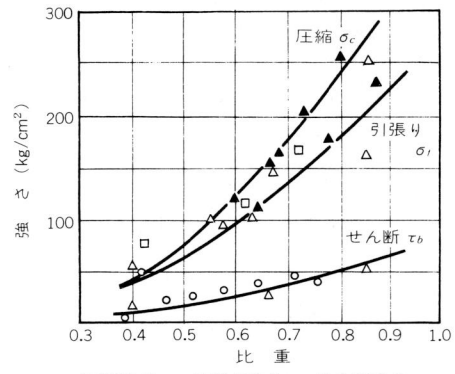

圧縮強さ σ_c，引張り強さ σ_t，せん断強さ τ_b
▲ △ 0.28mm 厚
　 □ 0.61 〃
　 ○ 1.18 〃

丸太材　廃材

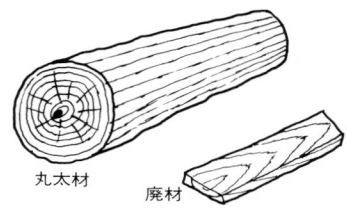

小さな木片（チップ）
長さ30，幅約20，厚さ3～5 (mm.)

図 II-70　繊維化（パルプ化，ファイバー化）

図 II-71　ハードボード
成板された木口面（厚さ6mm）

図 II-72　セミハードボード
成板された木口面（厚さ3cm）．断面が3層になっている

表 II-29　パーティクルボードの種類別用途と性能

ボードの種類	用　途	ボードの性能
軟質繊維板 （インシュレーションボード）	建築関係，住宅用の天井，内壁材，その他	断熱性能，吸音性能がよい．
半硬質繊維板 （セミハードボード）	住宅の内装材，厚物ボードの家具，その他	加工性能がよい． 表面性能がすぐれている．
硬質繊維板 （ハードボード）	建築物の外装材，内装，自動車の内装基材，テレビ・ステレオキャビネット，その他	表面が平滑．耐熱，耐水，耐湿性に富んでいる．加工面では打抜き加工，曲げ加工が容易である．

ハードボード），硬質繊維板（ハードボード）の3種類に分けられている．

用途としては合板，パーティクルボードとほぼ同じで，成板表面に二次加工をした製品も含めてそれらを表II-29に示した．

ファイバーボードの特性は未利用木材，小径木，そのほか工場廃材などを用いることができる，方向性の少ない，狂いの少ない大面積の板が得られる，等質のものが多量に生産できるなどである．

7.4.2　ファイバーボードの性質

ファイバーボードの成板の製造には湿式法と乾式法とがある．両方の違いを表II-30に示した．

3種類のファイバーボードの品質はJIS規格によって曲げ強さ，吸水率，熱伝導率などが規定されている．湿気によってボードは吸湿し，それにともなって長さ，厚さは膨張するが，含水率1％の変化に対して長さはインシュレーションボード0.04％，ハードボードは0.03％と非常に小さく，素材ブナ材の

表 II-30 ファイバーボード成板の製法による違い

方法	フォーミング*	板の面	板の厚さ
湿式法（ウェット）	解繊後多量の水に分散されたパルプ液より脱水成型する（水を用いる）	表面平滑，裏面網目，(S1S)マットの下に金網を用いて水分を流出させる	製品の厚さは6.5mmぐらいまである．
乾式法（ドライ）	解繊後パルプを乾燥して空気流を用いて成型する（空気流を用いる）	表面，裏面平滑，(S2S)	3cm，4cmなど厚物の板ができる．三層構造もできる．

＊ ファイバーをマット状に成型する．

表 II-31 ファイバーボード3種類の級別JIS規格

種類	級別	密度 (g/cm³)	出荷時含水率 (％)	曲げ強さ (kg/cm²)	吸水率	熱伝導率 (kcal/m²h°C)
インシュレーションボード (JIS A 5905)	A 級	0.30 未満	6～10	20 以上	0.10 以下[*2]	0.045 以下
	B 級	0.40 未満	6～10	6 以上	—	0.075 以下
	T 級[*1]	0.25 未満	6～10	10 以上	0.20 以下[*2]	0.045 以下
	シージング	0.40 未満	6～10	30 以上	0.05 以下[*2]	0.055 以下
セミハードボード (JIS A 5906)		0.4～0.8	14 以下	50 以上	—	—
ハードボード (JIS A 5907[*3])	T 450	0.90 以上	5～13	450 以上	20 以下	—
	S 350[*4]	0.80 以上	5～13	350 以上	25 以下	—
	S 200[*4]	0.80 以上	5～13	250 以上	30 以下	—

＊1 タタミ床用　＊2 25°C, 2hr, 単位容積当りの吸水量（g/cm³）　＊3 JIS A 5907は現在改訂準備中
＊4 他にT 350, T 200がある．

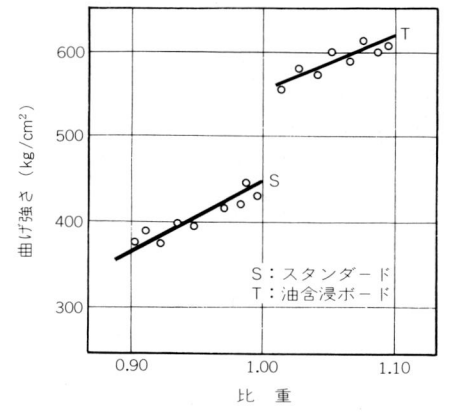

図 II-73 ハードボードの比重と曲げ強さの関係

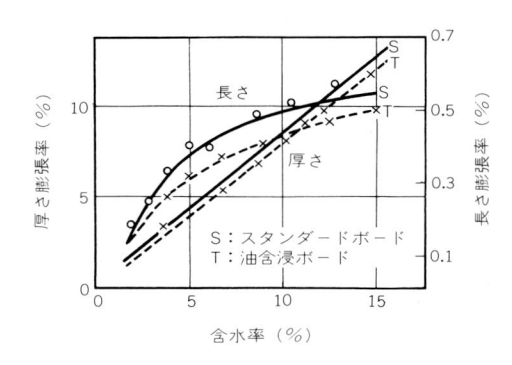

図 II-74 ハードボードの含水率と厚さ，長さの膨張率との関係

1/10程度である．厚さは両ボードとも0.8％である．ファイバーボードは，比重が高くなると曲げ強さ，曲げヤング係数，引張り強さが直線的に増大する．方向性はほとんどない．含水率が3～5％のときが一番強度が強いが，水分が増すにつれて弱くなる．

ハードボードは木材にくらべて柔軟性があるので，水分を与えたり加熱することによって，曲げ加工や成形加工が容易になる．ボードの取り扱いにおいて，大面積の板で壁面をはる場合ボードに水打ちなどを行って膨張させて，縮みながらボードを安定させてゆく方がたるみがでない．インシュレーションボードは多孔質で比重が低いために，保温性，吸音性能がすぐれている．家具用材としては，0.4～0.7の中比重のファイバーボードで，厚さ7.0～21.0mmのものが用いられている．

III. 構造法

1. 基本構造

1.1 継手と仕口

1.1.1 木材の接合

木材による一般的な構造物には，大は建築物から小は家具・建具まである．これらのうち，家具工作の接合法は継手と仕口に分けられる．継手は，部材と部材を軸方向に継ぎたすための接合法で，仕口は，部材の一方の木口を他方の木端または木口相互をある角度で交差させる接合法である．

家具における継手は，フィンガージョイント，スカーフジョイント，だぼ継ぎなど，建築の継手に比較してきわめて少ない．したがって，ここでは仕口についてその概略を述べる．

仕口を大別すると，かまち材の仕口，板材の仕口，両者に共通する仕口などがあげられる．

なお，フィンガージョイントは，部材木口をジグザグに雌雄に加工したものである．

1.1.2 かまち(框)材の仕口

a. ほぞ(枘)継ぎ（ほぞ組み）

家具の接合でもっとも多く使われるのがだぼとともに平ほぞである．

平ほぞは，胴付き面の取り方により①〜⑥のようなものがある．(図III-2) これらのうち片胴付き②は，欠き取った側からの荷重に対しては，モーメントにより根本に割裂を生じやすいものであるが，反対方向からでは胴付き面を密着して割合に耐力が大きいものである．

二方胴付き①は荷重に対して，かまち断面を立てて使う方が耐力が大きく，三方胴付き③はテーブルなどの脚部上端木口面などに使われ，ほぞによるほぞ穴上部のせん断破壊を防ぐのに有効である．なお，荷重が増したとき首部がせん断力やねじり力に対し弱くなるので，小根ほぞ⑤，斜め小根ほぞなどをつける．

以上のほかに，四方胴付きほぞ④，二枚ほぞ⑦，二段ほぞ⑧，地獄ほぞ⑩，面腰ほぞ⑨，びょうほぞ⑩などのほぞ継ぎがある．

b. だぼ継ぎ だぼ構造は，西欧諸国で

① フィンガージョイント　③ だぼ継ぎ

② スカーフジョイント　④ 平ほぞ継ぎ

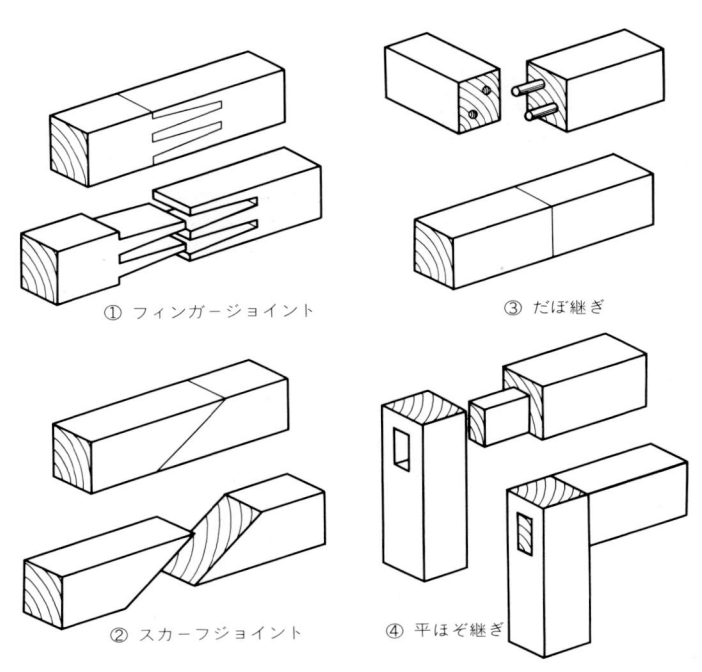

図III-1　木材の継手と仕口

42　III．構造法

① 二方胴付き平ほぞ継ぎ
② 片胴付き平ほぞ継ぎ
③ 三方胴付き平ほぞ継ぎ
④ 四方胴付き平ほぞ継ぎ
⑤ 小根ほぞ継ぎ
⑥ 斜小根ほぞ継ぎ
⑦ 二枚ほぞ
⑧ 二段ほぞ
⑨ 面腰ほぞ
⑩ 地獄ほぞ
⑪ びょうほぞ

図 III-2　ほぞ継ぎ

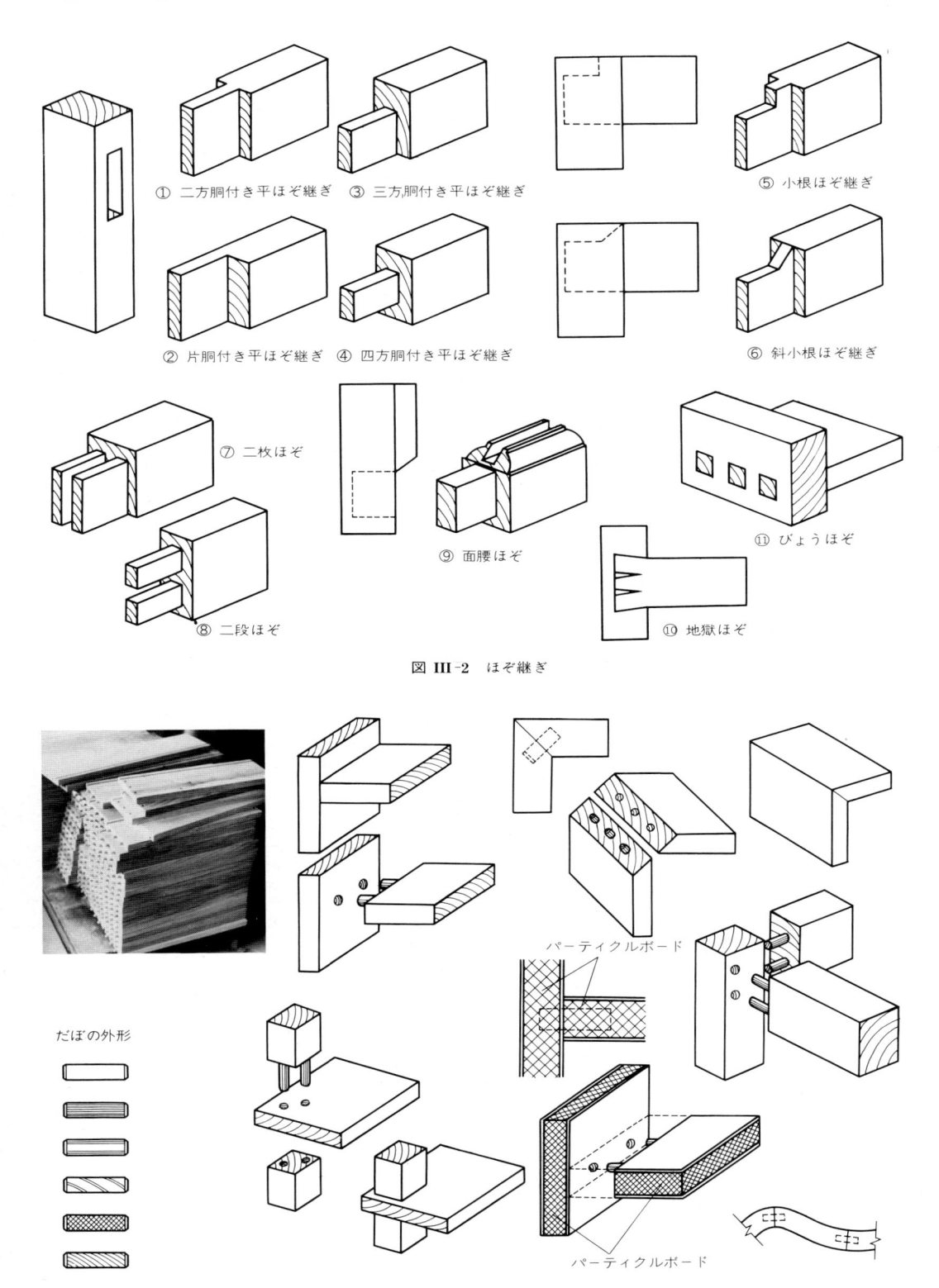

だぼの外形

パーティクルボード

パーティクルボード

図 III-3　だぼ継ぎ

はかなり以前から行なわれていたが，わが国でも1960年代ごろから量産工場で徐々に普及されるようになった．だぼ継ぎは，だぼ穴とだぼの関係で，ほぞ継ぎにくらべより正確な加工を必要とする．だぼに使われる材料は接合部よりやや硬く粘り強いものがよく，赤ラワン・ナラ・サクラ・ブナなどが使われ，接合部より低い含水率としたものを使う．

だぼの径は接合部材の厚さの約 1/3～3/5 程度，長さは径の 4～5 倍，だぼ穴径に対するだぼ径は，一般には 0.1～0.2 mm 太いのがよいとされている．だぼの形は各種あるが，図 III-3 に示すように表面に直線や線状の凹凸をつけ，先端は約 40° の面を取り，だぼ穴に打ち込んだときの接着剤のまわりをよくしている．接合部に対して，だぼは 2 個所以上必要である．

だぼ継ぎは，図に示すように直材構成だけでなく，合板，繊維板構成，曲材構成の部材の接合に広く適用できる．

c. 相欠き継ぎと三枚継ぎ

（１）相欠き継ぎ： かまち材を互いに厚さの半分ずつ欠き取って組み合わせたもので，強度が弱く外観も落ちる継ぎ手で，主にわく心合板構造（p.49 参照）の心組や，他の補強材を併用して外にあらわれない部分に多く用いられる．接着剤・くぎ・木ねじなどにより補強する．これには①矩形，②十字形，③T

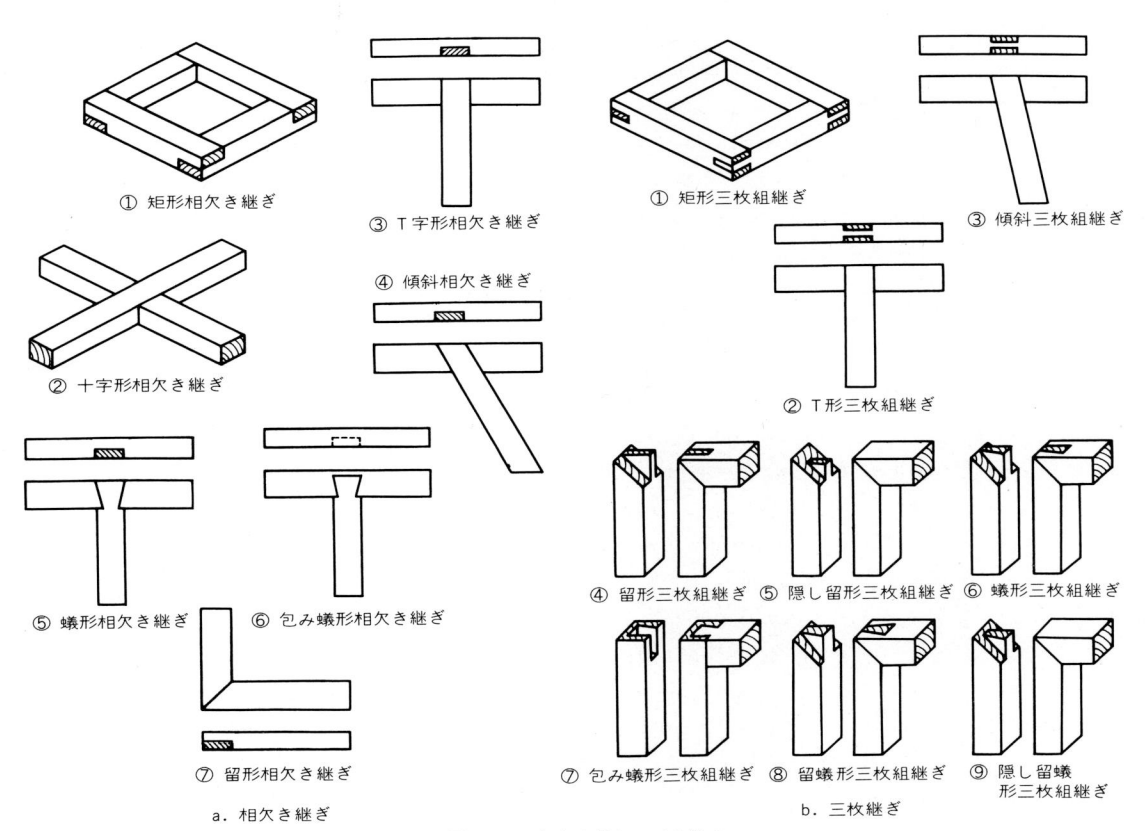

① 矩形相欠き継ぎ
③ T字形相欠き継ぎ
① 矩形三枚組継ぎ
③ 傾斜三枚組継ぎ
④ 傾斜相欠き継ぎ
② 十字形相欠き継ぎ
② T形三枚組継ぎ
⑤ 蟻形相欠き継ぎ
⑥ 包み蟻形相欠き継ぎ
④ 留形三枚組継ぎ
⑤ 隠し留形三枚組継ぎ
⑥ 蟻形三枚組継ぎ
⑦ 留形相欠き継ぎ
⑦ 包み蟻形三枚組継ぎ
⑧ 留蟻形三枚組継ぎ
⑨ 隠し留蟻形三枚組継ぎ

a. 相欠き継ぎ　　　　　　b. 三枚継ぎ

図 III-4　相欠き継ぎと三枚継ぎ

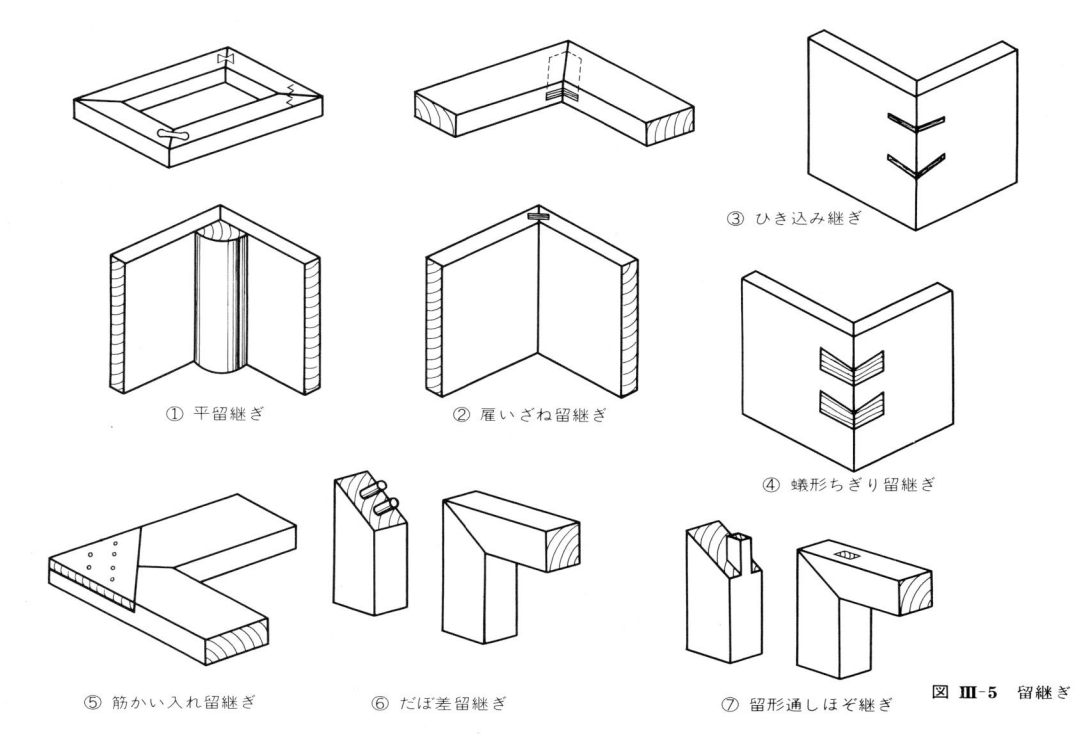

① 平留継ぎ　② 雇いざね留継ぎ　③ ひき込み継ぎ　④ 蟻形ちぎり留継ぎ　⑤ 筋かい入れ留継ぎ　⑥ だぼ差留継ぎ　⑦ 留形通しほぞ継ぎ　図 III-5　留継ぎ

字形, ④ 傾斜, ⑤ 蟻形, ⑥ 包み蟻形, ⑦ 留形などの相欠き継ぎがある（図 III-4 a）.

（2）三枚継ぎ：かまち材の厚さを3分して組むもので, 各種わく組をつくるのに広く用いられる構造である. 相欠き継ぎに比べ, 強度・外観ともにすぐれている. ① 矩形, ② T形, ③ 傾斜の各三枚継ぎは前述のほぞ継ぎと雌雄を逆にしたような形であるが, ほぞ穴を開けずにのこびきと欠き取りだけで工作することができる. このほか, ④ 留形, ⑤ 隠し留形, ⑥ 蟻形, ⑦ 包み蟻形, ⑧ 留蟻形, ⑨ 隠し留蟻形の各三枚継ぎがある（図 III-4 b）.

1.1.3　かまち（框）材および板材の接合

a. 留継ぎ　かまち材の接合・板材の接合の両方に行なわれる. わく組や箱組とする場合, 材のすみをそれぞれ留め（45°）に削って組み合わせ, 木口を外に出さないようにする接合である. 外観が比較的よく, 内面または外面に彫刻などの加飾を施すことができるが, 強度が弱いので, 補強工作の必要な場合もある. 留継ぎの種類には次のようなものがある（図 III-5 参照）.

① 平留継ぎ：木口・木端ともに使われ, 接着剤により接合するが, 補強のため隅木を使ったり, ちぎり・波くぎなどを併用することがある.

② 雇いざね留接ぎ：平留継ぎの接合部に雇いざねを入れ, 補強と目違い防止をはかったもの.

③ ひき込み留継ぎ：平留継ぎの外すみから斜めにのこびき目を入れ, これに薄板を差込んで補強したもの.

そのほかに ④ 蟻形ちぎり留継ぎ, ⑤ 筋かい入れ留継ぎ, ⑥ だぼ差し留継ぎ, ⑦ 留形通しほぞ継ぎなどがある.

1.1.4　板の接合

a. きわ継ぎ　板の木端と木端を継ぎ合わせて広くする方法で, これに次の種類がある.

① すり合せ継ぎ：芋はぎともいい, 板の木端を平らに削って接着する方法で, きわ継ぎの基本となるものである. はぎ切れを防ぐため, ちぎりや波くぎの併用も行なわれる.

② 相欠き継ぎ：板厚の1/2ずつ削り取って接合する.

③ 雇いざね継ぎ：板厚の1/3幅の溝をほり, 雇いざね板を入れるもので, 代表的な

1. 基本構造

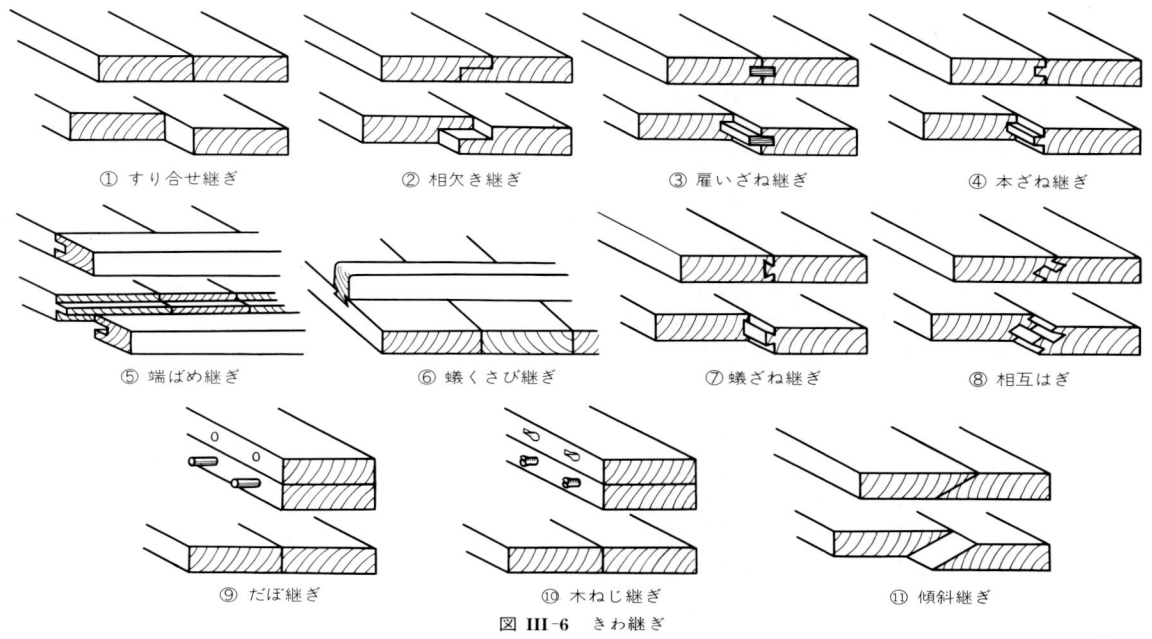

① すり合せ継ぎ ② 相欠き継ぎ ③ 雇いざね継ぎ ④ 本ざね継ぎ

⑤ 端ばめ継ぎ ⑥ 蟻くさび継ぎ ⑦ 蟻ざね継ぎ ⑧ 相互はぎ

⑨ だぼ継ぎ ⑩ 木ねじ継ぎ ⑪ 傾斜継ぎ

図 III-6 きわ継ぎ

きわ継ぎである．

④ 本ざね継ぎ：③の雇いざねを一方に固定した形で，木端を雌雄に加工して接合するもの．床板に使う．

⑤ 端ばめ継ぎ：きわ継ぎした広幅板のそりを防ぐため行なう工作で，板幅の伸縮が可能につくったもの．

⑥ 蟻くさび継ぎ：広幅の厚板のそりを防ぐ工作で板の長手方向直角に蟻みぞをほり，桟を入れたもの．

このほか，⑦ 蟻ざね継ぎ，⑧ 相互はぎ，⑨ だぼ継ぎ，⑩ 木ねじ継ぎ，⑪ 傾斜継ぎなどが

① 平打付け継ぎ ② すみ打付け継ぎ ③ 包み打付け継ぎ ④ 留形包み打付け継ぎ

⑤ 追入れ継ぎ ⑥ 肩付追入れ継ぎ ⑦ 蟻形追入れ継ぎ ⑧ 胴付蟻形追入れ継ぎ

図 III-7 打付け継ぎ

① 二枚組継ぎ　　② 三枚組継ぎ　　③ きざみ継ぎ　　④ 蟻組継ぎ

⑤ 包み蟻組継ぎ　　⑥ 隠し蟻組継ぎ　　⑦ 留形隠し蟻組継ぎ

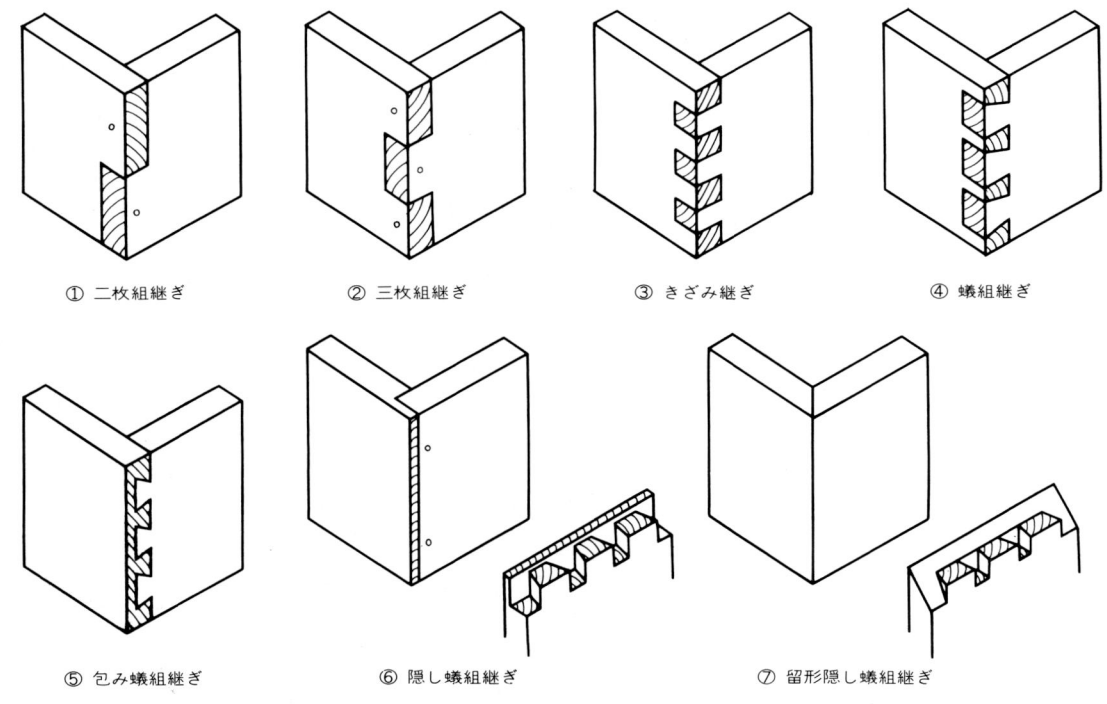

図 III-8　組継ぎ

ある（図 III-6 参照）．

b. 打付け継ぎ　板材を直角に突き合わせて，くぎ打ちか接着剤を併用してくぎ打ちする接合で，強さも劣り，外観もおちる．加工が簡便なので箱組みや引出し組みなどに用いられ，外観をよくするために，だぼ穴を開けくぎ打ち後だぼ埋めすることもある．打付け継ぎには次のような種類がある．

① 平打付け継ぎ：基本的な継ぎ手．

② すみ打付け継ぎ：箱組みの場合の一般的な方法．

③ 包み打付け継ぎ：引出しの前板のように前面に木口を出さず，引出しの引張り方向に対しくぎ打ちが直角になるように工夫される継ぎ手である．

④ 留形包み打付け継ぎ：③の木口を隠した継ぎ手．

⑤ 追入れ継ぎ：片方の板に他の板厚のみぞをほり，これに板を入れたもので，aより安定した工作である．

⑥ 肩付追入れ継ぎ：②のように箱組みの角の工作で，⑤の方法を応用したもの．

ほかに，⑦蟻形追入れ継ぎ，⑧胴付蟻形追入れ継ぎがある（図 III-7 参照）．

c. 組継ぎ　板材で箱組をつくる継手で，打付け継ぎより丈夫で外観もよく見え，多く使われる．

① 二枚組継ぎ　前述の相欠き継ぎを板材に応用した例で，最も簡単なものである．

② 三枚組継ぎ　板幅を3等分して雌雄をつくり，これを組み合わせたもので，最も一般的なものである．なお，板幅を5等分したものを五枚組継ぎという．

③ きざみ継ぎ　石畳継ぎ，あられ継ぎともいう．板幅を7以上の奇数に等分して組み合わせたもの．ほぞ幅が板厚より小さくなるようにするのが普通で，強度も強く，外観もよく，引出しや箱の工作によく使う．

④ 蟻組継ぎ　てんびんざしともいい，きざみ継ぎのほぞを蟻形にして一方から差し込んだもので，きざみ継ぎ式よりさらに強い仕口である．

ほかに引出しの前板と側板との組手に用いられる⑤包み蟻組継ぎや⑥隠し蟻組継ぎ，

図 III-9 ソリッドパネル構造の製品

⑦ 留形隠し蟻継ぎなどがある（図 III-8 参照）.

1.2 パネル構造

パネル構造は，たんす・飾りだななどの収納家具の側板・天板・地板・背板（後板）や，とびら，机・テーブル類の甲板などに使用される．

1.2.1 ソリッドパネル

無垢（一枚板）の小幅板を数枚はぎ合わせて所要の幅のパネル（平らな板）としたもので，はぎ合わせは，前に述べたきわ継ぎによって行う．今日，ソリッドパネルが使用される家具構造は，桐だんす・茶だんすなどの和家具やビューロー・飾りだななどの民芸家具

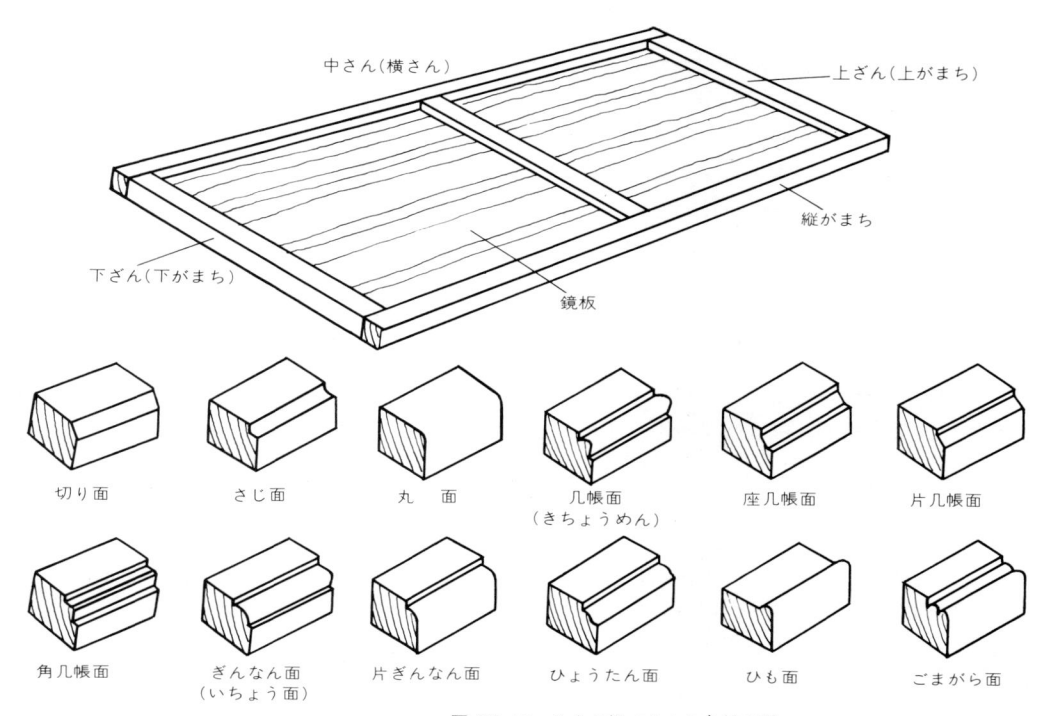

図 III-10 かまち組パネルと各種の面

① 単一厚板練心
② 寄せはぎ練心
③ 張り合わせ練心
④ パーティクルボードコア
⑤ 合板コア

図 III-11
練心合板構造

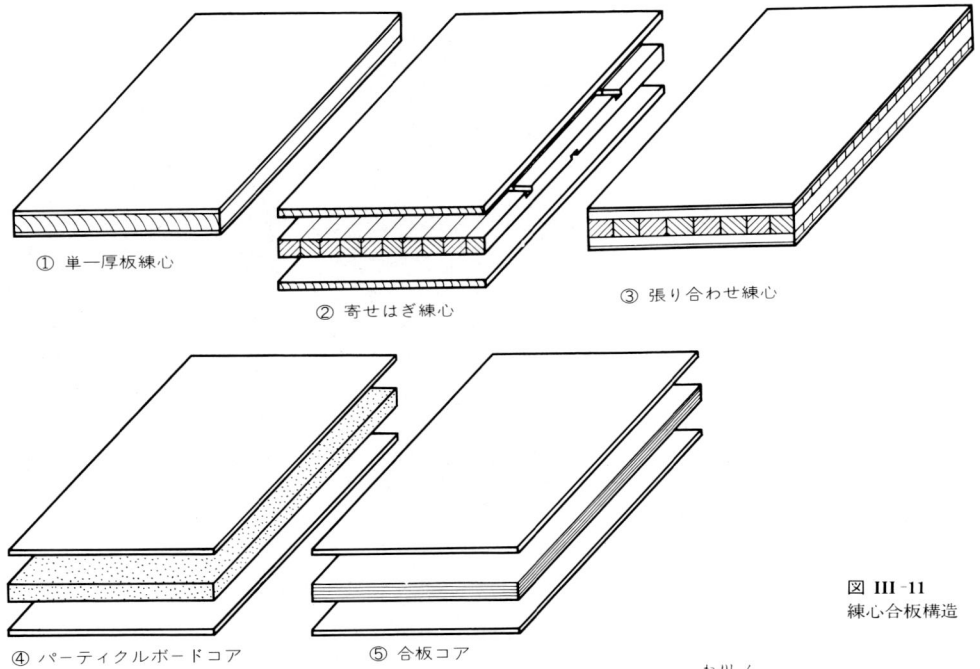

といわれるもの，机・テーブルの甲板以外にはあまり用いられない．

ソリッドパネルは，そりやはぎ切れ，材の伸縮による狂いや欠点を生じやすいので，十分な乾燥と材質の選択，伸縮に対する構造上の特別な処理など細かい配慮を必要とするが，その重厚な感じは，再認識されつつある．

1.2.2 かまち(框)組みパネル

角材を使って四角な枠組みを作り，この枠材の内側木端面に溝（小穴）を突き，これに4～6 mm厚の板または合板をはめ込んだ構造で，かまち材（枠材）はまさ目の木理の通った乾燥材を選ぶ．かまち材の内側の稜線部には各種の面をとり装飾とする．かまち材にはめ込まれた板を鏡板といい，かまち材と同材あるいはやや高級な化粧合板を用いる．なお，パネルが大形なものは適宜横に中ざんを設け補強する．

かまち組は，使用する部屋や家具などの様式にもよるが，外観上やや見おとりする点もあるが，軽量のわりに強度も十分あり，狂いにくい長所もある．また，周囲がむく材（かまち）で囲まれているので，他の部材との接合の場合，かなり自由な構造を行なうことができる．

1.2.3 練心合板構造

ランバーコア合板構造ともいい，板材をストリップ（小片材）としたものを幅はぎ，長さ継ぎしたものを心材とし，表裏に単板または合板を張り合わせて厚板合板とした構造である．この構造の特色は次のようである．

（1）表層に貴重材の単板を**張り**全体の品質を高める．

（2）むく材にない軽量と丈夫さをもたせることが可能．

（3）経済的に狂いの少ない構造とすることができる．

内部に入れる心材（コア）を練心（ランバーコア）という．練心にはその構成により，単一厚板練心，寄せはぎ練心，**張り合わせ練心**，れんが継ぎ練心などがあるが，現在単一厚板練心は厚板の代わりにパーティクルボードやラワン合板を多く用いる．特にパーティクルボードコアのものは寸法精度や水分管理がよいなどの長所により，量産の小型キャビネット類（ミシンキャビネット，音響用キャビネットなど），収納家具，大型間仕切パネル類などに広く使われている．なお心材には，スプルース，ラワン，ジョンコン・アガチスなどの樹種が使われる．

パーティクルボードによるフレームコア 　　　　　木材によるフレームコア

図 III-12　フレームコア合板構造
（フラッシュパネル構造）

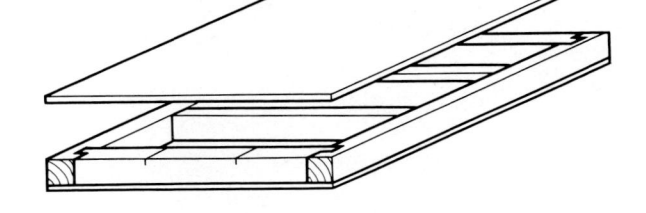

1.2.4　フレームコア合板構造

フレームコア合板構造（フラッシュパネル構造）はわく心合板構造ともいい，かまち材でわく組をつくり，この表裏から合板を張ったものをいう．ランバーコア合板にくらべ，軽量・簡易な構造だが，そのわりに丈夫である．心材はランバーコアと同樹種を使うほか，パーティクルボードや合板を挽いたものなどを用いる．用途はテーブルの甲板やとびらなどである．機械的強度があまり必要でないところでは軽量で狂いの少ないペーパーコアが用いられることもある．

フレームコアはその間隔が大きい場合や厚さが均一でない場合には，パネルの表面に凹凸ができるので，できるだけ間隔を小さく，また材厚を正確に加工するようにする．

継手加工はほぞ継ぎは適当でなく，だぼを主に雇いざねなどが使われ，ヘリサートなども使用される．金具類の取付け部分には，木ねじなどが使えるように，必要個所のコアにあらかじめ硬材を埋め込んでおく必要がある．

1.3　縁張り・エッジ構造
　　　　ふちばり

パネル構造の木端や木口を仕上げる意味でそれらの表面に薄い単板や金属・プラスチックの縁材を張った構造をいう．またこの作業を縁張りと称する．

1.3.1　木材によるエッジ構造

木材によるエッジ構造は甲板のエッジ構造に代表される．エッジ構造としては次のものが考えられる．

ⅰ）ランバーコアおよびフレームコアへの適用：エッジの厚さにより単板の練付けにとどまるものと，本ざね，雇いざねなどの接合によるものとある．また木端にV字形の溝を掘り，エッジ材をはめ込んで仕上げるものもある．

ⅱ）パーティクルボードコアへの適用：パーティクルボードの木口は多孔質で吸湿しやすく，特に角の部分は衝撃に脆いので，化粧と保護の目的で縁材を張る．この場合，縁材の含水率はパーティクルボードより1～2％低くする．

1.3.2　金属およびプラスチックによるエッジ構造

金属やプラスチックのエッジは，実用的な物品，機能性を強く要求される一般営業的な家具設備に使われる傾向をもっている．これらの縁張り材を使う場合は，木材の縁張りほど木端面をていねいに仕上げることなく，簡単に処理できる点がある．

金属の縁張材は，アルミニウムの押出型材で，取付け方法は木端に溝をついて，エッジをたたき込んだもの，くぎで打ち付けてその部分にビニルのベルトをさし入れるものなどが

50　Ⅲ．構造法

つぎ板の練付け（接着剤の塗布）

つぎ板の練付け（アイロンによる接着乾燥）

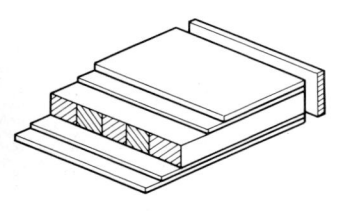

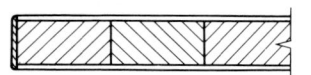

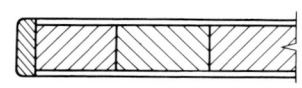

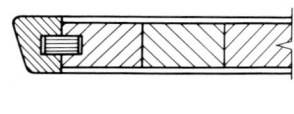

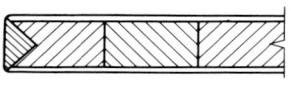

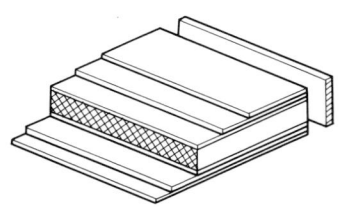

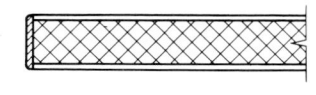

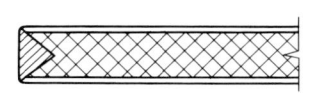

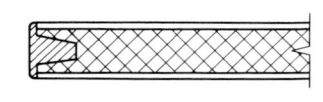

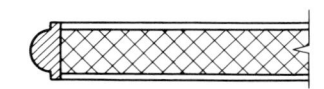

図Ⅲ-13　木材によるエッジ構造

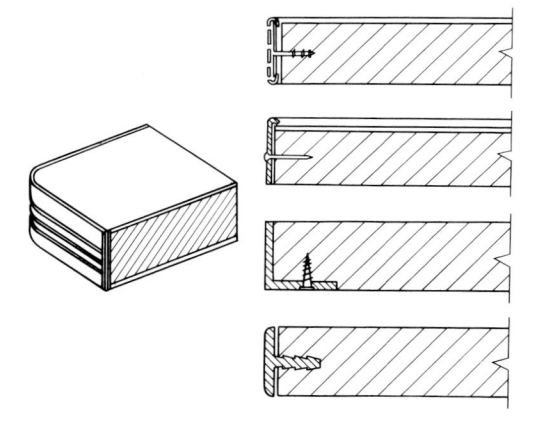

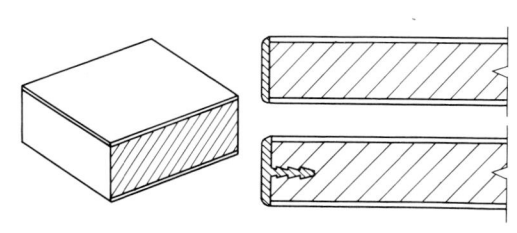

図Ⅲ-14　金属およびプラスチックによるエッジ構造

ある．プラスチック製は塩化ビニルの押出型材で金属のものと同様に用いる．心材がパーティクルボードである場合は，ボードと取付けたエッジの間から水分がまわりやすいので，木口の防湿処理をプラスチックパテや接着剤などで十分に行ない，エッジを密着させるようにする．

1.4　金　具　類
1.4.1　接合金具（緊結金具）

木工用接合金具には，くぎ・木ねじ・ボルトなどがあるが，ノックダウン（分解組立）式の金具が多く使われるようになっている．

i ）くぎ（釘）（JIS A 5508）　木材の接合で最も一般的に使われる．釘は接合の程度により，大小・本数を自由に選択できる利点がある．釘は鉄丸釘に代表され，そのほか，形態により平頭釘・丸頭釘・らせん釘・逆目釘・波釘などがあり，使用目的によって仕上釘・テックス釘・ボード釘などがある．このほか，U字形のステープル，いす張用の平鋲（ひらびょう）

1. 基本構造　51

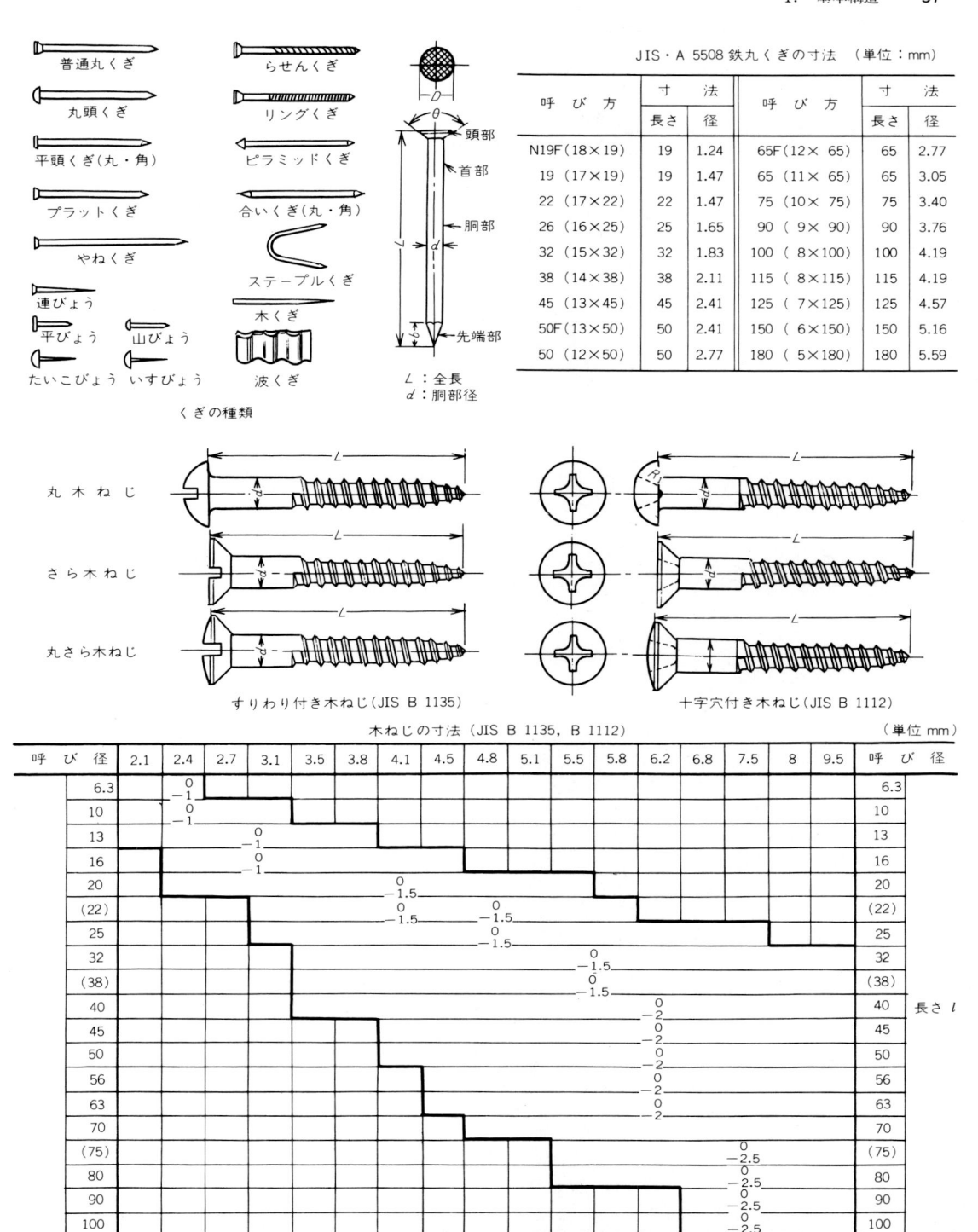

JIS・A 5508 鉄丸くぎの寸法　（単位：mm）

呼び方	寸法 長さ	寸法 径	呼び方	寸法 長さ	寸法 径
N19F(18×19)	19	1.24	65F(12× 65)	65	2.77
19 (17×19)	19	1.47	65 (11× 65)	65	3.05
22 (17×22)	22	1.47	75 (10× 75)	75	3.40
26 (16×25)	25	1.65	90 (9× 90)	90	3.76
32 (15×32)	32	1.83	100 (8×100)	100	4.19
38 (14×38)	38	2.11	115 (8×115)	115	4.19
45 (13×45)	45	2.41	125 (7×125)	125	4.57
50F(13×50)	50	2.41	150 (6×150)	150	5.16
50 (12×50)	50	2.77	180 (5×180)	180	5.59

くぎの種類

L：全長
d：胴部径

すりわり付き木ねじ（JIS B 1135）　　十字穴付き木ねじ（JIS B 1112）

木ねじの寸法 (JIS B 1135, B 1112)　（単位 mm）

呼び径	2.1	2.4	2.7	3.1	3.5	3.8	4.1	4.5	4.8	5.1	5.5	5.8	6.2	6.8	7.5	8	9.5	呼び径
6.3		0/−1																6.3
10		0/−1																10
13				0/−1														13
16				0/−1														16
20						0/−1.5												20
(22)						0/−1.5		0/−1.5										(22)
25								0/−1.5										25
32										0/−1.5								32
(38)										0/−1.5								(38)
40													0/−2					40
45													0/−2					45
50													0/−2					50
56													0/−2					56
63													0/−2					63
70													0/−2					70
(75)															0/−2.5			(75)
80															0/−2.5			80
90															0/−2.5			90
100															0/−2.5			100
呼び径	2.1	2.4	2.7	3.1	3.5	3.8	4.1	4.5	4.8	5.1	5.5	5.8	6.2	6.8	7.5	8	9.5	呼び径

備考 1. 長さ l にかっこを付けたものは，なるべく用いない．
　　 2. 太線のわく内は，各呼び径に対して推奨する長さ l を示したもので，わく内の数値は，その許容差を示す．

図 III-15　くぎと木ねじ

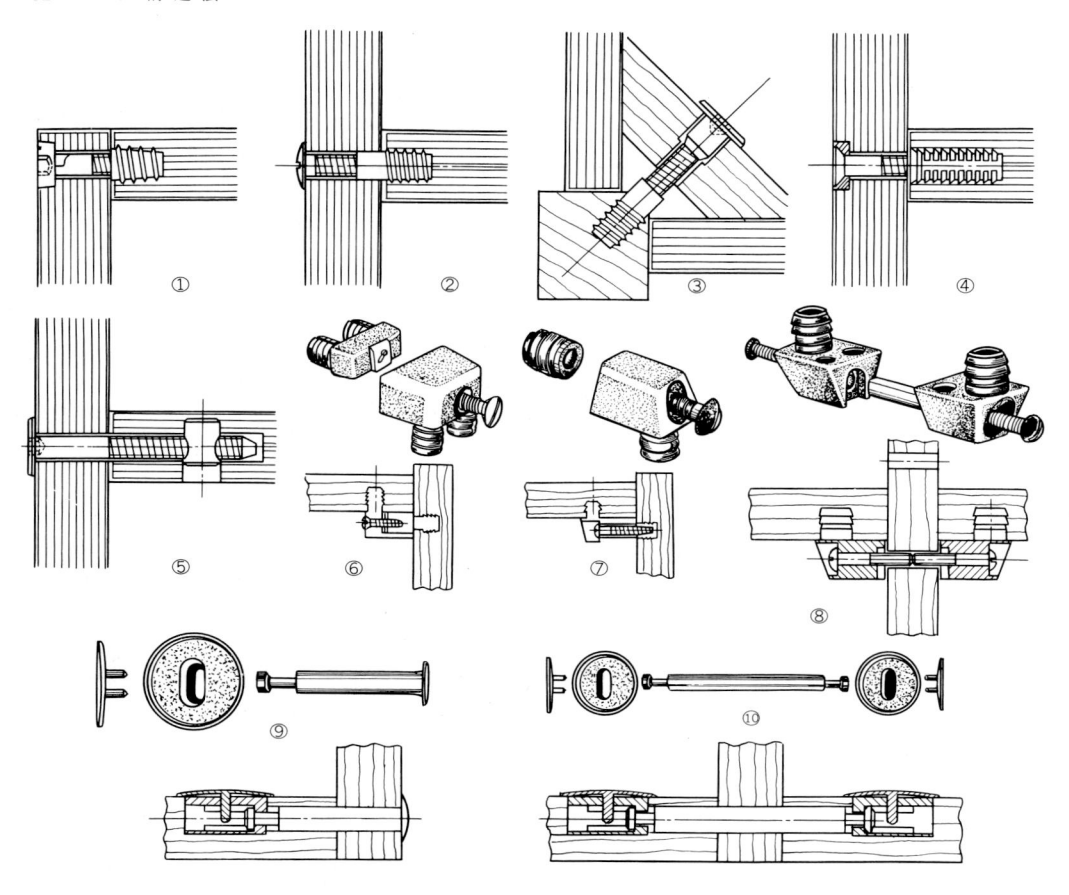

図 III-16 ノックダウン金物
①〜⑤：埋込みナット（株・ムラコシ精工），⑥〜⑧：連結金物，⑨⑩：締付円盤

・太鼓鋲などがあり，材質には鋼・銅・黄銅・ステンレスなどが使われる．

ⅱ）木ねじ　釘についで多く使われる．木ねじの保釘力は釘の約2倍とされているが，繊維の弱い材や木口面はあまりよくない．木ねじはすりわり付木ねじ（JIS B 1135）と十字穴付木ねじ（JIS B 1112）に大別される．木ねじはこの他，頭部の形態から丸木ねじ・丸皿木ねじ，皿木ねじの種類があり，材質から，鋼製・ステンレス製・黄銅製にわけられる．

ⅲ）ノックダウン金物　従来のボルト・ナットの役割りを受持つものであるが，ここでは家具金物と重なる分野を取りあげた．

（1）埋込ナット：ナット（インサート用めねじ）を相手の部材に埋込む埋込形（図III-16①）と40%ぐらい埋残す半埋込形（図②）とがあり，またナットを捻込むもの（図③）と打込むもの（図④），あらかじめ埋込穴を開けておいて差込むもの（図⑤）とある．

（2）連結金具：図⑥は二つの部分を各部材に打込み木ねじによって連結するもの，図⑦は片方は埋込ナットでもう一方は打込みとなっており，木ねじで連結するもの，図⑧は垂直材（帆立）に対し水平材を左右に同じ高さに連結する場合に用いる金具である．垂直材には円筒形ナットを挿入する．

（3）締付け円盤：円盤形の金具とコネクターピン，時には埋込ナットからできている接合金具で，円盤形のものは主として水平部材に埋込まれ，コネクターピンは材の木口方向から差し込んで円盤形の金具に接合する．部材をL形（図⑨），T形（図⑩），十字形に接合することができる．

1. 基本構造

① 普通丁番　② ぎぼし付丁番　③ フランス丁番　④ 面付け丁番　⑤ 軸吊り丁番　⑥ 隠し丁番A　⑦ 隠し丁番B（カール社）　⑧ 隠し丁番C（カール社）　⑨ 自由丁番（片開き，両開き）

図 III-17　丁　番

① さくら材ひき物戸引手　② 棒引手　③ かん引手　④ かん引手　⑤ つまみ引手　⑥ つまみ引手　⑦ へそ錠　⑧ 引出錠　⑨ 差込錠　⑩ 上げ下げ金物　⑪ マグネットキャッチ　⑫ マグネットキャッチ

図 III-18　家具金物（1）

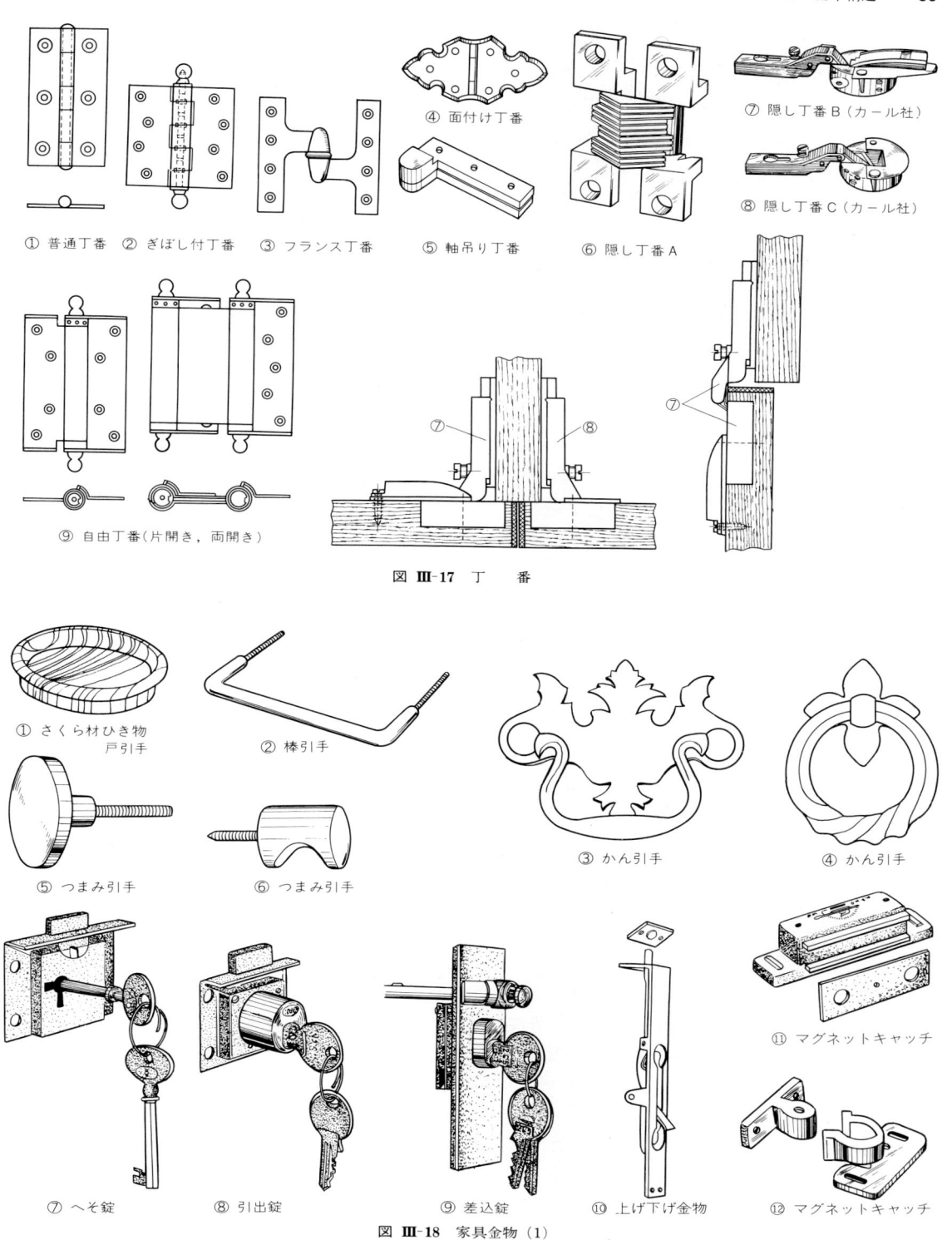

1.4.2　家具金物

家具に用いる金物は，機能構造の面とともに装飾的な要素も要求される．次に主なものをあげる．

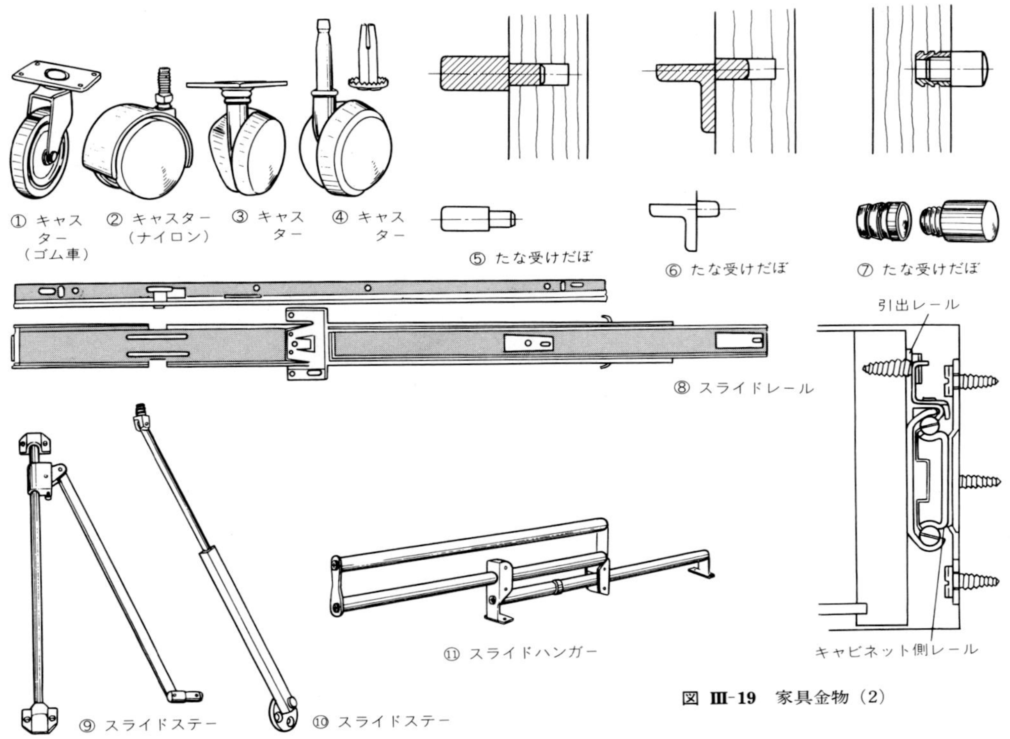

54　III. 構造法

① キャスター（ゴム車）　② キャスター（ナイロン）　③ キャスター　④ キャスター　⑤ たな受けだぼ　⑥ たな受けだぼ　⑦ たな受けだぼ　⑧ スライドレール　⑨ スライドステー　⑩ スライドステー　⑪ スライドハンガー　引出レール　キャビネット側レール

図 III-19　家具金物 (2)

（1）丁番：扉を本体に取付け，開閉する金物で，これに彫込丁番（普通丁番・ぎぼし付丁番・フランス丁番）和だんすなどに用いる面付け丁番，扉を上下で吊る軸吊り丁番，外部に現わさない隠し丁番（図 III-17 参照）のほか，自由丁番，ピアノ丁番などがある．

（2）引手：扉，引出し，箱の蓋などに取付けるもので，これには引戸に用いる戸引手，引出し・開き戸に用いる棒引手（一文字引手），取手の下ったかん引手，小形の引手や扉などに用いるつまみ引手などがある．

（3）錠：裏錠と表錠とがあり，家具で多く用いられるのは裏錠である．裏錠にはへそ錠・鳩目錠・引出錠があり，表錠には差込錠がある．

（4）止金具：両開き戸の戸がまちの一方の上下に取付けて固定する上げ下げ金物や戸をおさえるキャッチなどがある．マグネットキャッチは磁力によって固定する．

（5）補強金物：家具類の隅角部の構造を補強するために用いる金物である．

（6）椅子回転金物：回転椅子の脚部に取付けて回転を容易にするためのものである．

（7）キャスター：ワゴンの類に取付けて軽く移動できるようにするもので，車輪付きの受座をいう．

（8）たな受だぼ：たな受け用のだぼで，側板に穴をあけ，これに挿入してたな板をのせる金具で，単に挿入するのみのものと，埋込ナット使用の場合とがある．

（9）スライドレール：木製引出しのすべりをなめらかにする目的と十分に前方に引出して支持できる機能をもった引出しレールで，二段・三段式もある．

（10）スライドステー：ドロップドアに用いる金具で扉を前面にたおしたときの重量の支持と作動の容易なことが要求される．

（11）スライドコートハンガー：洋服だんすのハンガーを前方に引出して用いるためのもので，たんすの奥行を浅く作ることができる．

（12）その他：寝台金物・折畳脚金物・帽子掛・たな受金物・アジャスターなど多種類のものが使用されている．特にノックダウ

2. 家具構造　55

① 丸脚．座板に通しほぞ割くさび止め

② 角脚．貫を使用

図 III-20
腰掛けの構造

④ 長椅子掛け．
角脚・貫・つなぎ貫使用

③ 曲木の脚．積重ねて収納できるもの

ン用の金具が使われる．

2. 家具構造

2.1 椅子，ベッド

椅子，ベッドの構造は，人体の支持部分とこれをささえる骨格部分に分けられ，両者の組合せでその形態ができあがっている．椅子は，その形態によって腰掛け・小椅子・ひじ掛け椅子・安楽椅子（長椅子）に分けられる．

2.1.1 腰掛け

座と脚部とで構成されるいちばん単純な形態の椅子である．図 III-20 の ① の座は，一枚板で座面には人間の体形に合うように凹面をつけてある．この加工は手加工では大変であるが，ルーターやその他成型加工機材などを使うことにより容易にできるようになった．脚は座板に通しほぞ差しとし，上面よりこれにくさびを打ち込んで仕上げた構造のものである．② はこの変形で，4本の角脚に上下貫材を十字形に相欠きしたものをほぞ差しとし，座板を脚上端の胴付きほぞによって固定するものである．

このほか，座面を裂地張りとすることもある．

2.1.2 小椅子の構造

小椅子は一番標準的な椅子である．構造は一般に，前脚，後脚（後柱），台輪，笠木，背貫，脚貫，背板などからできている．後脚と後脚は笠木，背貫，後台輪，脚貫などの平ほぞ継ぎで接合される．前脚と前脚は側台輪と脚貫で接合されるが，後脚に対しては平ほぞ差し，前脚に対しては三方胴付ほぞ差しとし，両方共傾斜接ぎとする．特に後脚と側台輪のほぞ組は力がかかるので強固にする必要があり，後脚への側台輪のほぞは長めにする．前後の脚をつなぐ脚貫は中央でつなぎ貫で連結する．家具のほぞは特殊なものを除いて止めほぞが用いられ，接着剤を使って強固な接合とする．隣接する台輪は隅木を使って補強する．なお，椅子張りによって，皿張り（後述）のときは台輪の内側を段欠きとして座枠のはめ込み代とし，**厚張り**（後述）のときは台輪外側上方を欠いて張り代とする．

小椅子の構造はこの他，**背張り**を行なうときはそれに必要な骨組みとし，**曲木**いすなど

56　Ⅲ．構造法

① 厚張りとするときの構造

② 薄張りによるときの構造

③ だぼ構造の例

図 Ⅲ-21　小椅子の構造

図 Ⅲ-22　ひじ掛け椅子の構造

（この方法もある）

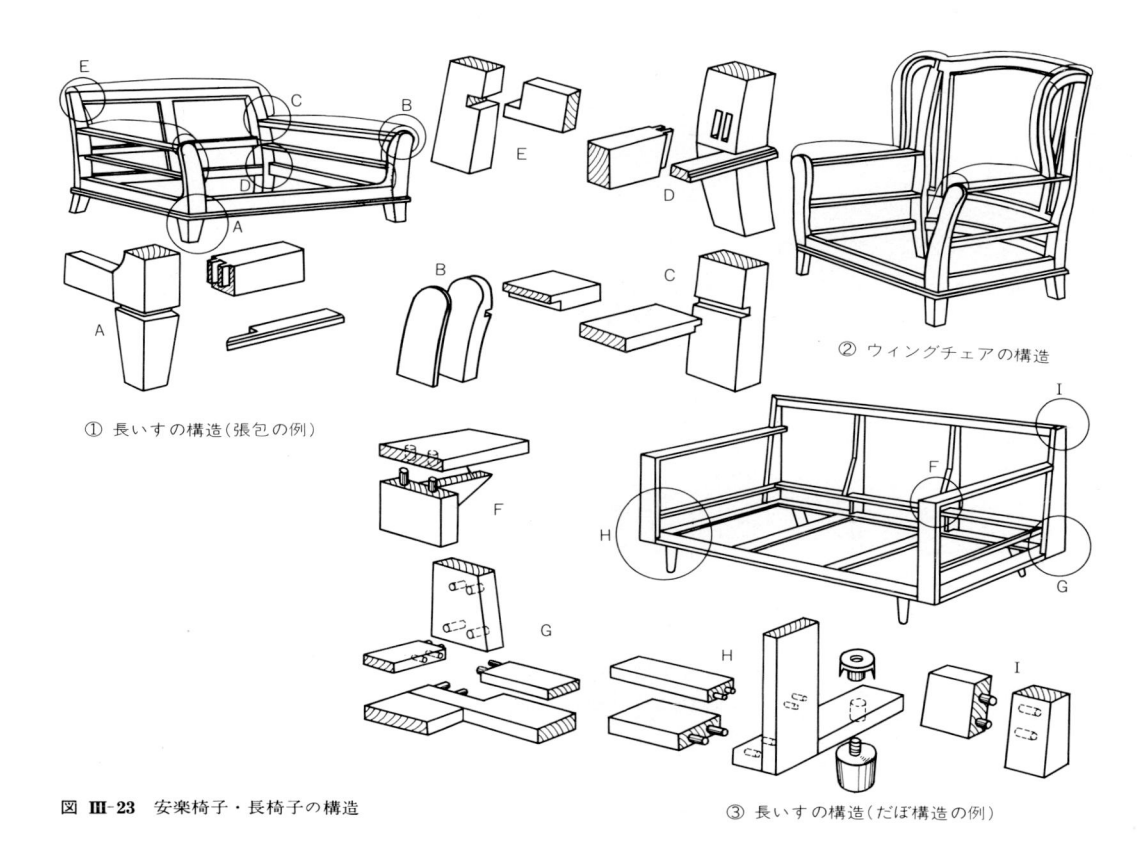

① 長いすの構造（張包の例）

② ウィングチェアの構造

③ 長いすの構造（だぼ構造の例）

図 III-23 安楽椅子・長椅子の構造

には独特の構造法がある．

2.1.3 ひじ掛け椅子の構造

ひじ掛け椅子と小椅子の相異は，単純な構造のものについて考えてみると，小椅子に肘木が加わったものということになる．ひじの構造はひじ掛け板と束とからなり，それぞれ後脚および座わくに取付ける．ひじ掛け板は後を後脚へほぞさしとして組み，前は束の先端に設けたほぞにさし込むか，束と留形隠し蟻とするかだぼによって組み固める．

束は座わくにほぞさしとして建てる場合と前脚を座より上に延長して束とする場合がある．図 III-22 c はひじ張りをする例で，ひじが露出しており，別に張り代をとった部材を取付ける．ひじ掛け板と束を張り包むときは，張り代の部材は必要ない．

2.1.4 安楽椅子，長椅子の構造

安楽椅子と長椅子の構造は一般には類似しており，長椅子は安楽椅子を左右に伸ばした形のフレームをもっている．これらの構造は椅子張りと関係があり，張りの下地として各部材を配置する必要がある．

これらの椅子は張り包みとする場合が多く，張り包みとする場合は脚など外部に出るもの以外の部材は外部に出るものと同一とする必要はなく，実用本位にする．部材は主にソリッド材が使われ，接合はほぞ継ぎ，だぼ継ぎ，木ねじ止めとする．長椅子の座わくには，前後に 1〜2 本の根太を補強のために渡し，背にも根太の位置より束を立ちあげる．なお，ウィングチェアの場合は図 III-23 ② のように後柱の外側にわくを組む．

2.1.5 ベッドの構造

木製ベッドの一般的な構造は，図 III-24 に示すようにヘッドボード（前立て）とフットボード（後立て）とこれらをつなぐ幕板とから構成され，この内側にマットレスを敷き詰めることができるように，すのこまたは図②の

III. 構造法

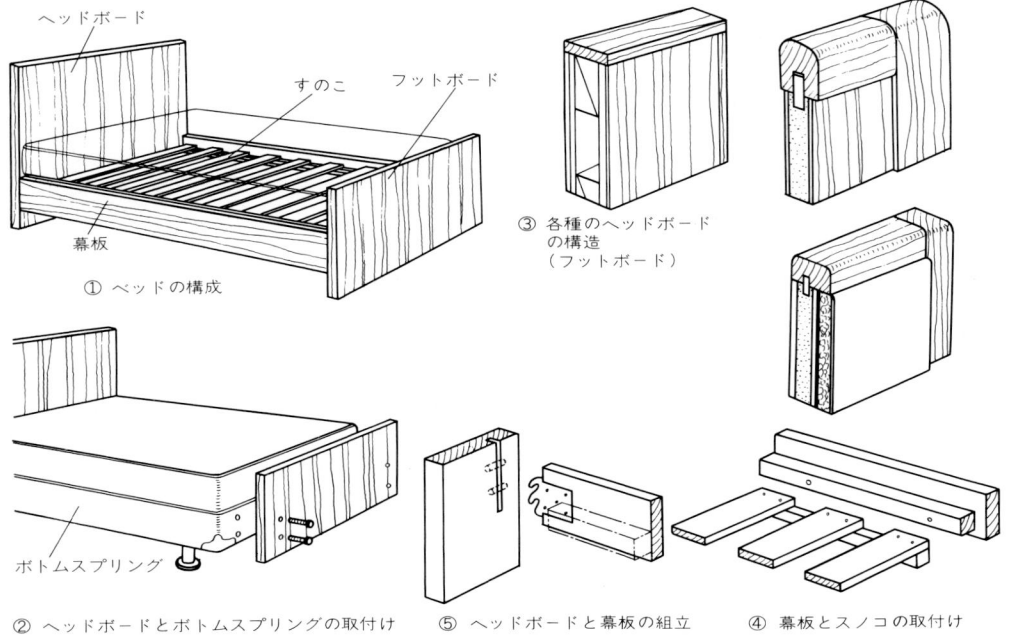

図 III-24 ベッドの構造

① ベッドの構成（ヘッドボード、すのこ、フットボード、幕板）
② ヘッドボードとボトムスプリングの取付け（ボトムスプリング）
③ 各種のヘッドボードの構造（フットボード）
④ 幕板とスノコの取付け
⑤ ヘッドボードと幕板の組立

ようなボトムが取り付けられる．

ヘッドボードやフットボードは，パーティクルボードをコアにした合板構造のものや，かまち組鏡板を用いたもの，椅子の背のような構造のものなど種々の形態のものがある．

幕板はソリッド材を用いるもの，ランバーコア合板化粧単板練付けとするものなどがあり，また，すのこを受ける受け材が木ねじなどで幕板に取付けられる．ヘッドボード・フットボードと幕板との組立ては，図⑤のような接合金具やその他の方法で行われる．

以上のような構造が一般的なものであるが，デザインによりフットボードがない形態のハリウッドスタイルや主に子供用に使われる二段ベッドなど各種のものがある．

① 脚と幕板の構造
② 脚と貫；貫とつなぎ貫の構造

図 III-25 テーブルの構造
（甲板、幕板、つなぎ貫、貫、脚）

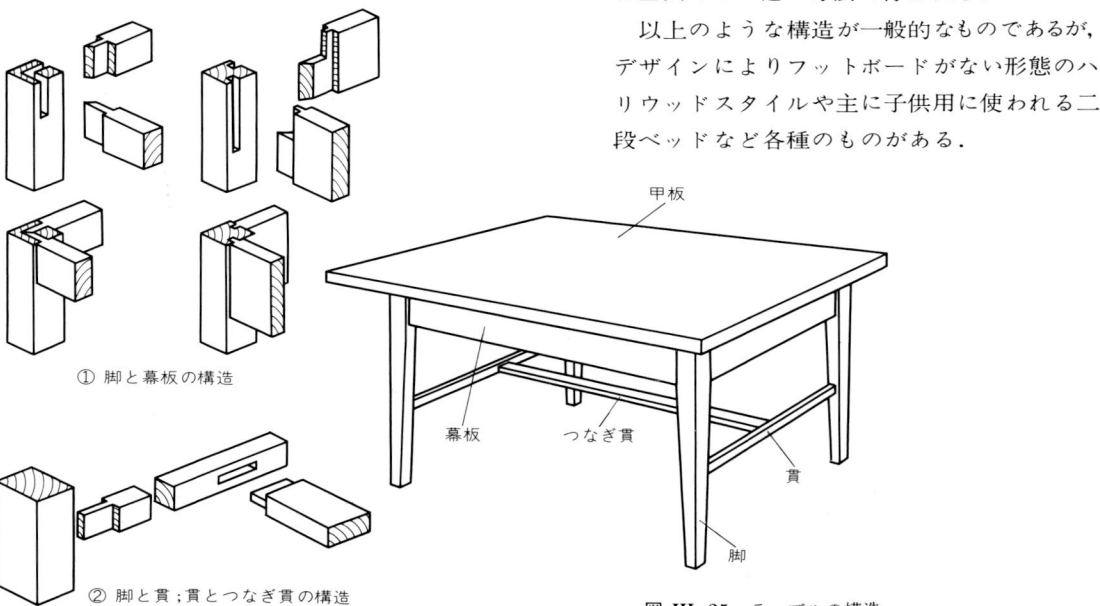

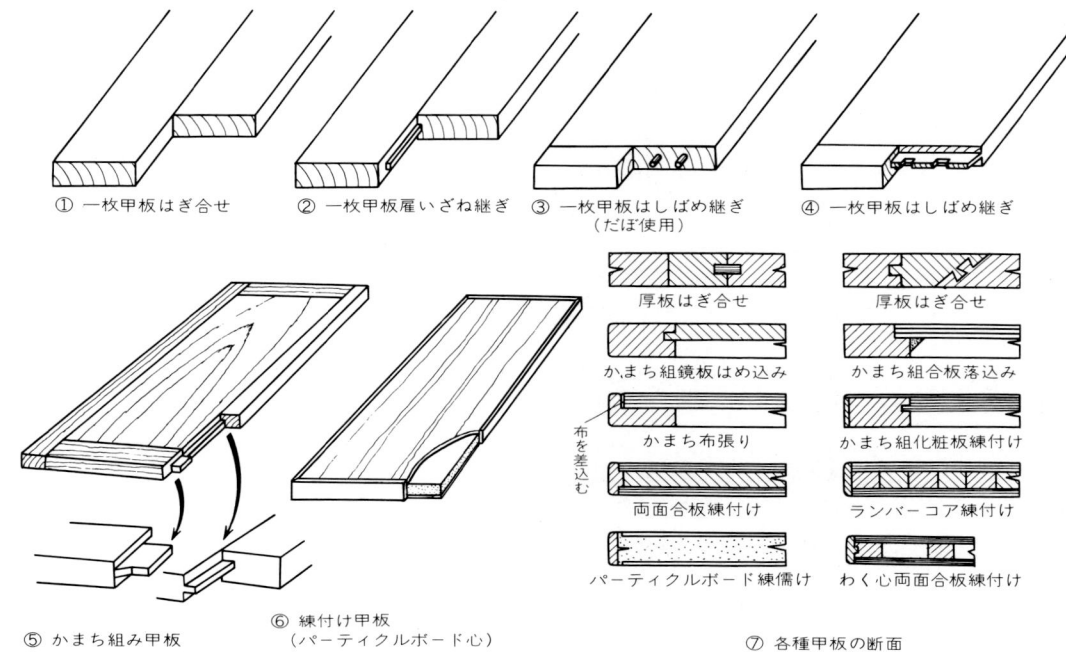

① 一枚甲板はぎ合せ　② 一枚甲板雇いざね継ぎ　③ 一枚甲板はしばめ継ぎ（だぼ使用）　④ 一枚甲板はしばめ継ぎ

⑤ かまち組み甲板　⑥ 練付け甲板（パーティクルボード心）

厚板はぎ合せ　厚板はぎ合せ
かまち組鏡板はめ込み　かまち組合板落込み
かまち布張り　かまち組化粧板練付け
両面合板練付け　ランバーコア練付け
パーティクルボード練付け　わく心両面合板練付け

⑦ 各種甲板の断面

図 III-26　甲板の構造

2.2　机, テーブル

机, テーブルは甲板と脚部とから構成され, 用途により引出し・そでをつけるものもある. 机, テーブルは普通には椅子と併用されるもので, 用途と人体にあわせて寸法がきめられる. 机には規格が定められているものがある.

2.2.1　テーブルの構造

テーブルの脚部は, 脚, 幕板, 貫, つなぎ貫などよりできており, 引出しやたな板を設ける場合もある. 脚は4本の角脚か丸脚が普通で, その他1本脚・数本脚のものもある. また, 板脚・箱脚とすることもある. なお, 貫をもたない構造のものもかなり見られる. 図 III-25 にテーブルの構造を示した.

テーブルの形状には角形のものと丸形のもの, その他種々の形状のものがあるが, ここでは角形のものを示した. 丸形は後述する.

2.2.2　甲板の構造

木製甲板の構造は, これを一枚甲板・かまち組甲板・練付け甲板の3つに分けることができる.

ⅰ) 一枚甲板　一枚板または数枚の板をはぎ合せるもので, 乾燥したよく目の通ったまさ目板がよく, 板目板の場合は木裏を表とする. はぎ合せには, 雇いざね継ぎが主で, 本ざね継ぎ・蟻ざね継ぎとすることもある. また, 裏面に千切や波くぎを埋め込むこともあり, はしばめ・吸付き桟（図 III-26④ 参照）を付けて甲板の狂いを防ぐ場合もある.

ⅱ) かまち組甲板　かまち組パネルに相当するもので, かまちは雇いざね留継ぎ, 留形三枚継ぎ, 上端留継ぎなどにより組む. 鏡板の取付けには, ① かまちの上端内側四方を段欠きして鏡板を落し込み, 接着するもの. ② かまち組の内側四方にみぞを突き, これに鏡板をはめ込むものなどがある. その加工法には, さらに図のように種々のものがある.

ⅲ) 練付け甲板　かまち組甲板や積層合板・厚板合板・パーティクルボードなどの表面に化粧単板・合成樹脂化粧板などを張り付けるもので, 周囲の縁に同種材を張るか, 木材, 金属の面縁をまわす.

2.2.3　脚部の構造

脚部は, 脚, 幕板, 貫, つなぎ貫などより構成される. 脚はその形状より以下のような形のものがある.

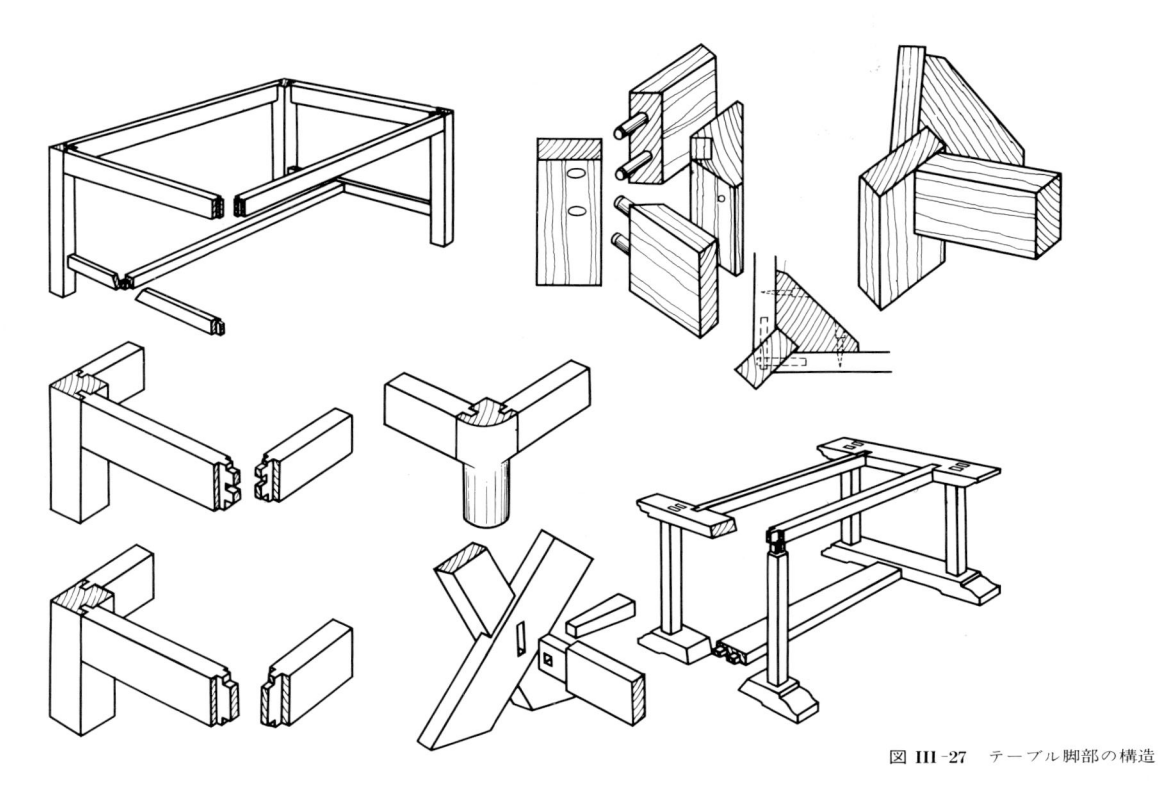

図 III-27　テーブル脚部の構造

　角脚・ひき物脚は上部に幕板をほぞ(柄)差しする．平ほぞを用いるが，二枚ほぞ・小根ほぞなどを使うこともある．下部はぬきをほぞ差しで取付けることが多く，さらにつなぎ貫を直角にわたすこともある．

　板脚は一枚板・はぎ合せ板・厚板合板などを使用し，幕板やつなぎぬきをほぞ差しとし，追入れ継ぎ，だぼ継ぎなどで取付ける．

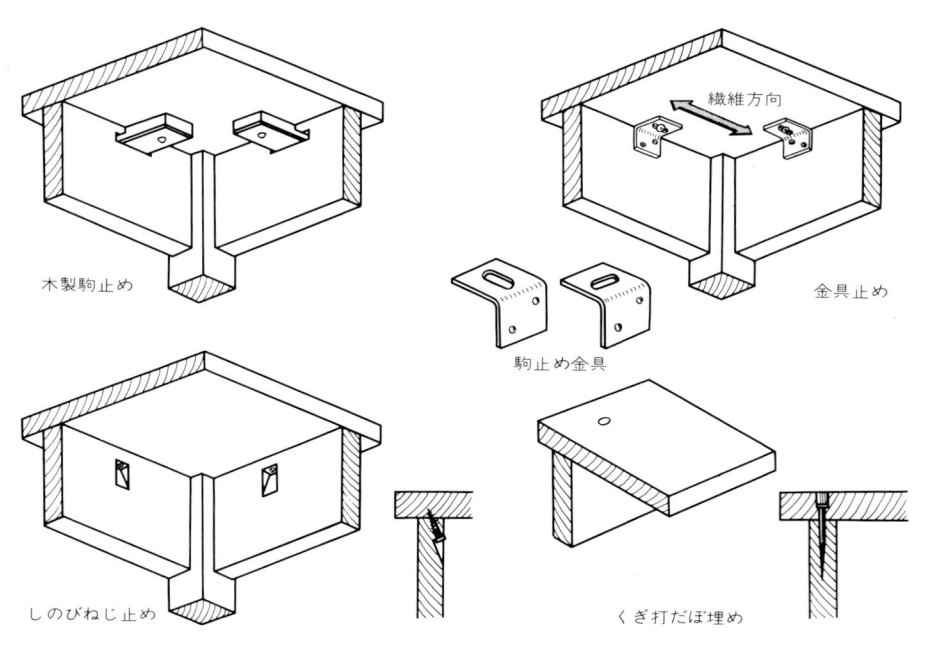

木製駒止め　　　　　　　　　　　　　　　金具止め

駒止め金具

しのびねじ止め　　　くぎ打だぼ埋め

図 III-28　脚部と甲板の取付け

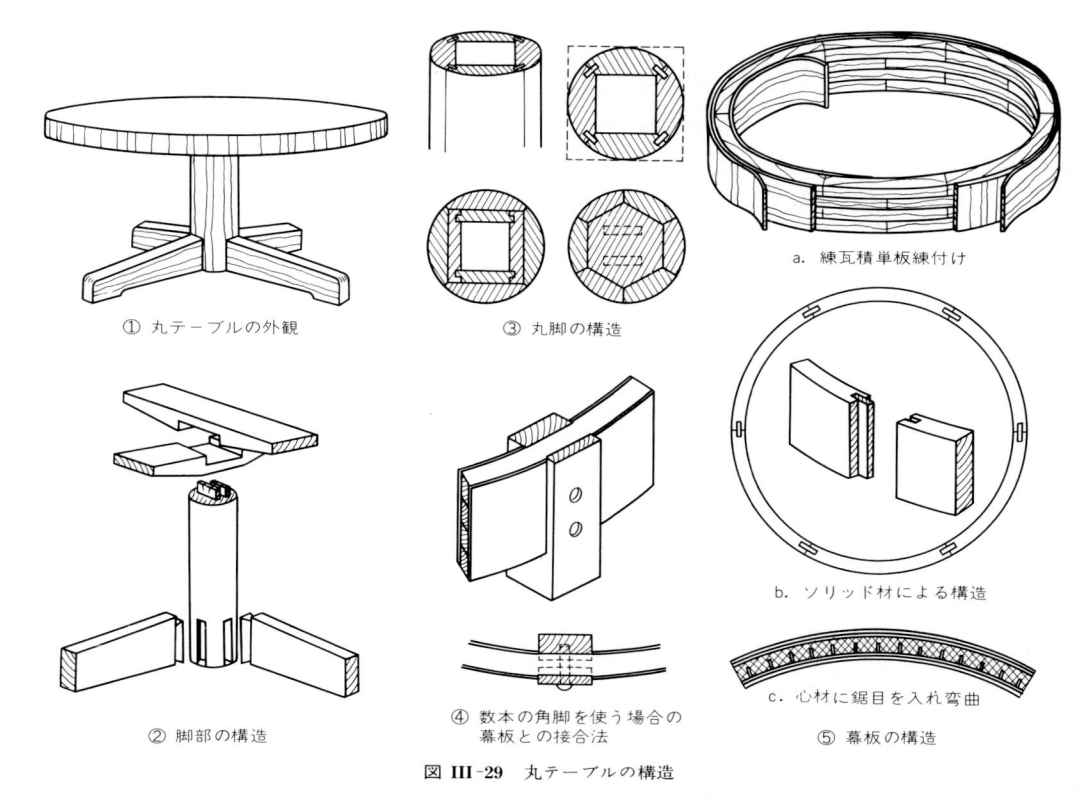

① 丸テーブルの外観
③ 丸脚の構造
a. 練瓦積単板練付け
② 脚部の構造
④ 数本の角脚を使う場合の幕板との接合法
b. ソリッド材による構造
c. 心材に鋸目を入れ弯曲
⑤ 幕板の構造

図 III-29　丸テーブルの構造

　X形脚は斜め十字形相欠き継ぎかボルト締めで2本の脚をX形に結合し，上部を幕板などにより固めるか，直接甲板に取付け，下部につなぎ貫をほぞ差しかねじ締め・ボルト締めして補強する．

　1本脚のときは，回転いすで使われるはね脚と根太を蟻形追入れで取付ける（図III-29②）．

2.2.4　脚部と甲板の取付け

　はぎ合せ甲板の取付けには，甲板の収縮膨張，反張(そり)を予想した工作をすることが必要で，この場合の接合法には図III-28に示すような駒止めという木製の駒を用い，幕板の小穴に差込み，一方甲板裏面に木ねじ締めする．小穴は左右に移動できるだけ余分にあけてあるので，甲板の伸縮に対して対処できるようになっている．また，金属製の駒止め金具もあり，多く使われている．

　このほか，簡単なものとして，甲板表面にだぼ穴をあけ，くぎ付けとし，その上を埋木する．また，幕板の内側から木ねじを用い，甲板を締め付ける方法もあり，さらに脚の木口にほぞをつくり，これを甲板に差し込む方法で，この場合は幕板の内側からの木ねじ止めを併用する．

2.2.5　丸テーブルの構造

　丸テーブルの構造は意匠により違いはあるが，図の例は，甲板，幕板，吸付き桟，脚，羽根脚（泥脚）よりできている（図III-29）．

　甲板はかまち組練心構造で，かまち材は8分の1円弧により円を形成するように作る．

　幕板は24mm厚程度の板よりかまち材と同じように円を形成，これを数段重ねて練瓦積みに接着，外面に単板を貼る．幕板の構造には図⑤のようなものもある．脚は脚で24mm厚程度の板の積層材を挽いたもの，脚の上端は二枚割くさびほぞとし，十文字に直交させた吸付き桟に組合せる．脚の下部側面にはあり形みぞをほり，羽根脚を組む用意をする．脚の取付けは，甲板裏面を上にして先に組立てた脚部の吸付き桟を所定の位置に置き，甲板に木ねじ締めする．最後に羽根脚を取付ける．

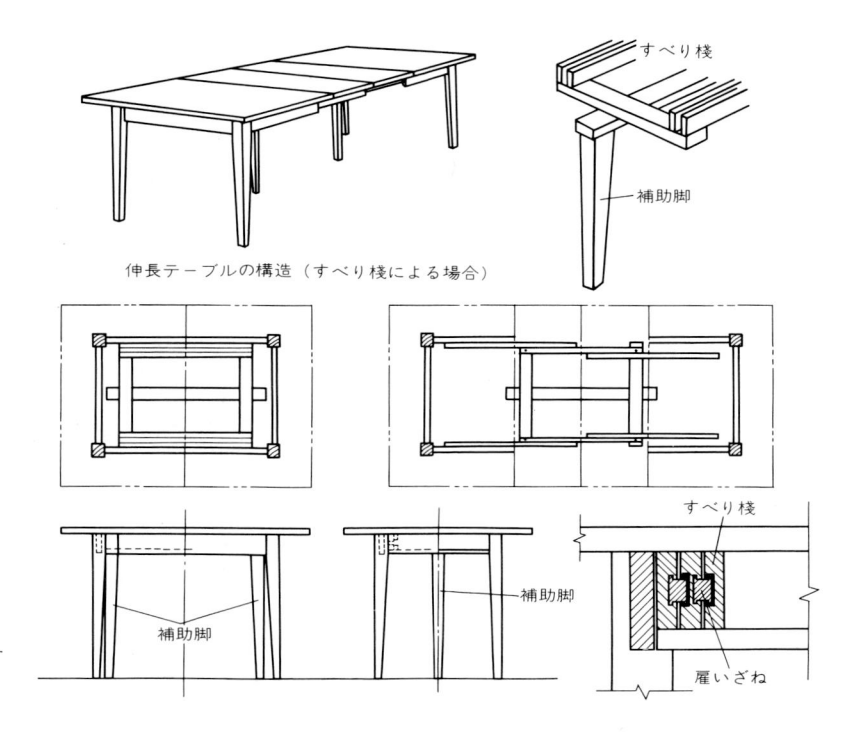

図 III-30 伸長テーブルの構造（すべり桟による場合）

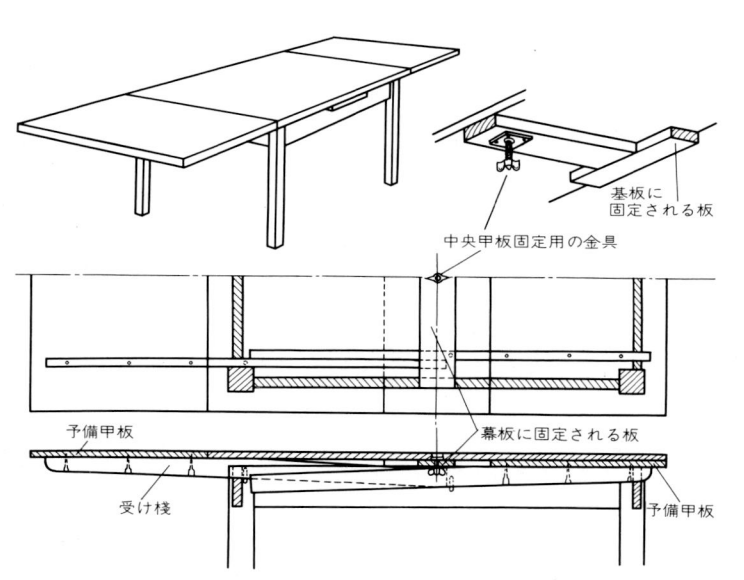

図 III-31 伸長テーブルの構造（受け桟による場合）

2.2.6 伸長テーブルの構造

伸長テーブルは食事用に主として用いるテーブルで，来客など必要により甲板を引き伸ばし，補助甲板をのせるなどして使う．伸長テーブルの構造には各種のものがあるが，代表的なものをあげる．

i）すべり桟による伸長テーブル（図 III-30）　甲板・幕板は中央部で二分され，幕板内側に設けられた数本のすべり桟が，甲板を引くことにより左右に伸び，この上に補助甲板をのせて使用するもので，すべり桟はH形の雇いざねまたは蟻形の本ざねを入れてすべらせる．なお，補助甲板を何枚も用いるときは，補助脚を中央部につけてすべりざんをささえる場合もある．

ii）受け桟による伸長テーブル（図 III-31）　脚部が甲板と独立して構成されるもので，脚部を強固に固める必要がある．長手の幕板中央部に甲板の短辺にあわせた板を渡し，幕板に木ねじ締めする．中央甲板はこれにボルト締めするようになっており，通常は2枚の予備の甲板が図のように甲板の下に重なって格納されている．予備甲板の下には2本の受け桟がやや斜めにねじ締めされており，伸長の際は甲板のナットをゆるめて持ち上げ，予備甲板を左右に引出して後，ナット締めする．

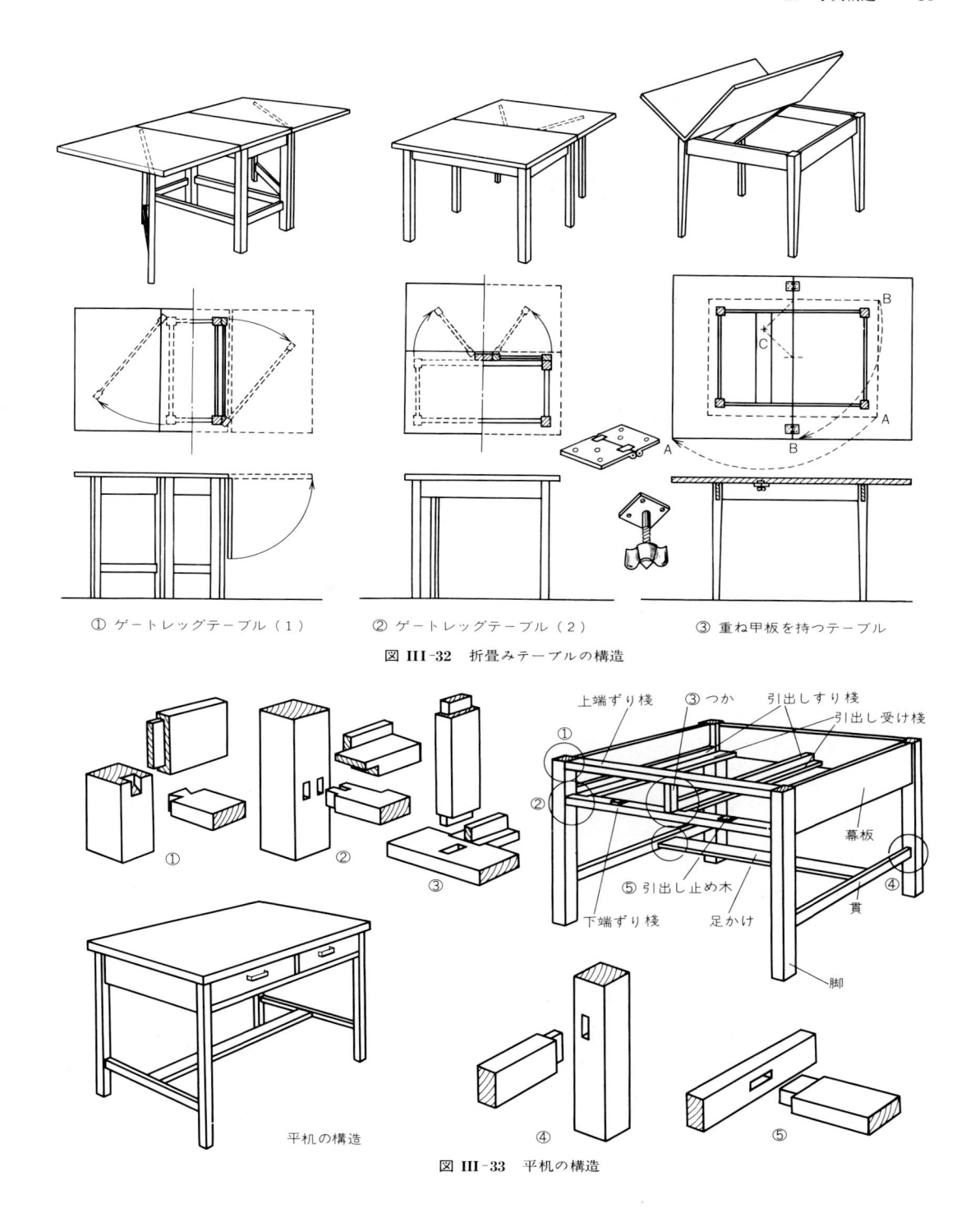

① ゲートレッグテーブル（1）　　② ゲートレッグテーブル（2）　　③ 重ね甲板を持つテーブル

図 III-32　折畳みテーブルの構造

平机の構造

図 III-33　平机の構造

2.2.7　折畳みテーブルの構造

折畳みテーブルは普段は甲板を重ねるか，側面にたらしておき，必要なときは回転して広い甲板として使われるテーブルで，各種のものが考案されている．

ⅰ）　17世紀のイギリスに出現したゲート

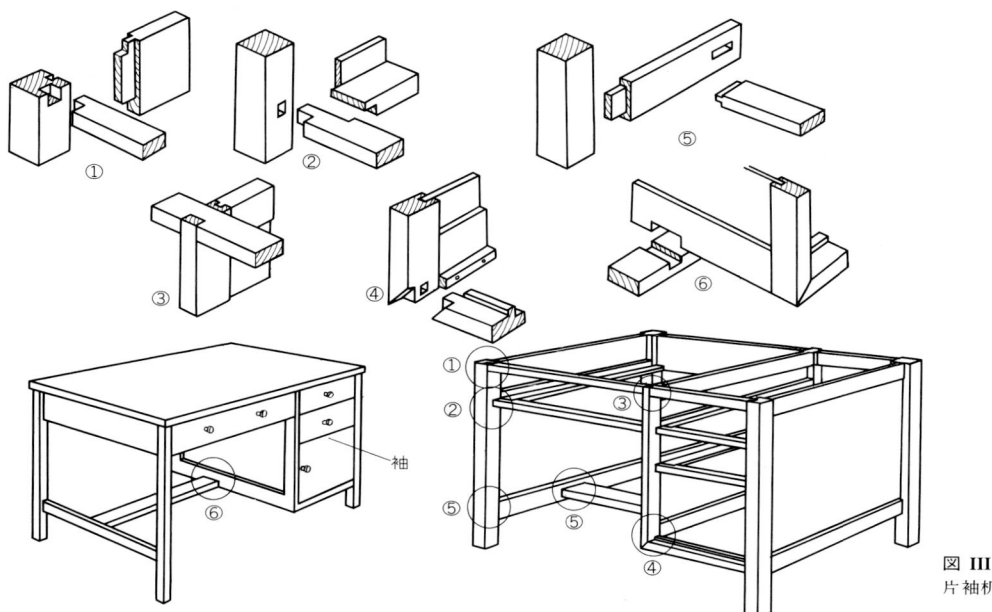

図 III-34 片袖机の構造

・レッグ・テーブル（門型テーブル）がよく知られている．甲板を側面に垂らす例で，脚部は図 III-32 のように本体の脚に重ねておくことができる．甲板を拡張するときは，まず甲板をあげ，重ねた脚を開き甲板を支える．前後に開くとかなり広く使える．

ii) 長辺の幕板の中央に丁番でとめ，幕板・脚を二重にし，拡張のときは (1) と同じように丁番を中心に脚を開き，二重に重ねた甲板を回転して開いた脚で受ける形式のものである．

iii) 脚部は固定されており，甲板は二重になっていて，隠し丁番で回転し，開くものである．下層の甲板の裏面を脚部のつなぎ板にボルトで連結し，このボルトが中心になって，甲板を重ねたまま 90°回転し，さらに甲板を開いて使用するものである．

2.2.8 平机の構造

机は事務的な作業，読書，学習，書き物などを行なう目的でつくられた家具で，一般には椅子に腰掛けた姿勢で使用する．これらのうちで一番単純な形のものが平机である（事務用机の規格；JIS S 1010 を参照）．

平机の構造は，甲板と 4 本の脚，幕板，上端すり桟，下端すり桟，束，貫，足かけ，引出し受桟，引出しすり桟，引出しよりできている．上端すり桟は脚上端へ蟻形追入れで組み，脚へ木ねじ締めする．下端すり桟は底板を入れるみぞを内側に作り，脚とは二枚ほぞ組などとする．束は上下の桟と二枚ほぞ組とする．引出し受け桟は左右幕板内側と中央束下に下端すり桟と向幕板に平ほぞで組む．これらの受け桟の上にすり桟を接着・くぎ打ちとする．底板はすり桟と向幕板に小穴入れとする．また，下端すり桟の上にあおり止木を取付ける．これは引出しを引出したときに，引出しが水平に引出すことができるようにしたものである．引出しについては後に説明する．

2.2.9 片袖机の構造

事務用，学習用，書斎用としてもっともよく使用される形の机である．寸法的には平机と同じく規格（JIS S 1010）を参照されたい．片袖机が平机と違う点は袖をもつことである．

袖は箱脚ともいい，左右にかまち組の方建（側板）を作り，前面には引出し棚口桟を水平に渡し，両方建に平ほぞ差し，背面は横がまちでつなぎ，化粧合板を鏡板としてはめ込む．引出し受け桟に合板の振止板をくぎ付けしたものをそれぞれの棚口桟に合わせて縦が

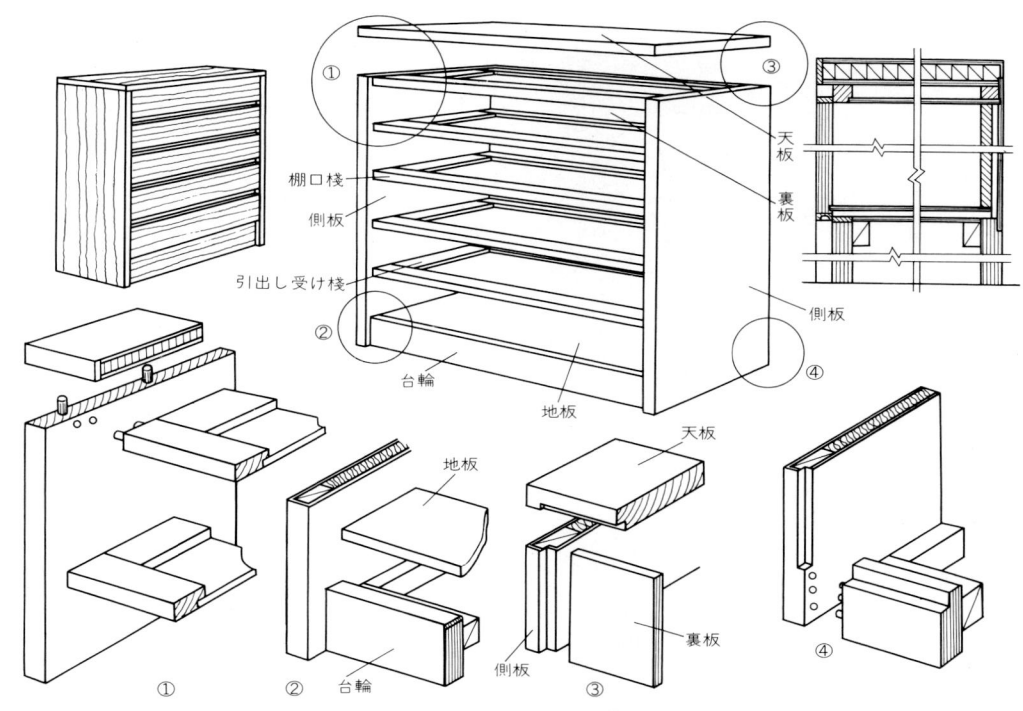

図 III-35 整理だんすの構造

まちにくぎ付けする．袖は台輪を付けるもの，脚を縦がまちとするもの，別に箱を独立して作り，後に甲板の下，脚の内側に取り付けるものなどがある．

2.2.10 両袖机の構造（JIS S 1010）

両袖机は事務用・書斎用として使用される大形の机で一般にはより高級な机としての品位をもつものである．

両袖机の構造は片袖机と類似の構造であるが，大形になるため，甲板部分と左右の袖，靴掛け，足隠しのパネルとそれぞれ分解組立ができるような構造のものも多く，運搬にも便利なように考えられている．なお，片袖机と袖机（袖の部分に甲板を付けたもの）で組合せて両袖机の用として使用する形のものもある．

2.3 収納家具

収納家具は箱物ともいい，日常使う器物，衣料，食料・書籍などを収納整理するための家具である．

2.3.1 整理だんすの構造

整理だんすはたんすの中で最も一般的なものである．

整理だんすは，わく体と引出しとより構成され，わく体は天板・左右側板・地板・裏板よりできており，これに台輪が付けられている．また，わく体に棚口桟，引出し受け桟，すり桟などが取り付けられる．棚口桟はわく体側面にほぞ差しとし，受桟は棚口桟に欠き込み，側板にくぎ打ちとする．わく体の側板がかまち組などの場合は，受け桟にすり桟を付け，引出しが左右に曲るのを防ぐ，また，受け桟の後部か棚口桟に止め木を付け，引出しがわく体の中にはいり込まないように調節する．

なお，整理だんすの構成には，大引出しのもの，最上段に小引出しを2～3個設けるもの，引違い戸を設けるもの，一部に開き戸を設けるものなどがある．

2.3.2 わく体

わく体は箱形の部分で，前述のように天板，左右側板（帆立板），地板，裏板からできており，これに支輪，台輪，脚，中仕切板，棚板，とびらなどが加えられる．

わく体の構造は大きく柱組み，板組み，かまち組み，フラッシュパネル構造に分けられる．

i）柱組み　数本の柱を主要構成材と

66　Ⅲ. 構造法

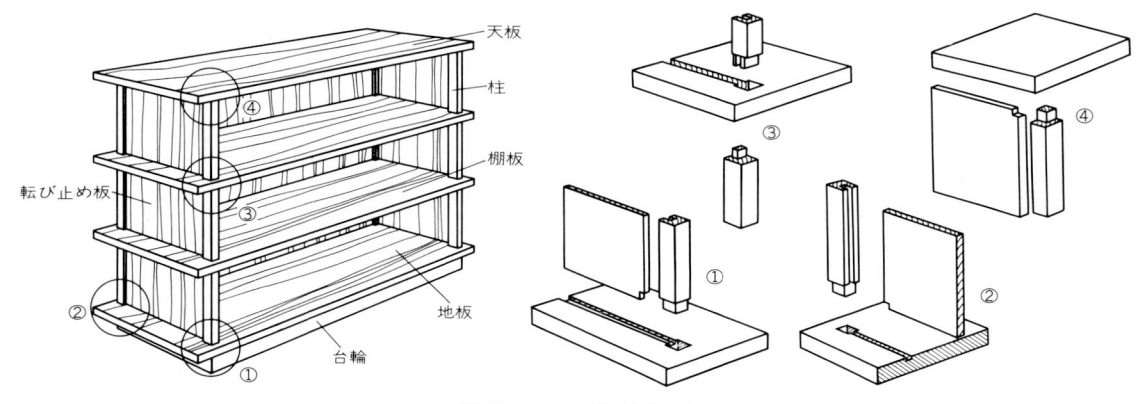

図 Ⅲ-36　わく体（柱組み）

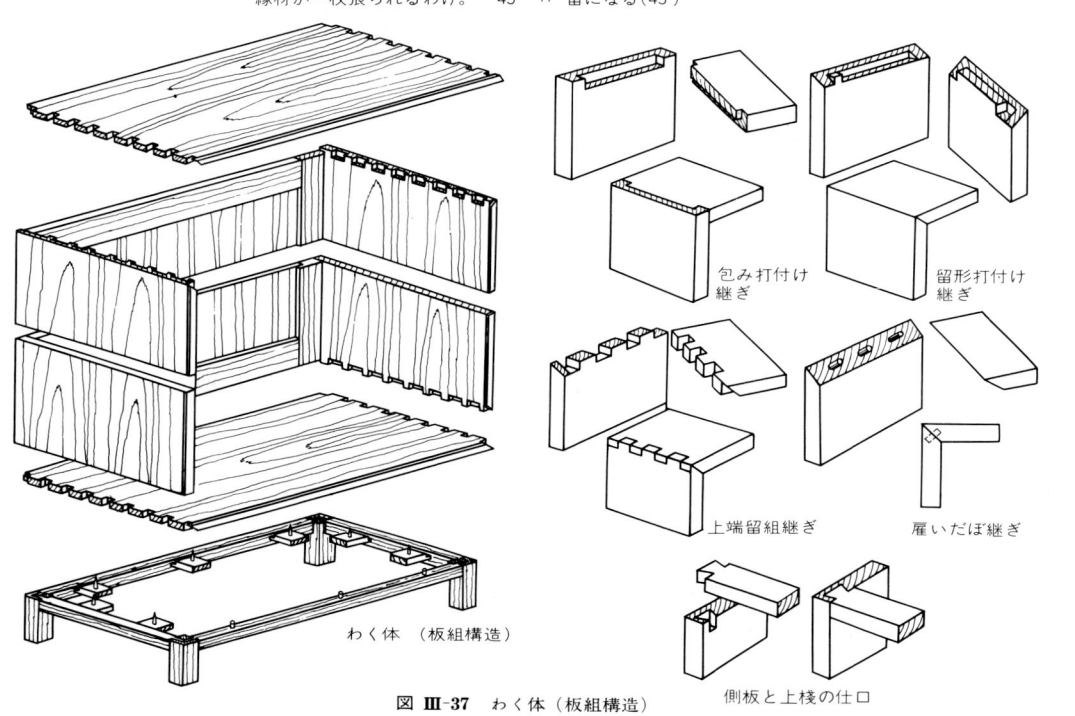

縁材が一枚張られるわけ。　45°　R　留になる（45°）

図 Ⅲ-37　わく体（板組構造）

し，これに棚板，転び止め板などを取り付けるものである．

　柱組みの構造は，柱の上下にほぞを作り，天板，地板に差し込んで固めるわけであるが，中間に棚板を設けるときは，棚板の隅部に通しほぞ穴をほり，上下から柱のほぞをさし込み内部が三枚組みに組み合わせるか，柱の内側を欠き込んで棚板をこれにはめ込む．棚板の一方か三方に転び止め板を取り付ける場合は，転び止め板を柱にほぞさしとする．柱を伸ばして脚とし，また台輪を別に付けることもある．

　ⅱ）板組構造　　わく体の構造でもっとも古くから用いられた構造で，側板に一枚板かはぎ合せ板を使う．

　天板と側板の接合は各種の組継ぎ，打付け継ぎとするか，前後の上棧を側板上端に欠き込んだ後，天板をかぶせくぎ打ち埋木する．天板に合板，薄板を用いるときは上棧と側板の内側に小穴か段欠きをまわし，はめ込むか

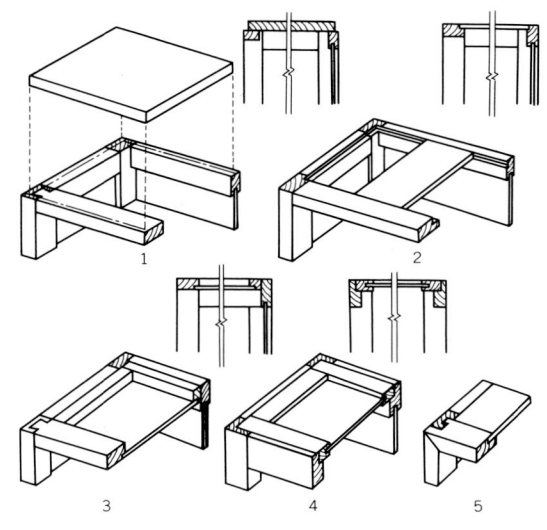

1. 前後上桟と側板横上がまちにくぎ打ち
2. 四方段欠き落し込み
3. 下側から打ち上げ
4. かまち組天板落し込み
5. 見付を留めに残す場合

① 天板の取付け構造

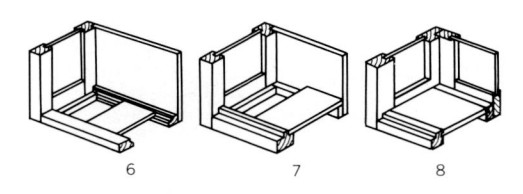

6. 前後下桟に段欠き落し込み
7. 前下桟のみ段欠き，後は受け桟支持
8. 前後下桟に小あなはめ込み

② 地板の取付け構造

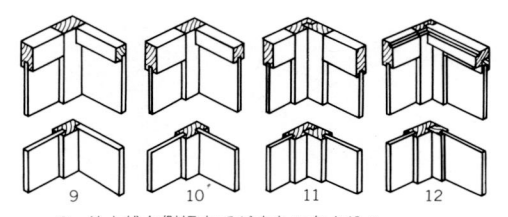

9. 後上桟と側板立てがまちに欠き込み
10. 後上桟と側板立てがまちに小あなはめ込み
11. かまち組裏板を後から落し込み
12. 11 に同じ

③ 裏板の取付け構造

図 III-38　わく体（かまち組構造）

落し込んで組む．

地板と側板の接合は，地板の厚いときは天板と同じ方式で，薄いときは前下桟と後桟・左右受け桟を側板に取り付け，これにかぶせるか，段欠き落し込みまたは小穴はめ込みとする．裏板の取り付けは，側板・天板・地板の後部内側に段欠きし，接着剤塗布後落し込みカッターでステープル止めとするか，小穴をついてはめ込む．ていねいなものは，裏板をかまち組みとし，包み打付け継ぎ，追入れ継ぎとする場合もある．大形の場合は適宜中桟を用い補強する．裏板はわく体の形を正しく保つ役目と構造の強さに関係する．

iii）　かまち（框）組構造　側板をかまち組とする構造で，広く用いられていた構造である．

天板と側板の取付けは，前後の上桟を側板縦がまちに接合し，これと側板横がまち内側上端にまわした段欠きまたは小穴に天板を落し込むかはめ込む．板組のときのように厚板天板か，かまち組した天板をかぶせ，くぎ打ちあるいは木ねじ締め埋木することもある．

地板と側板，裏板の取付けは板組の場合と同様である．

iv）　フラッシュパネル構造　わく体の構造で一番狂いの少ないもので，軽量の割には，強度のすぐれた構造である．フラッシュコア（練心）には，ランバーコア，フレームコア，パーティクルボードなどを用い，表面に化粧単板，合成樹脂板を練付けたものである．天板と側板，側板と地板の接合は一般にはだぼ接合される．裏板の取付けは前のものにならう．

2.3.3　支輪・台輪・脚の構造

i）　支輪　支輪は収納家具の上部装飾として取り付けるもので，前板，左右側板，後板で構成され，前板と側板には一枚板か数枚の板をはぎ合せて種々のくり型を作り出す．前板両すみの接合は留継ぎか組継ぎとし，後板両すみは前すみと同じか側板に包み打付け継ぎとする．四すみとも隅木を付けて補強するか，ちぎり・波くぎ・雇いざねなどを付ける．わく体への接合は，支輪内側からくぎ打ちまたはだぼを用いる．現在は，高級なものを除き，支輪は省略されるのが一般的傾向である．

ii）　台輪　台輪はわく体の下端に取り付け，下部の装飾，よごれの防止，最下部の引

68 III．構造法

図 III-39　わく体（フラッシュパネル構造）

図 III-40　支輪・台輪・脚の構造

前台輪　　付け台輪　　蹴込み台輪　　脚の構造

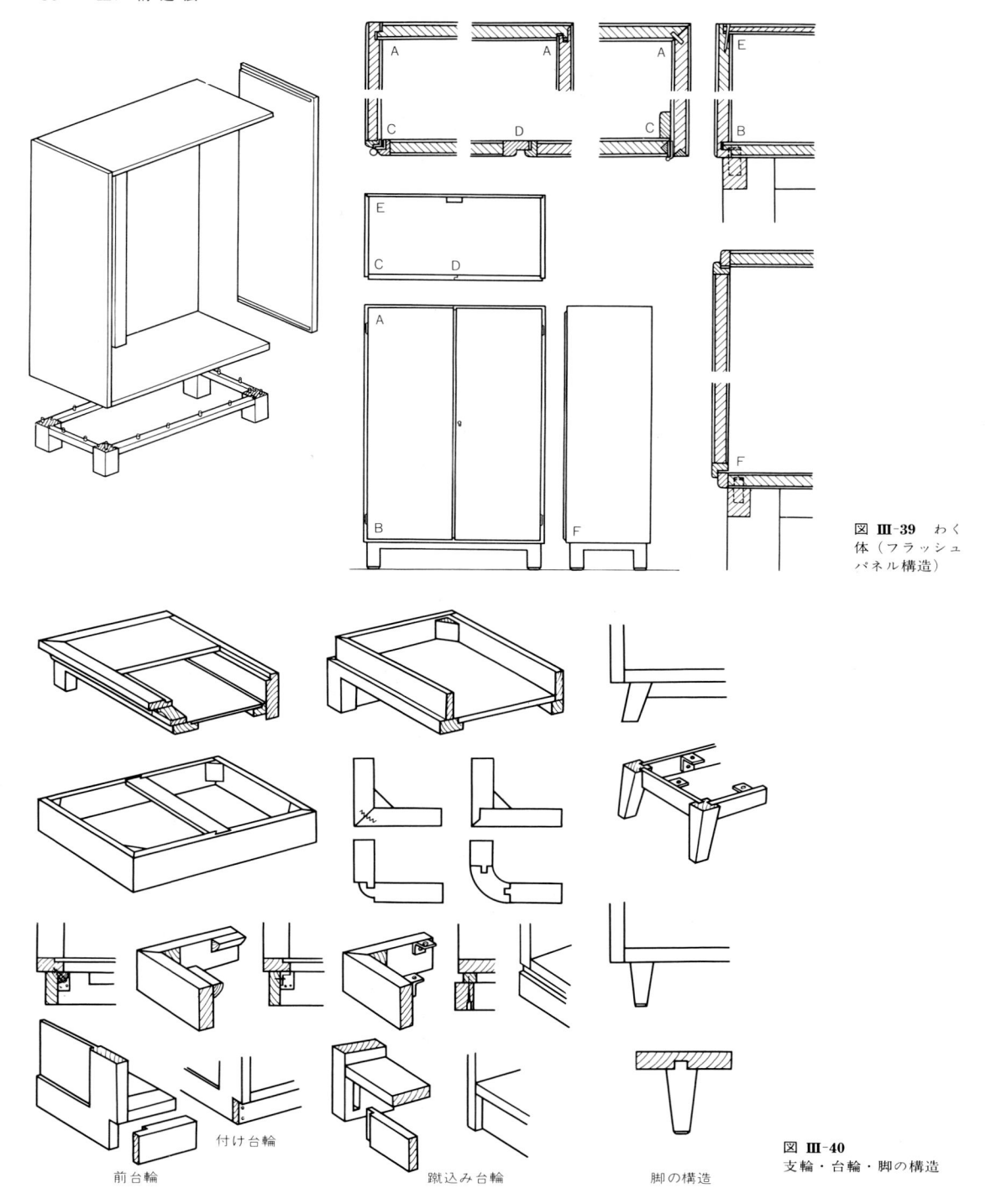

出し，扉の開閉の円滑化，全体の荷重の支持などの役割を受持つ部材である．

構造は支輪と同様のものと，側板を下までのばし，前面を台輪の厚み近く欠き取って付け台輪とするもの，欠き取らずに前台輪を後退させた蹴込（けこ）み台輪とする場合もある．

iii）脚（きゃく）　台輪と同じ目的で取り付けられるが，和室から椅子に腰掛ける洋室の生活へ

2. 家具構造　69

前板・先板と側板の仕口（コダカ）　　和風の引出し底板・引出幅より　　底板の組立て（コダカ）
　　　　　　　　　　　　　　　　　　突出る前板（山本工業）

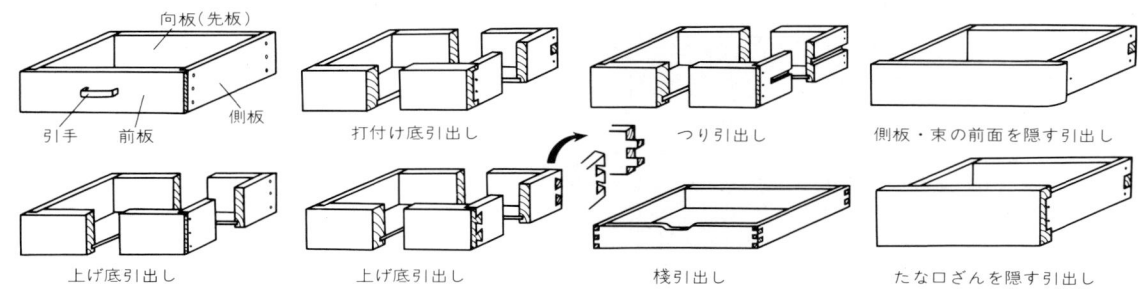

向板（先板）
引手　前板　側板
打付け底引出し　　つり引出し　　側板・束の前面を隠す引出し
上げ底引出し　　上げ底引出し　　桟引出し　　たな口ざんを隠す引出し

図 III-41　引出しの構造

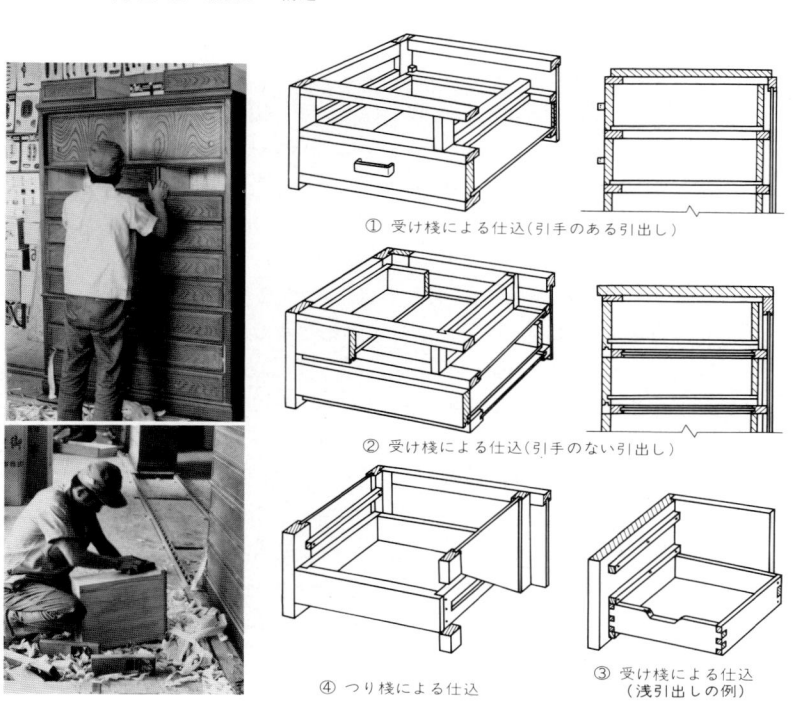

① 受け桟による仕込（引手のある引出し）
② 受け桟による仕込（引手のない引出し）
③ 受け桟による仕込（浅引出しの例）
④ つり桟による仕込

図 III-42　引出しの仕込構造（右）
　　　　　引出しの仕込（左）
　　　　　（山本工業）

の移行により視線の高さの変化から脚が使われるようにもなった．構造は幕板や貫を脚にほぞ差しかだぼ継ぎで固め，わく体の地板や下桟に駒止めとする．また，脚の上端にほぞを作り，地板にはめ込むか，地板下に桟を付け，これにほぞ差しとすることもある．

2.3.4　引出しの構造

引出しは，収納家具のほか，机，鏡台など

図 III-43 戸の構造（一枚板戸，フラッシュ戸，かまち組戸）

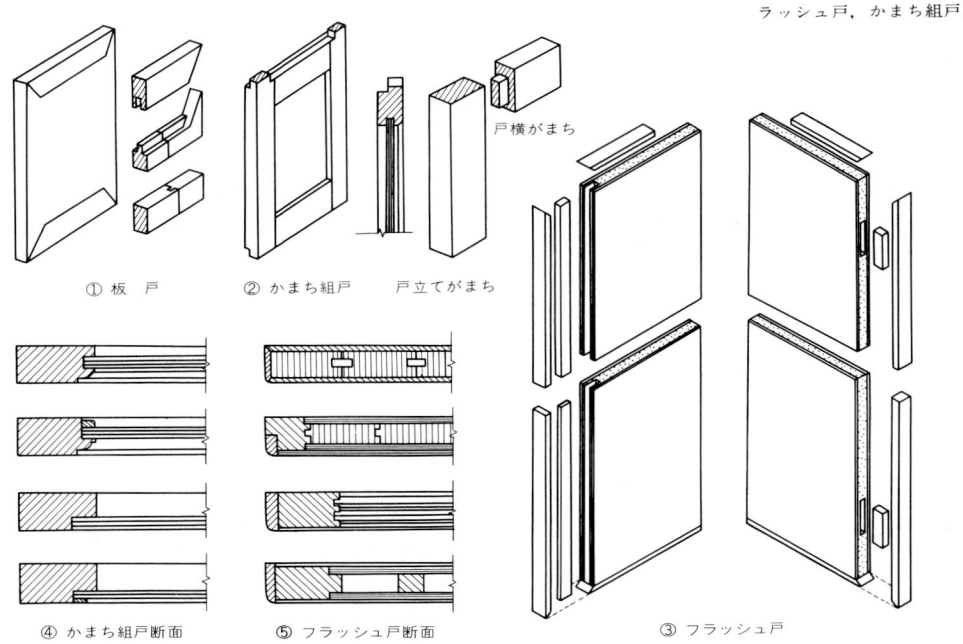

① 板戸　② かまち組戸　戸立てがまち　戸横がまち
④ かまち組戸断面　⑤ フラッシュ戸断面　③ フラッシュ戸

にも広く用いられる．引出しは前板，側板，先板（後板），底板からなり，前板には引手や錠前，かぎ座を付ける場合もある．前板は一枚板も使うが，合板やランバーコア合板に化粧単板を張り付ける場合が多くなった．側板・先板には比較的狂いの少ない軟材，底板には合板が用いられている．

構造は，前板と側板との接合には包み打付け継ぎ，追入れ継ぎ，包み蟻組継ぎなどが使われる．側板と先板との接合には，隅打付け継ぎ，組継ぎ，蟻組継ぎ・石畳継ぎが用いられる．底板は前板，側板の内側下方に小穴を作り，底板を差込んで下から先板にくぎ打ちとするか，前板下端内側を段欠きし，側板，先板は合板の落し込み分だけ幅（深さ）を狭くして下よりくぎ打ちする打付け底とする．

引手の取付けは，引手，つまみ，かんなどの金具を用い，前板にボルト締め，ねじ締め，割足などにより取付ける．その他，木製の引手を使うこともあり，また引手を付けないで，前板下端内側に手がかりを作り引出す方法も多く使われている．なお，前板は意匠などの関係で，わく体側板や中仕切を覆う場合もある．

2.3.5　引出しの仕込

i）受け桟による仕込　上下の棚口桟ををわく体側板や中仕切板にほぞさしとし，受桟はたな口桟に欠き込むか側板，中仕切板にくぎ打ちか木ねじ締めとする．またわく体の側板がかまち組のときは，受け桟に平行にかまちの内側厚みだけのすり桟をつけ，引出しが左右にふれるのを防ぐ．棚口，左右側板，つかを隠すときは，前板をその分だけ上下・左右に伸ばす．浅引出しの仕込には棚口を省略し，受け桟だけをわく体側板に取付け引出しをすべらせる．

ii）つり桟による仕込　引出しの側板外側に設けたみぞとわく体に取り付けたつり桟とにより，引出しを差し込み滑らすもので棚口桟，受け桟，すり機を設けることなく，比較的軽く出し入れできる．

2.3.6　戸の構造

収納家具の戸には，一板戸，フラッシュ戸，かまち組板戸，ガラス戸などがあり，その他繊維板などの一枚戸も用いられる（図 III-43）．

i）一枚戸　厚板をはぎ合わせ，上下の木口に図①のように端ばめを付けたもので，

図 III-44
戸の取付け（右）（開き戸）
戸の取付け（左）（砂村家具工芸）

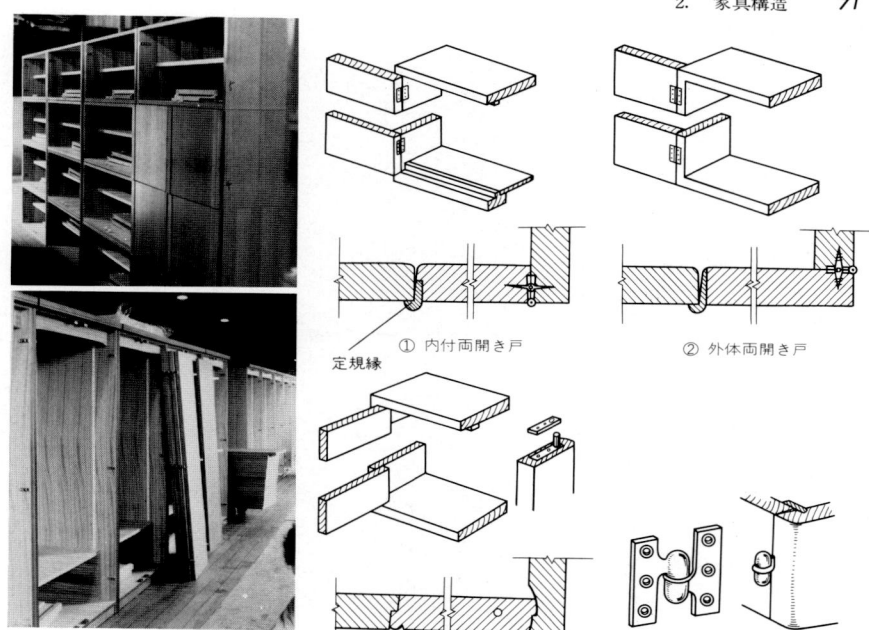

重厚な感じであるが，狂い易い点に難がある．民芸調の和洋家具などに用いられている．

ⅱ）フラッシュ戸（練付け板戸）　はぎ合わせ板，合板，わく組子（図 III-12 参照．障子の骨の枠と中の組子がこの場合面一になっているもの），繊維板，パーティクルボードなどを練心とし，表面に化粧単板などを張り付けたもので，同種材で木口，木端に面縁（覆輪）をまわす．軽く，美しく狂いの少ない構造でよく用いられる．

ⅲ）かまち組板戸　かまちを組み，内側四方に小穴を突いて鏡板をはめ込むか，段欠きして落し込み押縁止めとするか，段欠きを鏡板の厚さとして一面をかまちとつらいち（面一；二部材の取合いに段差のないこと）とする場合もある．

定規縁
① 内付両開き戸
② 外体両開き戸
③ 軸ずり両開き戸
④ フランス丁番による開き戸

ⅲ）ガラス戸　かまち組板戸の鏡板の

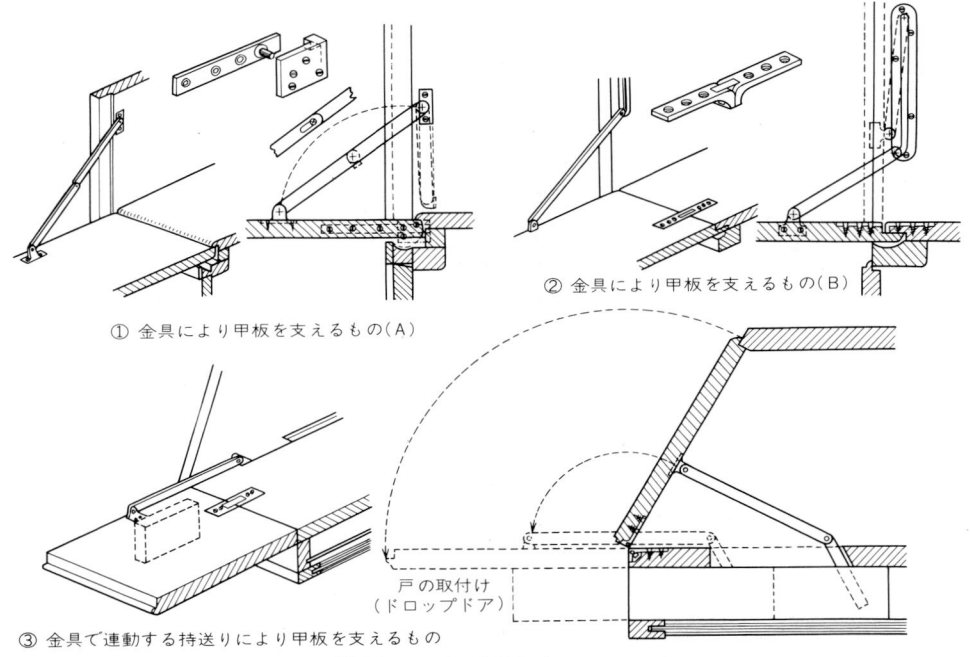

① 金具により甲板を支えるもの（A）
② 金具により甲板を支えるもの（B）
③ 金具で連動する持送りにより甲板を支えるもの

戸の取付け（ドロップドア）

図 III-45　戸の取付け（ドロップドア）

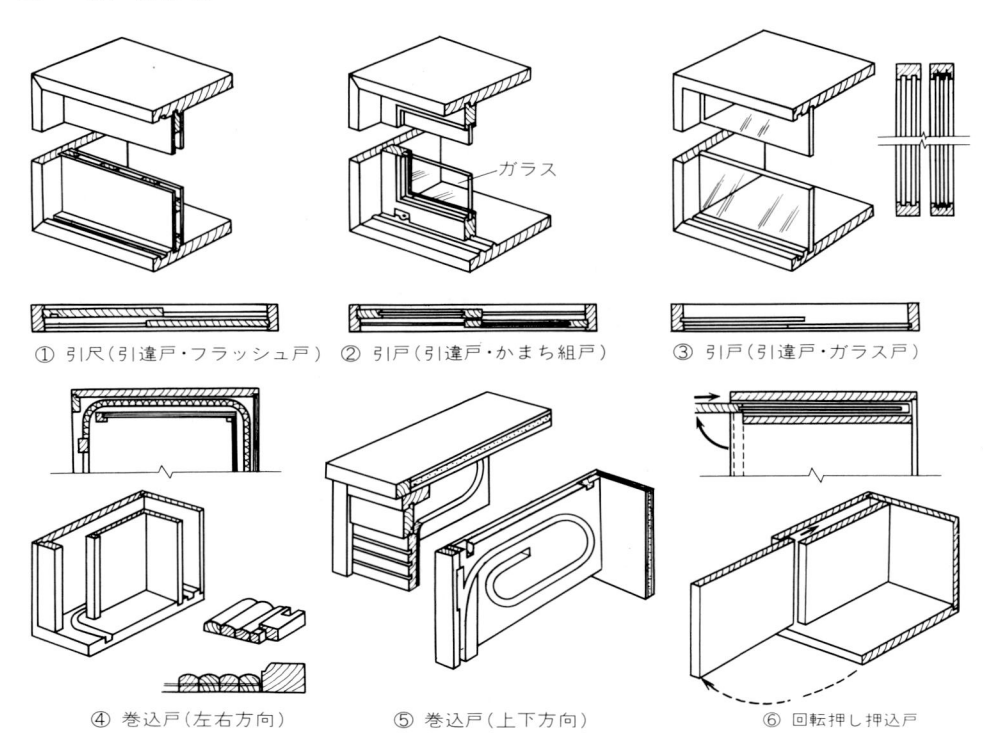

① 引戸（引違戸・フラッシュ戸）　② 引戸（引違戸・かまち組戸）　③ 引戸（引違戸・ガラス戸）

④ 巻込戸（左右方向）　⑤ 巻込戸（上下方向）　⑥ 回転押し押込戸

図 III-46 戸の取付け（引戸・回転押込戸・巻込戸）

代わりにガラスを入れたものである．

v) 巻込戸　細い板を数本の糸でつづり合わせ，厚地の布を裏から張り付けたもので，サイドボード，書机，ワインキャビネットなどに用いる．

vi) その他　合板や繊維板などをそのまま用いるものなどがある．

2.3.7 戸の取付け

戸の取付けには，丁番を用いる開き戸，みぞやレールの上を移動させる引戸のほか，けんどん，巻込戸，回転押込戸など各種の方式があり，それぞれ用途によくかなったものを用いる．

i) 開き戸　丁番の取付けは，戸がまちの木端面とわく体の側板内側をほり込みねじ締めて取り付ける内付法と，戸がまち裏とわく体側板前面をほり込み取り付ける外付法とある．また，軸ずりの場合は，わく体の天板（または上桟），地板（または下桟）に軸受金物をほり込みねじ締めし，上下の戸がまちに軸金を取付けて建て込む．地板，天板の前縁を戸の厚さだけ欠き取るか，桟を付けて戸当りとする．両開き戸の合せ目には定規縁を付けるか相欠きとする．地板前縁に丁番をほり込み，または軸ずり金具を側板にほり込んで，戸を前方にたおすか，上方に回転する片開き戸がある．この前方にたおす戸をドロップドアといい，ビューローのような兼用戸に多く用いられる．この場合の甲板の支持方法には，図 III-45 に示すように金具により支持するもの，持送りにより支持するものなど種種のものがある．

ii) 引戸　多くは引違戸の形で用いられる．戸の上下の裏側を欠き取り，かもいと敷居のみぞに建て込む．金属やプラスチックのみぞを付けることもある．敷居みぞのすべりをよくするため，堅木を埋め込み，また両側板の内側に戸当りをほって戸締りをよくすることも行われる．

iii) けんどん　和風指物に用いられることの多い形式で，戸の上がまちを深く，下がまちを浅く裏面から欠き取り，かもいには深く敷居には浅いみぞを一すじずつほって戸をはめ込む．

2. 家具構造

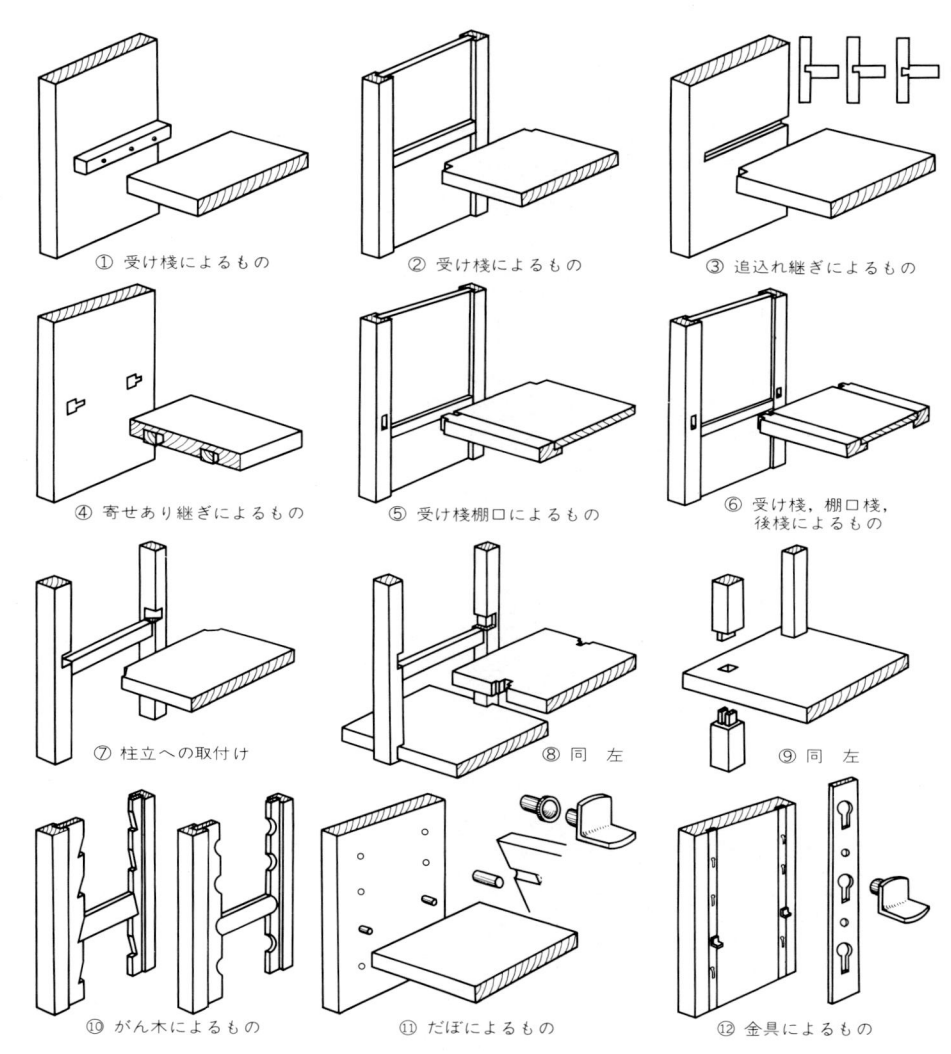

① 受け桟によるもの　② 受け桟によるもの　③ 追込れ継ぎによるもの

④ 寄せあり継ぎによるもの　⑤ 受け桟棚口によるもの　⑥ 受け桟，棚口桟，後桟によるもの

⑦ 柱立への取付け　⑧ 同　左　⑨ 同　左

⑩ がん木によるもの　⑪ だぼによるもの　⑫ 金具によるもの

図 III-47　たなの構造

iv）巻込戸　店頭に用いられるシャッターのような形式の戸で，両側板内側に案内みぞをほり，これに戸の端を差込んですべらせて開閉するもので，天板下と裏板前方に仕切板を入れ，戸の出入する空間とする．天板・地板に案内みぞをほり，戸を側板と裏板に沿って開閉するものもある．

v）回転押込戸　軸ずりの一種で，戸の上下端に普通の軸金具を取り付け，天板，地板に側板面にそって戸の横幅に大体同じ長さのみぞを持った特殊金具を取り付ける．戸の開閉の際は，軸はこのみぞの前縁にあり，普通の軸ずりと同様の回転をし，開いた戸を側板面と平行に押込むと，軸はみぞをすべって中にはいり戸が収納されるものである．軸ずりは水平に付けてつり下げ戸の形にして使う場合もある．

vi）取手その他の取付け　開き戸には，取手をねじ締め，ボルト締めで表面に取り付け，マグネットキャッチ・タッチラッチなどを内側につけてあおり止めとする．大型の両開き戸の戸締りには，左側の戸の合せ目上下に上げ下げ金具を付けることもある．錠は普通右側取手の下に裏面からほり込む．

引戸には，手掛かり金具を表面からほり込んで取り付ける．引違いの錠は差込錠を付ける．

2.3.8　たなの構造

収納家具のたなは構造上特に気をつける必

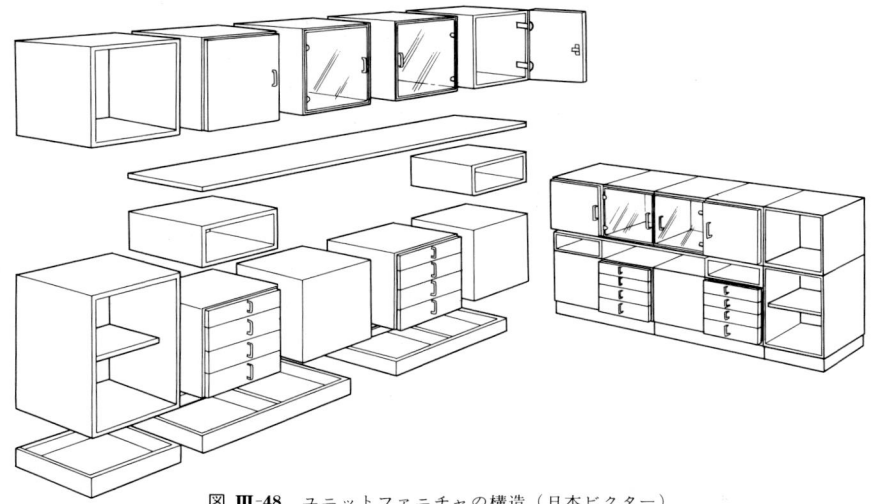

図 III-48 ユニットファニチャの構造（日本ビクター）

要のある部分である．棚は，収納する物品の大きさ，重量などをよく考えた上で，樹種，材厚，間隔，長さ，取り付け方法などを選択する．棚は取り付け機構から固定式と可動式に分ける（図 III-47 参照）．

i）固定式構造　次の5とおりのものをあげる．

（1）側板に受け桟をくぎ打ち，ねじ締めで取り付けるか前後の縦かまち内側にほぞ差しして取り付け，その上に棚板をのせるもの（図 III-47 ①，②）

（2）側板に小穴をほり，棚板下側を段欠きして差込み，外側からくぎ打ち埋め木するもの．片蟻か蟻形追入れつぎとすると一層強くなる（図 III-47 ③）．

（3）棚板を側板に寄せ蟻継ぎとするもの．強い上に分解組立もできる（図 III-47 ④）．

（4）棚口桟と後桟を側板ほぞ差しとして取り付け，これにソリッド材や合板などの棚板を落し込むもの（図 III-47 ⑤，⑥）．

（5）柱立てへの取り付けで図 III-47 ⑦，⑧，⑨のようなものがある．

ii）可動式構造　次の2とおりのものをあげる．

（1）側板に必要な間隔にだぼ穴を縦に2列あけ，これにだぼを差込み棚板を受けるもので，穴あけした金具やかまち材を側板内側に取り付ける場合もある（図 III-47 ⑪，⑫）．

（2）側板内側にのこ刃状か半円形の切込みを多数付けたがん木を縦に取り付け，受け桟をはめ込んで棚板をのせる．（図 III-47 ⑩）．

2.3.9 ユニットファニチャの構造

単位家具ともいわれ，いくつかの基本単位を組合せて種々の機能，形態を作るもので，主として収納家具に用いられる（図 III-48 参照）．これは部品の標準化により量産するのに適している．

ユニットファニチャで特に留意する点は単位の寸法とその精度である．並べた時に隙間があいたり，高さが一様に水平にならないことのないようにする必要がある．単位要素は大体箱物だから，今までの工作法でできるが，積み重ねたときの安定性が必要である．

図の場合は，単位要素のボックスが 400×400×400 mm で，引出し付き，扉付き，付属品なしが基本になっている．扉付きの場合は丁番の取付けに注意する．内付けのときはよいが，外付けだと開かないこともある．図 III-50 にみられる隠し丁番がよく使われるので参照されたい．

2.3.10 ビルトインファニチャの構造

ビルトインファニチャは造り付け家具ともいわれる．

2. 家具構造　75

図 III-49　ビルトインファニチャの構造（1）（日本ビクター）

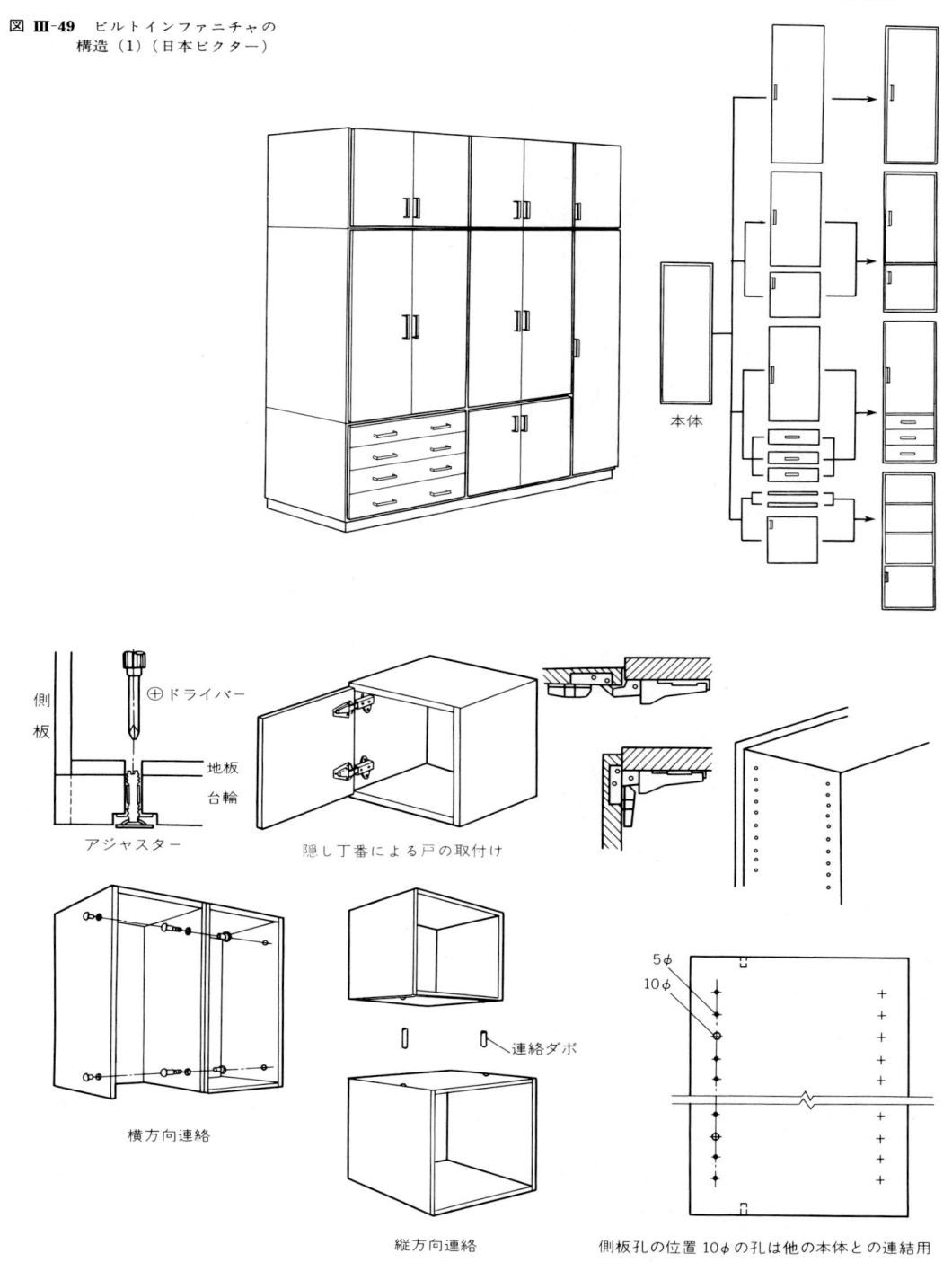

図 III-50　ビルトインファニチャの構造（2）（日本ビクター）

ビルトインファニチャの特徴は「ものを収納する家具的な機能をもつものであるとともに，壁や間仕切といった建築構成部品の役割りも果すもの」で，ふつうの移動できる置き家具，ユニット家具とはちがい固定されるものである．ただ，図 III-48 に示すようにユニ

ット家具と単位要素を組合せるという点では共通している．

図に示した製品は 32 mm を基本最小寸法とし，32 mm×3＝96 mm を高さ方向の1モジュール寸法とした家具で，本体はボックス型で，これに扉，引出しなどを図のように金具で取り付けるようにしたものである．

基本寸法は高さ方向は 96 mm の各 4, 6, 12, 16, 18 倍数，間口方向は各 445, 590, 890 mm，奥行方向は各 295, 445, 595 mm で，これに各 50, 70 mm の台輪を用いこれらの組合せで構成される．

材料は芯材にパーティクルボードを用い，表裏に化粧板を練付けたものである．構造は，図 III-50 に示すアジャスターが台輪にあり調整する．縦・横方向の連結は図に示した連結金具やだぼによる．側板には前後2列に 32 mm 間隔に穴があけられ，これを用い金具により扉，引出し，棚板等が適宜取り付けられる．なお，扉は図に示す隠し丁番により取り付けられ，左右に別の本体があっても開閉に支障ないように作られている．要は材料の乾燥・加工の精度・組立ての単純化・機能性などが要求される．なお，周囲の壁体，天井等への固定方法，音響機器，照明関係，冷暖房機器などとの接合，収納についても配慮する必要がある．

2.3.11 和だんすの構造

和だんすは代表的な和家具である．和家具は日本の気候風土のもとで，用材・寸法・加工技術・構造法・意匠など独特の性格をもった家具として成長した．用材には，きり，くわ，くろがきなど各種使われるが，ここではきりだんすについて見てゆくことにしよう．

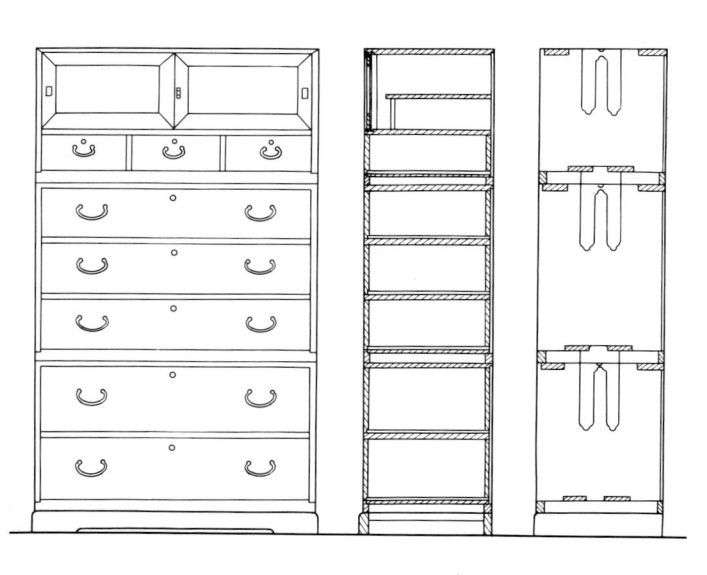

図 III-51 和だんすの構造（1）—五重三ツ重ねだんす
（左の写真は箱組背面）

i) 分類　用材の使い方により, 前ぎり, 三方ぎり, 四方ぎり, 総ぎりに分けられる. また, 形体上の区分から図Ⅲ-51のようなものがある.

ii) 構造　面三つ重ねの構造は, 台輪・下台・中台・上台からできている.

（1）台輪：前・両側・後の各台輪からできており, すみは留めまたは包み打付け継ぎとする. 中央の上端には前後につなぎ板を架け渡し補強する.

（2）箱組：側板・天井板（天板）・地板・裏板とからできており, 側板と天井板・地板との接合は五枚組継ぎとし, 側板と天井板の口前見付け面が留めとなるよう加工する. 棚板と側板の接合は, 側板に小穴ほぞの溝を突き, 追入れとする.

（3）引出し：前板, 側板, , 後板（先板）, 底板とからなり, 前板と側板との接合は包み打付け継ぎ, 側板と後板との接合は三枚組継ぎまたは二枚組継ぎ, 底板は前板下端内側に段欠きして前板下端と面一になるようにし, 裏より木くぎ打ちとする.

（4）戸：戸には, 端ばめ戸とかまち戸がある. 端ばめ戸は端ばめ継ぎ, かまち戸は縦・横のかまち四すみを留めに加工し, 蟻形三枚か雇いを差し込んで固め, 各かまち内側にみぞを突き, これにパネル（一枚板）をはめ込む. 戸以外はすべての仕口に木くぎを使う. 木くぎはうつぎを用い, 水に浸して樹液をよく抜いて加工し, ほうろくでこれを炒って乾燥させたものである. なお, 木くぎの代りに関西地方では主に竹くぎを使う.

3. クッション構造

3.1　一般構造, 種類

椅子やベッドを使用するとき, 快適な感じ

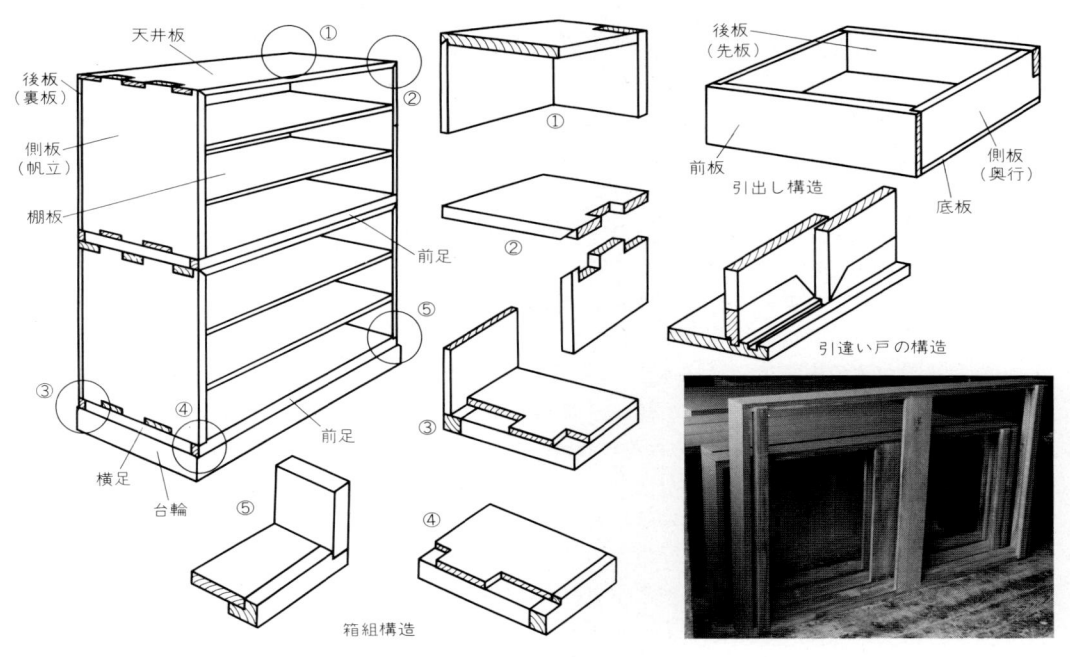

図 Ⅲ-52　和だんすの構造（2）

78　Ⅲ．構造法

① スプリングによるクッション構造　② 発泡クッションによる構造　③ 三層構造

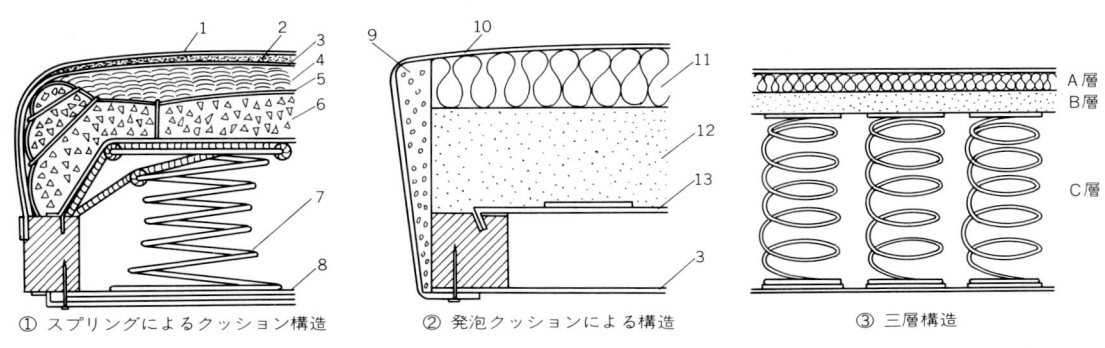

図 Ⅲ-53　クッション構造

1：主張り　2：綿　3：金巾　4：上質なつめ物　5：ヘッシャンクロス　6：ファイバーなどのつめ物　7：スプリング　8：力布　9：赤ゴム　10：革張り，カナキン下張り　11：ウレタンフォーム　12：ハードラバー　13：ウェビングテープ

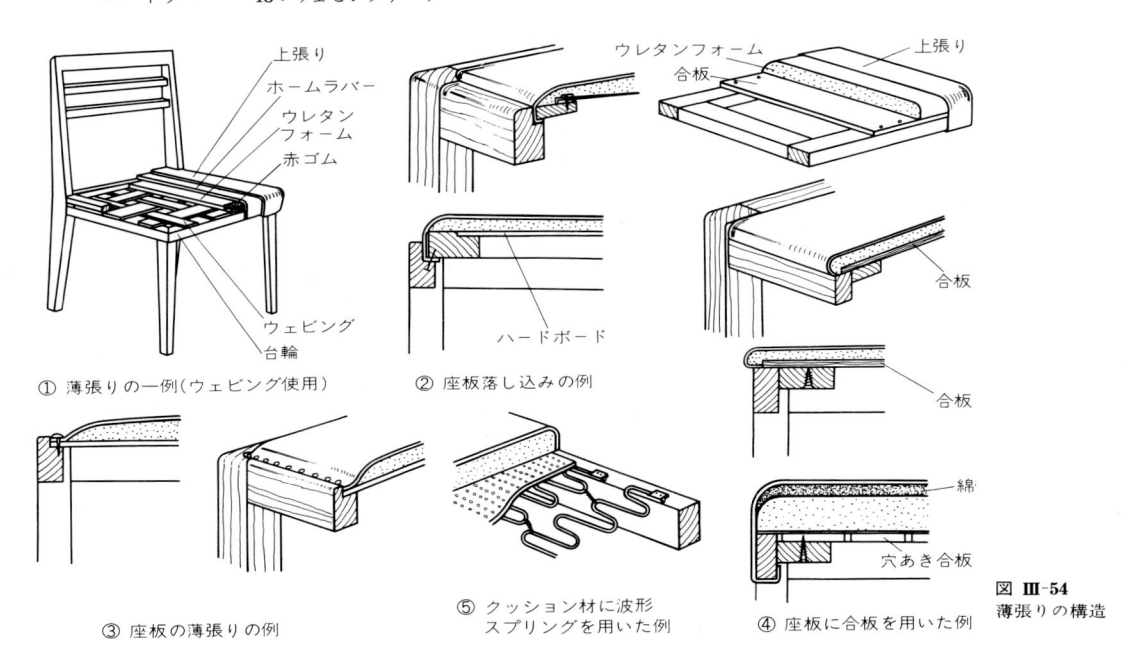

① 薄張りの一例（ウェビング使用）　② 座板落し込みの例
③ 座板の薄張りの例　⑤ クッション材に波形スプリングを用いた例　④ 座板に合板を用いた例

図 Ⅲ-54　薄張りの構造

を受けるよう適度の弾力性をもつことが必要である．これが椅子やベッドの性能の一つのポイントであるクッション性能である．椅子のクッション性能はシート，背・ひじなどの弾性がその中心で，弾性体の構造は図Ⅲ-53 ③のように座面の表層（A層），中層（B層），深層（C層）の三つに分けられる．表層は主として視覚的，感覚的なやわらかさ，よい肌ざわりを与えるもので，これには布，皮革，ビニルレザーなどの表面仕上げ材が用いられる．中層は丈夫で堅め，張りのある素材を使い，直接皮膚を支持する役目をもつ層である．深層はA・B層を支え，弾性を与える層で，スプリングが使われる場合が多い層である．

クッション構造には以下に述べる薄張り・厚張り・あおり張りなどの種類があるが，図①，②のようにクッション材としてスプリングを用いるものと，ウレタンフォームかフォームラバーを用いるものがある．

3.2　薄張り

薄張りは図Ⅲ-54に示すようにいくつかの方法がある．①にあげた例は次の工程で作られる．

（1）力布（ウェビング）を台輪上にあじろ（網代）に張る．

3. クッション構造

(2) 台輪上四周に赤ゴムなどの合成ゴムを糊付けして土手を作る．
(3) 赤ゴムと同厚のウレタンフォームを土手内に入れ糊付けする．
(4) 土手外周に綿を付け，丸味をもたせる．
(5) 仕上げのクッションとしてフォームラバー（1～1.5 cm厚）を張る．
(6) クッション材の上から金巾（かなきん）を張り，クッション材を押える（下張り）．
(7) 上張りを張る．

なお，背にもクッション材を用いることがある．②の図は前脚・台輪上端内側に段欠きを施し，これに座板を落しこむもので，座板は①に準ずる．③図は座板の張りの例，④図は座板を合板として①のウェビングに代えた例，⑤図はクッション材として波形スプリングを張った例である．

3.3 厚張り

図 III-55 ①，②は一般的な例である．

3.3.1 スプリングを用いる場合

次の工程で行う．
(1) 座わく下端に力布（ちからぬの，ちからぎれ）を強く張ってくぎ打ちする．力布は網代に組む．
(2) 力布が十文字に重なったところにスプリングをのせ，セール糸で縫い付ける．
(3) 上側からスプリングを幾分押えながらばね糸で縦・横・斜めに止めてゆき，その先端を台輪上端にくぎ打ちする．
(4) ヘッシャンクロスをかぶせ，四周を台輪上端にくぎで固定する．
(5) ヘッシャンクロスを四周にはり，これに藁（わら）を巻き込み，細よりのセール糸（セル糸）などでさし縫いする．
(6) 中央が高くなるように，くず綿・ナイロン毛などの充填材をおき，座の形を整えながら金巾を張る（以上下張り）．
(7) 下張りの上に綿・フォームラバーを薄く敷き，上張り材料（ビロード・モケット・皮類など）を張る．
(8) 座裏面に金巾を張る．

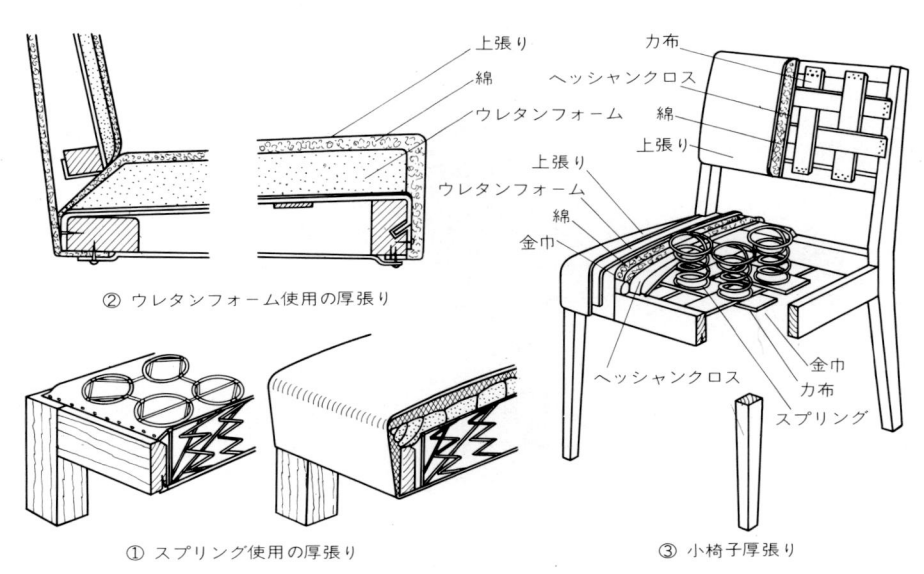

図 III-55 厚張りの構造
② ウレタンフォーム使用の厚張り
① スプリング使用の厚張り
③ 小椅子厚張り

3.3.2 ウレタンフォームを用いる場合

図III-55 ① の工程を簡略にするために，厚いウレタンフォーム（ウォームラバー），赤ゴムなどを用いたものである．なお，セットスプリングを用いたり，力布を帯鉄にしたり，種々工夫されている．

3.3.3 あおり張り（張包み）

もっとも高級なクッション構造で，椅子から立つとき，座のクッションが人をあおるような感じになるので，この名称ができたといわれる．あおりには，前あおり，三方あおり，四方あおり（総あおり），二重あおりなどがある．

次に一般的なものについてその工程を示す．
(1) 座わく下端に力布を縦横に網代に張る．
(2) その上にスプリングをとじ付け，ばね糸でスプリング上端を縦横斜めに引き締めて台輪の上端で止める．この場合のスプリングはできるだけ前の方にくるようにする．ときには台輪の上にのせる．このスプリングの高さや復元力の大きさがあおりの効果となる．
(3) あおりばねの上端に，あおりを平均にするため丸藤を座わくに合わせて曲げ，セール糸でくくりつける．
(4) ヘッシャンクロス（麻布）をかぶせる．あおりの上や周囲には別のかぶせ布を縫いつけてこれに詰め物を入れ，ていねいに土手を作る．

以下，厚張りの図III-55と同じ工程をたどる．

あおり張りの椅子では，座のほか背・ひじあおりとし，張包みとすることがよくある．

3.5 その他の張り

とう（籐）張り，なわ張り，帯紐張りなどがある．

i）とう張り　図III-57 ① に示すように，とう張りは座・背などを細い皮とう（直径5～10 mmの丸とうの皮）でかご目に編み，またやや幅広い皮とうを縦横に張ったものである．座をかご目に編むには，座わく上端内側を皮とうの厚みだけ欠き取り，欠取りの際

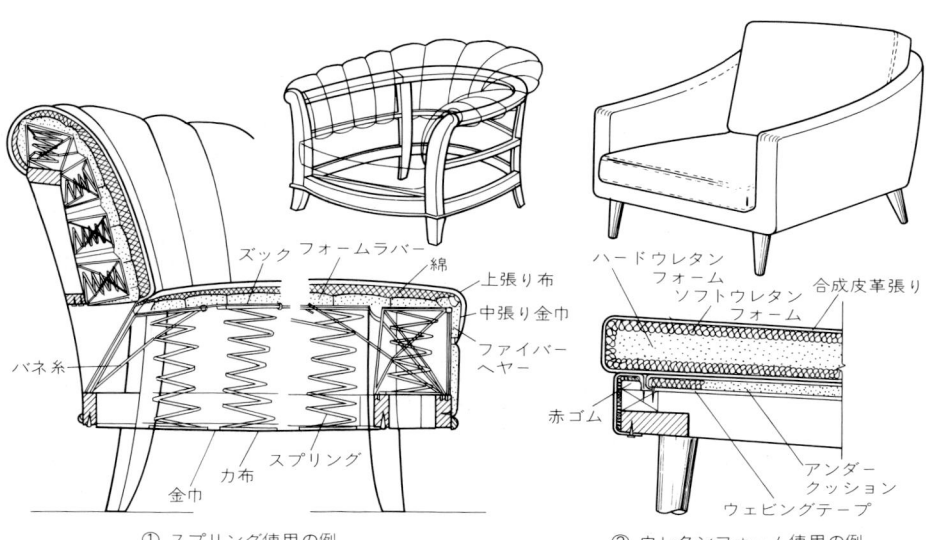

① スプリング使用の例　　② ウレタンフォーム使用の例

図 III-56　あおり張り

① 籐張り
② なわ張り
③ 帯紐張り

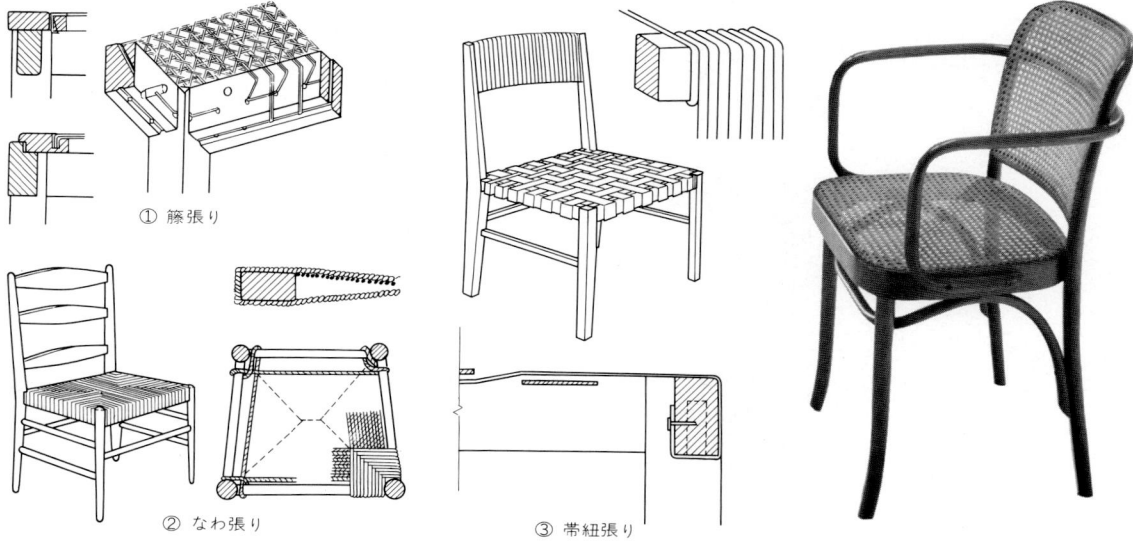

図 Ⅲ-57　その他の張り（コスガ）

に等間隔に穴を開け，とうを縦横2本ずつ通して交互に重ね，さらにこれらの穴から対角線の方向に編み，終りに周囲の穴の上にまわして仕上げる．

ⅱ）**なわ張り**　図Ⅲ-57②のようになわを周囲から張り始め，順次に中心へと張ってゆくものである．

ⅲ）**帯紐張り（編組張り）**　図Ⅲ-53③のように帯状の皮革や布の一定の幅にしたものを交互に編んだものである．

このほかにも皮張りなどが使われている．

3.6　マットレス

マットレスには，連結スプリングマットレス，中袋式スプリングマットレス，フォームマットレスなどに分けられる．

ⅰ）連結スプリングマットレス　図Ⅲ-58に示すものがそれで，コイルスプリングの配列をさらに細いスプリング（ヘリカル線）で結び合わせ，上下まわりを枠線で囲みスプリングユニットを作り，その外側を綿・ヘッシャンクロス・布付合繊フェルト・合繊綿・ウレタンフォーム・金巾・表張布地などで順

① スプリングの配列
② マットレスの外観
③ ボトムの構造
中袋式

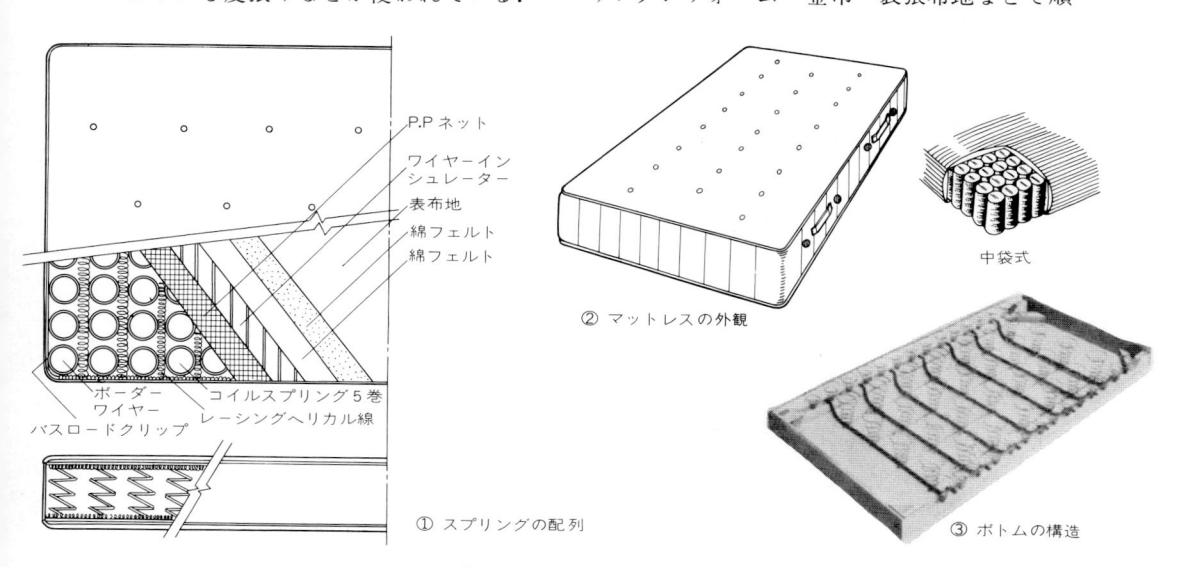

P.Pネット
ワイヤーインシュレーター
表布地
綿フェルト
綿フェルト
ボーダーワイヤー
バスロードクリップ
コイルスプリング5巻
レーシングヘリカル線

図 Ⅲ-58　マットレスとボトムの構造

次包んで構成する．

ⅱ) 中袋式スプリングマットレス　コイルスプリングを袋に入れたちょうちんバネを多数つなぎ合わせて弾性部分を作り，その外側に詰め物を入れたものである．

ⅲ) フォームマットレス　ラテックス系のフォームラバーと，合成樹脂系のウレタンフォームが代表的なものである．これらを表張り布地で包んだもので，軽く取扱いが容易なので，和室用として広く使われている．

なお，クッション性能をさらに快適にするために，マットレスの下に図③のようなボトムを使うことがある（図Ⅲ-58参照）．

IV. 木工機械と加工

II章で木材の性質について学び，III章で主に木製品のうちの木製家具の構造について学んできた．この章では，木材の切断，切削（研削）あるいはせん孔などの作業について，いわば木材加工＝木工という観点から話を進めてゆきたい．

1. 木工機械の分類

ここでは，製材機械やその他特殊専用機械を除き主に家具・建具用加工機械を主として取扱うことにする．これらは次の三つに大別することができる．

（1）汎用機械：多目的に活用されるもの（昇降盤など）

（2）専用機械：単独作業に専用するもの（柄取盤など）

（3）自動機械：自動送材，自動操作のもの（NC木工機など）

図 IV-1 汎用機械（万能木工盤）（西野製作所）

2. のこ盤

主に木取用で，帯のこ盤，丸のこ盤，ひき回しのこ盤（糸のこ盤）などがある．ここでは代表的のこ盤について述べる．

2.1 帯のこ盤
2.1.1 主要部の機構と機能

機械の大きさはのこ車径で示され，木工用は 900mm～600mm ぐらいのものが主である．これは，機体の上下にのこ車を取り付け，中央に 45°まで傾斜する定盤を持つものである．のこ身の緊張調整は，上部のこ車の昇降装置で行い，作業中ののこ身が切削熱や切削抵抗で伸びると，自動のこ身緊張装置が働

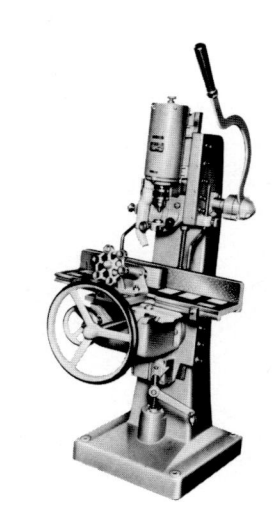

図 IV-2 専用機械（角のみ盤）（庄田鉄工）

図 IV-3 自動機械（NCルーター）（庄田鉄工）

くようになっている．また作業中ののこ身のねじれを防止するためにセリー装置がある．

のこ車径は上下同径である．下側は主動車ではずみ車の役目を持つので重く作られている．のこ車外周には滑り止めに皮あるいはゴ

84   IV. 木工機械と加工

図 IV-4 帯のこ盤（下平製作所）

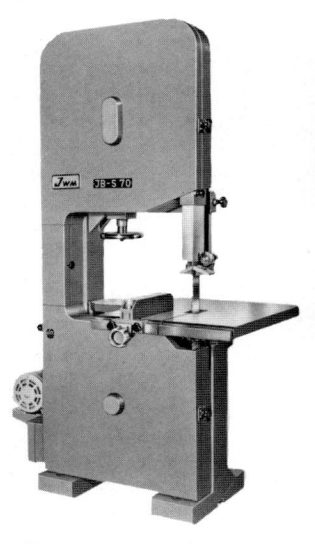

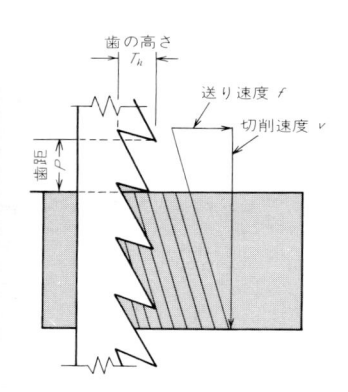

図 IV-5 刃口とセリー装置

図 IV-6 帯のこ歯各部の名称
$f/v = 1/100$, $T_h = (1/2 \sim 1/3) \times P$

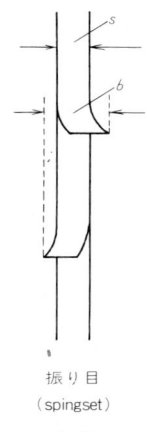

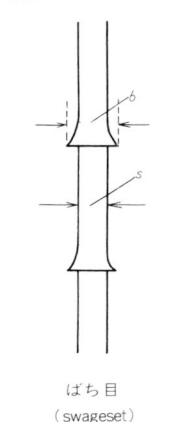

振り目（spingset）　　ばち目（swageset）

図 IV-7 振り目とばち目

s：のこ身厚，b：あさり幅
$b = (1.3 \sim 1.8) \times s$

ムをはってある．テーブル上ののこ身（刃口）左側に縦挽き用の定規をセットする．帯のこ盤は，主に縦挽きと曲線挽きに用いるものであるが短材の横挽きも可能である．

帯のこ歯各部の関係，目振りの状態をそれぞれ図 IV-6，IV-7 に示した．

2.1.2 調整と取扱い

作業が円滑にかつ安全に行えるように，各部が正しく調整されていなければならない．要点は次のようである．

（1）テーブルは水平または作業目的に合った角度に正しくセットされたか角度の確認をする．

（2）セリー装置は加工材厚さいっぱいに下げる．極端に上げないことが安全作業上必要である．

（3）薄材，軟材の切断では不要であるが，帯のこには一般に「背盛り」*1「腰入れ」*2 といった操作が必要である．これは図 IV-8 のようにのこ身をロールで伸ばす作業である．図 IV-9 のグラフに見るように作業中歯部の発熱がいちじるしく，のこ身は部分的に温度上昇をきたし部分的な伸びを生じていて，のこ身がゆがんで挽き曲りや，のこ車から浮き上った不安定な回転となり危険である．作業内容に応じた「腰入れ」や「背盛り」の適切

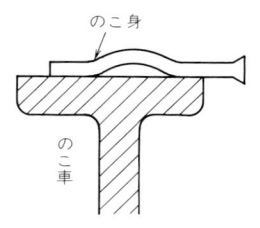

図 IV-8 腰入れ，背盛りした帯のこ

なものを使うようにする．

（4）のこ身の緊張度は，ゆるすぎればのこ身をいためるし，あまり強くてものこ身の負担になる．実用的には $\sigma_T = 10\,\text{kg/mm}^2$ が適当である［$\sigma_T =$ のこ身緊張度（kg/mm^2）］．なお，材質的にはのこ身の引張り強さは大体 $140 \sim 160\,\text{kg/mm}^2$ といわれる［JIS G 4401

---

*1 背盛り：歯底部近くを加熱して長さ方向にロールで伸ばすこと（圧縮する）．
*2 腰入れ：帯のこ幅の中央近くを最大とし両へりに近づき次第に少なくなるようゲージに合わせて圧延する．

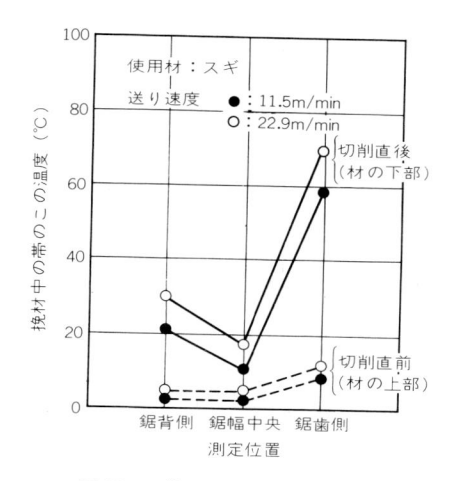

図 IV-9 帯のこの切削温度の分布

（炭素工具鋼－SK 5, 6）〜4404（合金工具鋼－SKS 5, 551）］．

（5） 送材速度は一般に切削速度の1/100といわれる．切削速度：v(m/min)と，のこ車径＝D(cm)，のこ車回転数＝n(rpm)との間には次の関係がある．

$$v = \pi D n \quad \text{(m/min)}$$

いまのこ車径 $D = 900$mm，その回転数 $n = 1,000$rpm とすると，

$$v = \frac{3.14 \times 900 \times 1,000}{1,000} = 2,826 \quad \text{(m/min)}$$

となり，送材は $2,826 \times \frac{1}{100} \fallingdotseq 28.3$m/min ぐらいのゆっくりした速度となる．

送材速度はまた硬材や厚材ほど遅めにする．

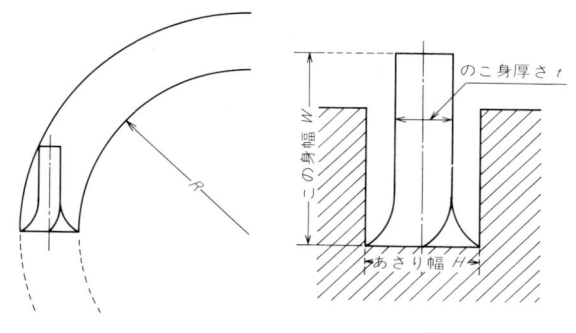

図 IV-10 挽くことができる R の求め方

曲線挽きではさらにゆっくりした送材にする．

（6） ひき得る曲率半径＝R は次式より求められる．

$$R = W^2 / H - t \times 0.175$$

ただし R：最小曲率半径，$W =$ のこ身幅，$H =$ あさり幅，$t =$ のこ身厚．

以上の関係式にしたがえば，曲線挽きをするには，のこ身が狭く，厚身で，あさり幅も大きめにすると曲線挽きには好都合となるが，あさり幅が大きすぎると歯部抵抗が大きくなる．

（7） のこ身幅が大きくて所要の曲率半径に挽けないときは，周囲から挽き目を入れたり，小径部にキリ穴をあけたりするとうまく

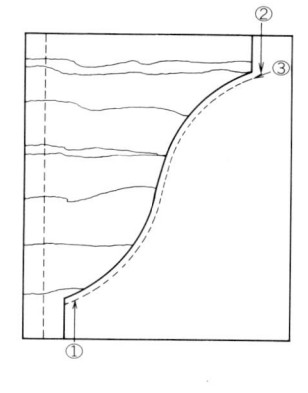

(A) 持送りの例，作業順①〜③

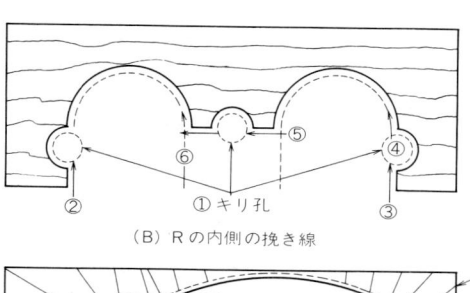

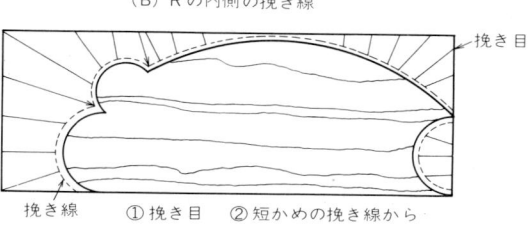

(B) R の内側の挽き線

(C) R の外側の挽き線

図 IV-11 曲線挽き

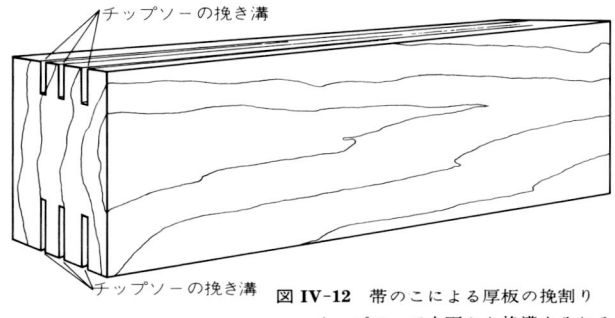

図 IV-12　帯のこによる厚板の挽割り
・チップソーで上下から挽溝を入れる
・バンドソーで挽割る

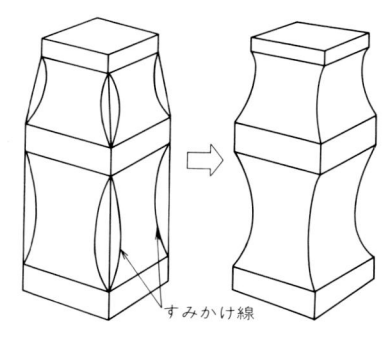

図 IV-13　角柱から曲面挽きで作った脚

挽ける.

（8）木工用小型帯のこ盤（$D=600$ mm ぐらい）で厚材を挽き割るときは，図 IV-12 のように丸のこ盤で挽き溝を上下から入れておくと楽に作業ができる.

（9）帯のこののこ歯の切込み深さ $=t$ と，送り速度 $=f$，のこ歯の歯距 $=p$，のこ速度 $=v$ との関係は次式で示される.

$$t = f \cdot p / v$$

であるから，のこ速度 v を大きくすれば t は小となり，したがって切削抵抗は小さくなるという結果になる.

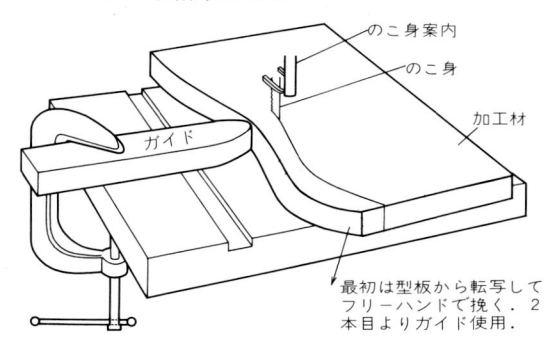

図 IV-14　帯のこによる曲線挽きガイド

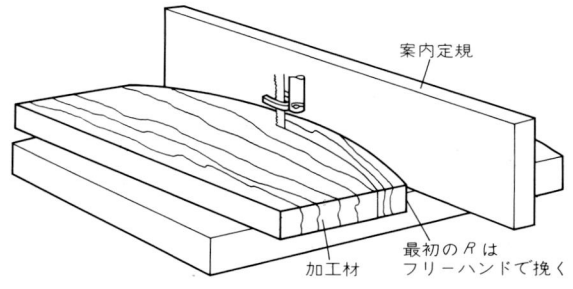

図 IV-15　円弧状に挽く
① 型板に現寸をとり加工材に転写する（最初だけすみかけ）.
② すみかけ線に沿って，できるだけ正確にフリーハンドで挽く.
③ 2本目から案内定規に沿ってたやすく作業できる.

（10）角材から隣接二曲面のものを挽き割るには，墨かけ後まず一側面を挽いて，完全に挽きはなさずに残しておいて次の面を挽くようにする．その他曲線挽きの例を図 IV-11 に示した.

（11）帯のこの寿命がくるまでの挽材長 L については次式で示される.

$$L = \frac{N \cdot T \cdot P \cdot f}{d \cdot c}$$

ただし N：歯数，P：歯距，f：送り速度，c：のこ速度，d：挽幅，T：切味が低下するまでののこ歯の切削長.

したがってのこ速度 c をあまり速くしたり，挽幅 d を増すことは L を短かくする結果となる.

（12）帯のこ身掛けかえ後は手で上のこ車を空転させて，のこ身の張り，のこ車前後角度を確認する.

最近の帯のこ盤は精度も良好でかつ各部の調整も大変にやりやすくなっていて，その上帯のこは刃口上部のわずかな部分の露出を除きほとんどカバーで覆われていて，安全性は格段と高くなっている．しかしこうした機械だけが稼動しているわけではなく現に旧式のものも手入れ次第では大いに活躍できるものもあるだろう．一般に帯のこ使用で注意することは，以上の注意を守るとともに，先取りや補助者を問わずテーブルの右横が最も危険で，はずれたり切断した帯のこ先端（切断面）が飛んで行くのはこの辺であることを確認しておきたいものである.

2.2　丸のこ盤

木工用丸のこ盤には，木取り用荒挽きから

精密な細工用まで種々のものがある．

これらは，木材繊維に平行に挽く縦挽きと繊維に直角に挽く横挽きとがある．また同一機械でも縦挽きのこと横挽きのこを交換して作業を行うことが可能な機種も多く，一般には替え刃による両用がほとんどである．

丸のこは各部の機構上の違いによって，次のような形式に分類することができる．

（1）テーブル形式：テーブル移動式，固定式，昇降式および傾斜式など．
（2）軸の形式：軸移動式，固定式，昇降式および傾斜式など．
（3）送材形式：自動送材式，手動送材式など．
（4）のこ装着形式：単頭式，両頭式，多頭式など．

これらのうち，横挽き盤と，縦挽き盤とを二分して説明する．

2.2.1 横挽き盤の構造と機能

テーブル移動式あるいは，のこ軸移動式などの機構を持った横切（挽）専用丸のこ盤で，主に木取り用として長さ決めに使うものである．前者の簡易構造のものは木製で軸受部の骨組を構成し，水平移動するテーブルを乗せ，電動機から動力を取れるようにすればよいわけであるが，精度に難点がある．

高精度の横切（挽）盤としては，図IV-16のような形式のものが多用される．これは，昇降丸のこ盤の機体の右側に3×6合板を乗せることができるぐらいの横切用移動テーブル

図 IV-17 クロスカットソー（飯田工業）

を装備したもので，框材の横切をはじめ，パネルのサイジングから，昇降盤で行う作業のほとんどがあわせ行うことができる．軸傾斜が可能であることは作業領域を一層広くするのに役立っている．主軸の回転数は3,500～5,000rpmぐらいである．

次に，油圧式で，のこ軸がテーブル上を往復して，テーブルに固定した材を正確かつ自動的に切断する自動クロスカットソー，のこ軸が移動してパネルなどを切断するランニングソーなどがある．

2.2.2 縦挽き盤の構造と機能

テーブル移動式，あるいは自動送材方式などにより，広幅の板や厚材を繊維方向に沿った挽き割りをするものである．特に後者のうち，同一軸に間座を用いて数枚の，のこ刃をセットし，これに自動送材すると板材を一度に数本の桟に挽き割ることができるものもあ

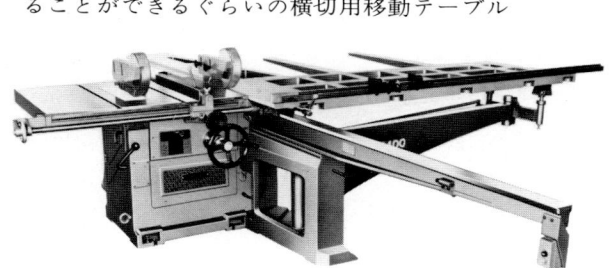

図 IV-16 テーブル移動式クロスカットソー（桑原製作所）

図 IV-18 リップソー（竹川鉄工）

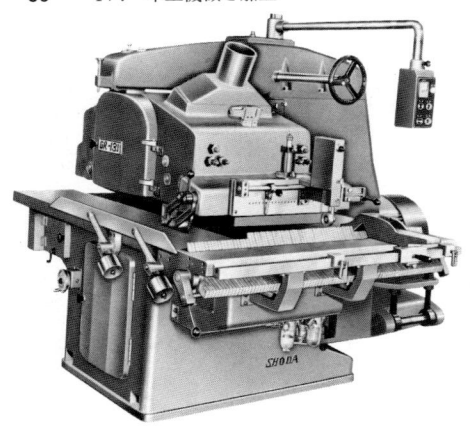

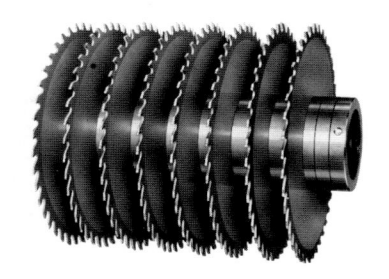

図 IV-19　ギャングリッパーと丸のこセット（庄田鉄工）

り，これは，ギャングリッパーといわれる．家具をはじめ，建具やプレハブ住宅などの部材である桟材を作るのに大変有効である．

主軸の回転数は横挽き，縦挽きでの差異はないがギャングリッパーのように主軸に装着するのこ刃数や，材厚などの切削条件で馬力数には幅がある．

2.2.3　昇降丸のこ盤の構造と機能

テーブル昇降・傾斜形と，軸昇降・傾斜形とがあり，刃物交換によって，縦・横挽きはもちろんのこと，図 IV-20 のような柄加工，カッターを装着すれば溝突や面取り加工など多目的に使用できる機械（汎用機）である．留切りにみるようにこの種の機械は元来細工用を兼ねる精密加工用といわれたものであるが，現在は木工機械全般が精度が低いということは相対的になくなってしまい，前述のクロスカットソーでかなりの作業は代用できる．特徴的なのは本機が木工機械中比較的小形で場所をとらないことと，さまざまな治具の活用により，その応用範囲がきわめて広いことである．図 IV-21 のような自動送り装置の併用により縦挽きの連続作業も可能である．

のこ盤にはそのほか，留切り専用機であるＶカットソーや各種のサイザー，柄取盤などこれに類するもの，さらに各工場の専用に開発されたものなど，さまざまなものがあるが，次に，昇降丸のこ盤を中心に調整（JIS B 4802）と取扱いについて示す．

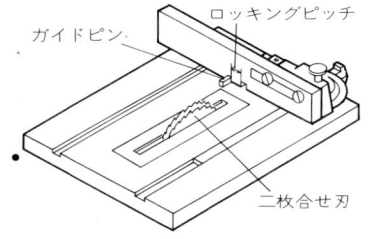

（1）応用加工—あられつぎを加工する．滑動定規にガイドをつける．溝幅に応じてのこ刃を合せて使う．

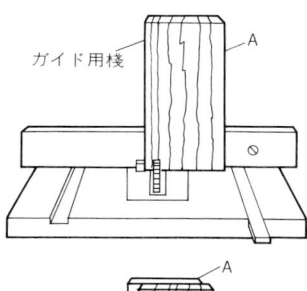

（2）ロッキングピッチと同じガイドをAにそえて加工．Bはガイド桟をはずして加工．

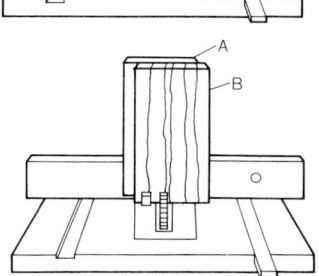

（3）AとBをピッチ分だけずらせてガイドピンに欠き取った溝を合せ2枚同時に加工．やや深く欠き取り組立て後，木口を少し削って合わせる．

図 IV-20　丸のこによる組継ぎ加工

図 IV-21　のこ盤に設置した自動送材装置（使用中はさらに右側に移動）

2. のこ盤

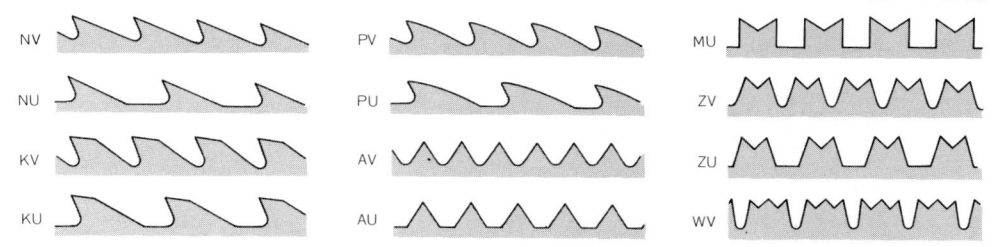

図 IV-22　のこの歯形（ISO [TC 29（GF 11-1）663] で推せんする基本形）
N～W は歯形の輪かくがアルファベットの字体に似ているところから付けられたもの．
V は歯底が V 字形に狭いもの，U は歯底が U 字形に広いもの．

表 IV-1　JIS に準拠した丸のこ（チップソー）の刃型と寸法（標準例）

● 刃型別用途例

切削材料	刃型	主軸回転数（外径305φとして）
木材縦挽き	R	3000～5000
ギャングリッパー用	G, G-1	4000
リーパー用	R-1, R-2	3000～5000
木材横挽粗切り	R	3000～5000
木材横挽仕上切り	RP	3000～5000
一般建具材縦挽き	T	3000～5000
一般合板他同種材料	RP, RP-1	3000～6000
ハードボード他同種材料	R	3000～5000
パーティクルボード他同種材料	R, RP-H	3000～5000
プラスチック化粧板他同種材料（デコラ・ヒーターライト）	R	3000～5000
塩ビ・アクリル他同種材料	R, PL	3000～5000
ポリエステル化粧板他同種材料（ケミプライ）	F	3000～5000
プラスチック板他同種材料	PL	3000～5000
フラッシュ合板他同種材料	RP, RP-1	3000～5000
アルミサッシ他同種材料	A	3000～4000
ベークライト他同種材料	A	3000～4000
スレートボード他同種材料	H	2000～3000

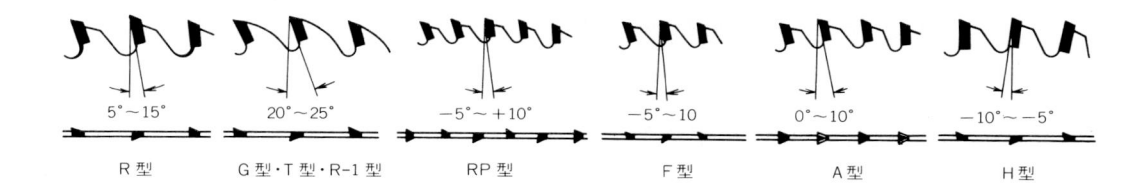

● 標準寸法例

外径(mm)	切幅(mm)	歯数	刃型	外径(mm)	切幅(mm)	歯数	刃型
150	3.0	40	RP		4.8	100	RP-1
	3.0	42	R		2.6　3.0	100	RP
203	3.0	60	R		3.0	100	RP-H
	3.0	60	RP	305	3.0	100	A
	1.8	80	PL		2.8	120	R
	3.0	42	G		2.8	120	RP
	2.2	42	T		2.8	120	F
	2.8	60	R		2.4	100	PL
	3.0	60	H		3.5	40	G
255	2.8	80	R		3.0	80	R
	2.6　3.0	80	RP	355	3.2	100	RP
	2.8	80	F		3.2	120	RP
	2.6	80	A		3.0	120	R
	2.6	100	R		3.0	120	A
	2.4　3.0	100	RP		3.2	140	F
	2.0	100	PL				
	3.0	24	R-2・G-2		4.0	40	G
	3.0	40	G-1		3.0	80	R
	3.0	40	R-1		3.2	100	RP
	2.2	40	T	405	3.2	100	RP
305	3.0	60	R		3.0	120	R
	3.2	60	H		3.0	120	RP
	3.0	80	R		3.0	120	A
	2.8	80	RP		3.2	120	
	3.0	100	R				

5°～15°	20°～25°	−5°～+10°	−5°～10°	0°～10°	−10°～−5°
R 型	G 型・T 型・R-1 型	RP 型	F 型	A 型	H 型

2.2.4　丸のこ盤の調整と取扱い

（1）丸のこ歯形には図 IV-22 のようなものがある．これは国際標準化機構（ISO）で望ましいとして推せんしている歯形であり，これらに準じて各国で，それぞれのメーカーが製造しているが，国産メーカーの標準仕様例を表 IV-1 に示した．また，のこ刃，刃先の諸角は図 IV-23 のとおりである．

（2）帯のこ同様，挽材中の加熱によって，のこ身のひずみを最少限に防止し，振動や挽曲りのないように"腰入れ"をする（図 IV-24）．またその作業を省微化するために開発されたのが溝付のこである（図 IV-25）．

腰入れ円弧の中央矢高 Hd は，

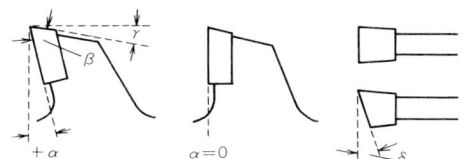

図 IV-23　チップソー刃先の諸角

r = 逃げ角：木工用は 15° ぐらい．硬材，プラスチックなどやや小さ目．
α = すくい角：小さいほど切削抵抗は少ないが，刃先の耐久度も減少．軟材，縦挽き用は大きい．硬材，熱硬化性プラスチックなど 0° 近い．
δ = 横すくい角：r 側から見た角である．挽材料の材圧をやわらげる．軟材や熱可塑性プラスチックなど刃にからむ材には必要な角．しかし 0° だと挽肌はなめらか．
β = 刃先角：r, α により決まる刃先の鋭利さを示す角．縦挽き，軟材挽きほど小さく鋭利にして切削能率を上げる．

IV. 木工機械と加工

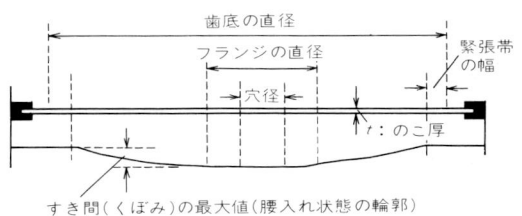

図 IV-24 腰入れによるすき間

表 IV-2 腰入れによるくぼみ量

のこ外径 D （mm）	200	300	400
くぼみ量 Hd （mm）*	0.3	0.6	1.0

* $Hd = 75 \times 10^{-7} \dfrac{D \cdot m}{t}$ （本文参照）

のこ身が厚いものほど Hd は少なくし、マスターソーには適当しない。

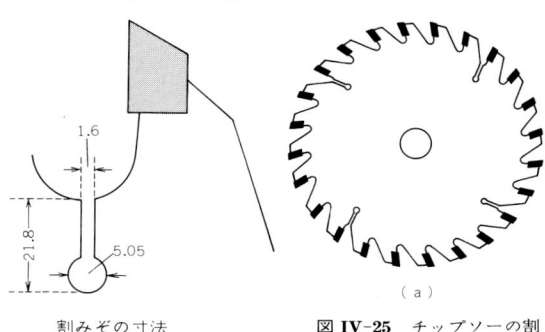

割みぞの寸法（A社 $D=300$ の例）

図 IV-25 チップソーの割りみぞ

割りみぞは腰入れの省略、微少化のために行う。切削時摩擦熱によるのこの膨張はひずみを作り、異常騒音、挽曲りなどの原因となる。(a)、(b) ともにひずみ防止効果がある。

$$Hd = 75 \times 10^{-8} \frac{Dn}{t}$$

で求められる。ただし、のこ外径 $=D$、のこ厚 $=t$、軸回転数 $=n$。

これによって、のこ身厚の大きいものほど Hd の度合は小さくする（表 IV-2）。

（3）送材とのこ回転方向との相関関係によって上向き切削と下向き切削とがあるが、一般には後者は材が引き込まれ危険度が大きいので、あまり使用しないが、図 IV-27 のように挽材所要動力は明らかに低減されるとの報告がある。この点はカッター類、かんな盤も同様である。

（4）丸のこ歯の周速度（v）と送材速度（f） のこ径 $D=300$ mm、その回転数 $n=5{,}000$ rpm とすれば、

$$v = \pi D n / 1{,}000 \quad \text{(m/min)}.$$

より求められる。つまり、

$v = 3.14 \times 5{,}000 \times 300/1{,}000 = 4{,}710$ m/min

となり、送材速度はこの（3cm 厚の中硬材で）1/100 ぐらいが適当である。ゆえに、

$$f = 47 \text{m/min} \quad (f = v \times 1/100)$$

上式でのこ径が大きいほど v は増加するから、一般には径の大きい丸のこ使用のときほど危険度は増すので、f はやや控え目とし、実際は $f = 30 \sim 40$ m/min が適当である。

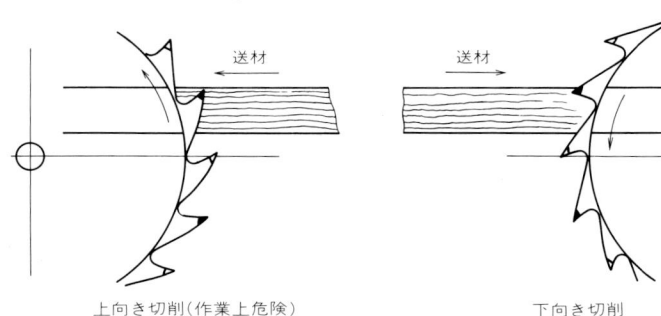

図 IV-26 丸のこによる上向き切削と下向き切削

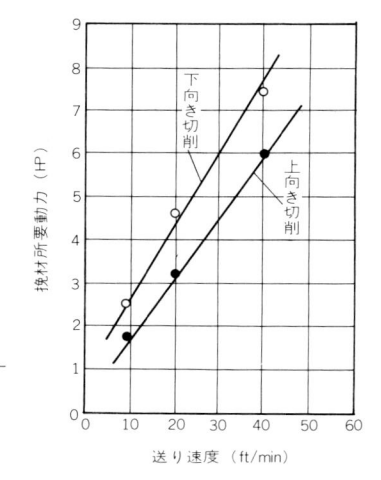

図 IV-27 丸のこの上向き切削と下向き切削に対する挽材所要動力（ラジアルアームソーによる縦挽き。材料：カエデ）

なお，最大送り速度 f_{max} は次式で別の要因から決められる．

$$f_{max} = \frac{C \cdot \tan\theta}{P \cdot \sin\omega}(g - 2S)$$

ただし $C =$ のこ速度（上の v に相当），$g =$ のこ厚，$P =$ 歯距，$S =$ あさりの出（振り目の場合），$\theta =$ 丸のこ歯の研ぎ角．

のこ上下各切削位置で決まる角 ω は図 IV-27 参照．

（5） 材の送り位置（テーブル高さの調整）

のこ軸上の挽材にはその位置により，軸またはテーブル昇降や，テーブル上面からの刃の出具合によって上部切削と下部切削とがある．材の送り位置は挽材能率や安全度，のこ盤の種類や作業形式によって決るものであるが，図 IV-28 によれば $h = 4d/3$ のときが能率的となる．

$\theta =$ 刃先研ぎ角
$s =$ あさりの出

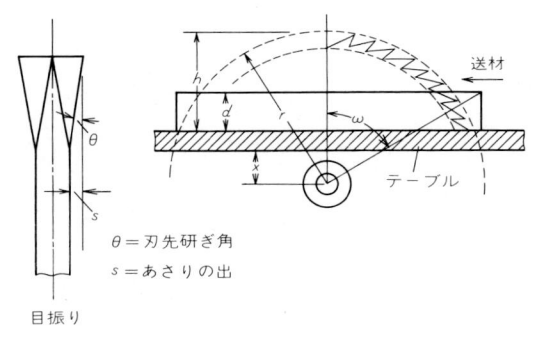

目振り

図 IV-28 丸のこによる切削位置

材面からののこ歯の露出が多くなると危険度は増すが，あまり上部切削になりすぎると，切削中の挽材抵抗によるテーブル面への材の押えがきかなくなって，手前にはじき返される（kick back）危険がある．

（6） のこ切味鈍化（寿命）の限界　のこ歯先の寿命は，研摩から切味鈍化までの時間で示される．直接影響を与えるのは切削長さ（各歯の延べ切削長さ）である．各工場では延べ切削長さを概算の稼動時間に置き換えて目安としている．

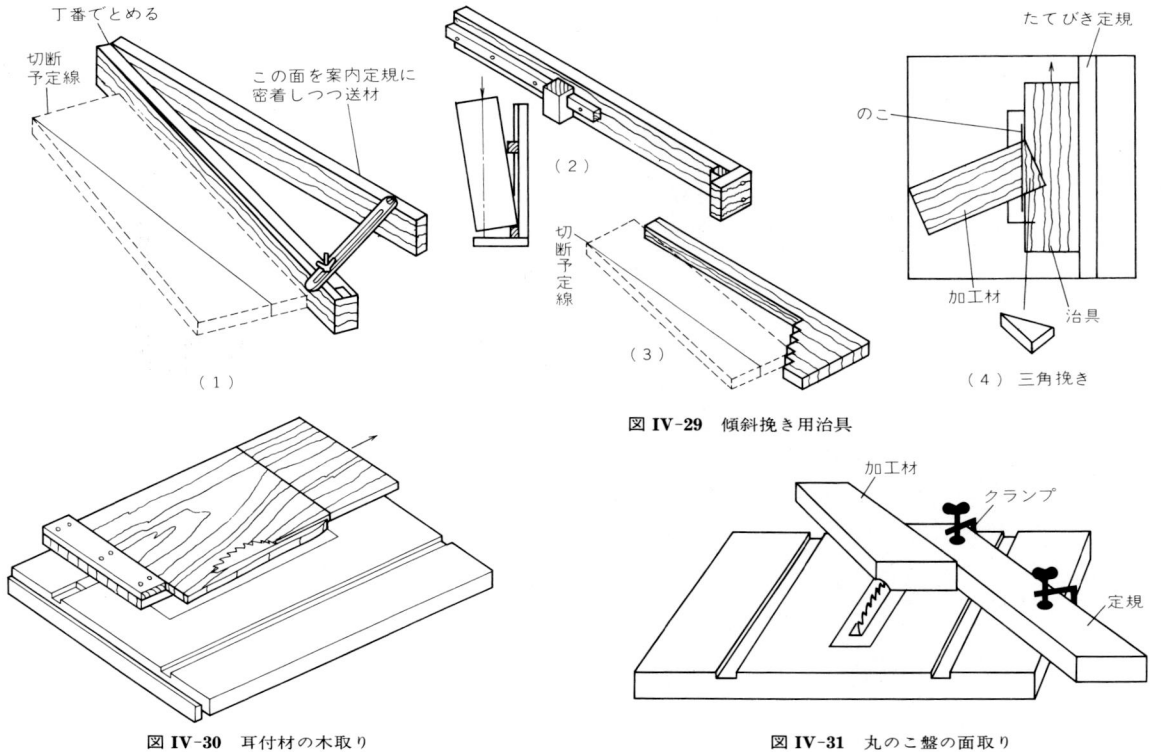

図 IV-29 傾斜挽き用治具

図 IV-30 耳付材の木取り

図 IV-31 丸のこ盤の面取り

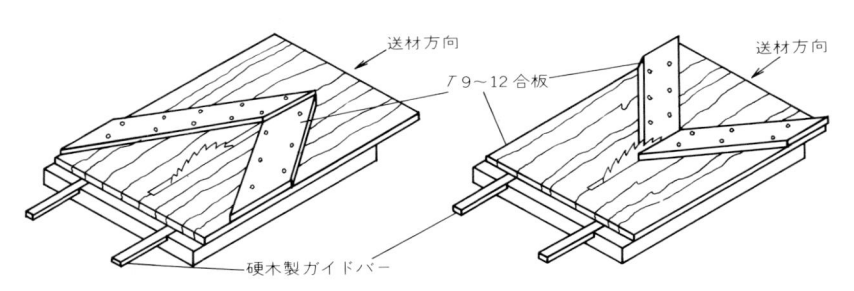

図 IV-32 留め切り用型板（治具）
材は額縁の長さに切断（木口正確に）．
次に左手で材をおさえ，右手で治具
全体を押してテーブル上を滑らせる．
右の図では切断個所は木口から任意
に決められる．

切削長 $= N \cdot T \cdot P \cdot f / d \cdot c$

ただし，N：のこ歯数，P：のこ歯ピッチ，
f：送り速度，c：のこ速度(v)，d：ひき幅，
T：ひき材能率低下までの材長．

以上からひき幅dの大きいのこ歯ほど寿命は短かく，また主軸回転をあまり高くすることはのこ歯の寿命をちぢめることになる．

これらの要件を基本として，主に使用する

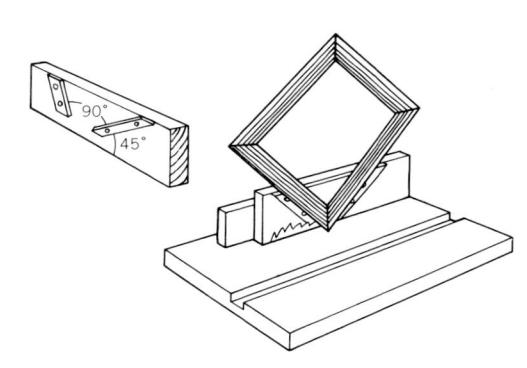

図 IV-33 留めに板ちぎり（雇）を入れる溝突き工作

材の硬軟，厚さなどによって最適のこ刃径，刃形，回転速度や送材速度を決定する必要がある．そのためにはⅡ章で学んだ各種の木材の性質をもう一度見直す必要もある．

（7）最後にその他の丸のこによる作業例を図 IV-29～IV-33 に示す．

3. かんな盤

3.1 手押しかんな盤

手押し送材によって，材下面をテーブルに押し付けるようにしながらその面（材の下端）を削り，平らな基準面を作り出す機械である．板材のはぎ合せ面を削る．特にテーブルの長いものは，ジョインターといわれる．

手押しかんな盤は，材表面のむら取りに使われるところからむら取りかんな盤とも呼ばれる．以下各部の構造について述べてゆく．

3.1.1 テーブルの構造

テーブルの構造はかんな胴を中心に前・後2つの部分に分けられ，その取付け構造別によって，一重テーブル，二重テーブルとがある．刃口幅の調整や高さの調整はテーブル下

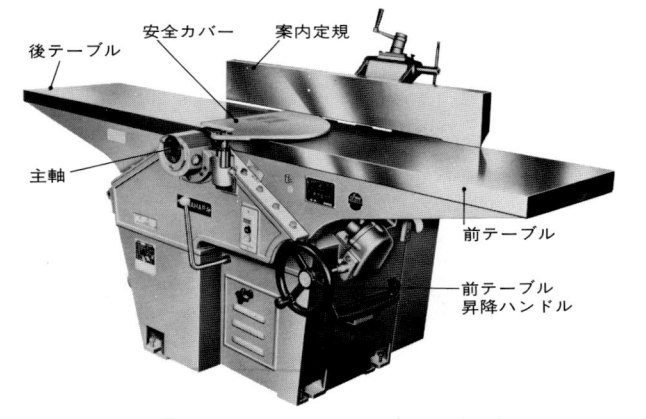

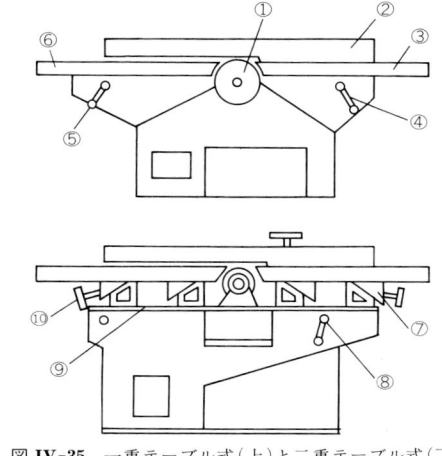

図 IV-34 手押しかんな盤（桑原製作所）

図 IV-35 一重テーブル式（上）と二重テーブル式（下）
① カッターヘッド（かんな胴）② 定規 ③ 前テーブル
④ 前テーブル昇降ハンドル ⑤ 後テーブル昇降ハンドル
⑥ 後テーブル ⑦ テーブル昇降三角スライド ⑧ テーブル開閉用ハンドル ⑨ テーブル開閉スライド面 ⑩ 後テーブル昇降ハンドル

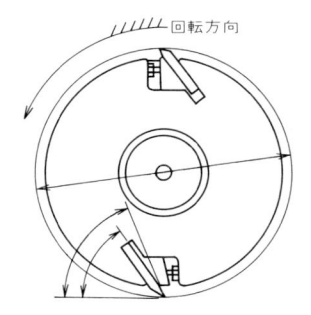

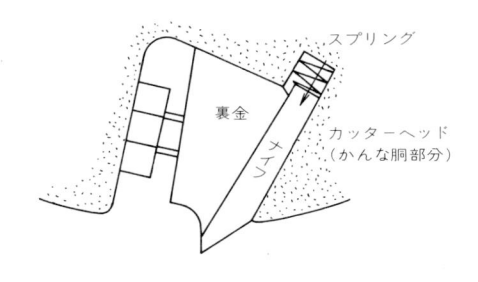

図 IV-36 かんな胴の構造とナイフのセット
（左）角胴（面取り盤の例）（中）丸胴（手押しかんな盤の例）（右）ナイフのセット

部にあるテーブル昇降ハンドルによって行なう．

テーブルの調整法はその構造により多少異なっている．一重テーブルでは，各テーブルは図のようにベッド傾斜面に沿って昇降するもので斜めに後退しながらテーブルを降下し，それにつれ刃口も大きく開く形式である．

これに対し二重テーブルでは，ベッドに水平スライド面があり，これをテーブルとの間に昇降用三角スライドを設置したものである．スライドは前後送りのネジ機構によって昇降しテーブルの昇降を行う．テーブル調整は比較的軽快に操作でき，かつ刃口の開閉はベッド上を高さを変えることなく自在に水平移動により行える．

3.1.2 かんな胴の構造

かんな胴は，機体中央上方にあるベアリング入り軸受けにより水平に支持されている．かんな胴には2～4枚のカッターナイフを取付け，3,500～6,000 rpm の高速で回転させる．駆動させる動力は 1.5～2.2 kW の三相モーターを用いる．

かんな盤は，その大きさを示すのにいずれもこのかんな胴による有効切削幅をもって呼び寸法としている（JIS B 6591，かんな盤の呼び寸法）．木工用では 250 mm から 50 mm 間隔で，400 mm ぐらいのものが多用される．

かんな胴には角胴と丸胴とがあるが，手押しかんな盤では刃口が広くなって危険の多い角胴は労働安全衛生規則で禁止されている．角胴は構造が簡単で刃物セットも簡便であるが，高速回転時の騒音を発しやすいなどの欠点もある．かんな刃による回転切削（回転衝撃切削）では2～4枚の刃先が断続的に材面

にくい込むため "うなり" による騒音を発生しやすいものであるが，刃物をらせん状（スパイラルカッター）にしたものもあり，効果を上げている．

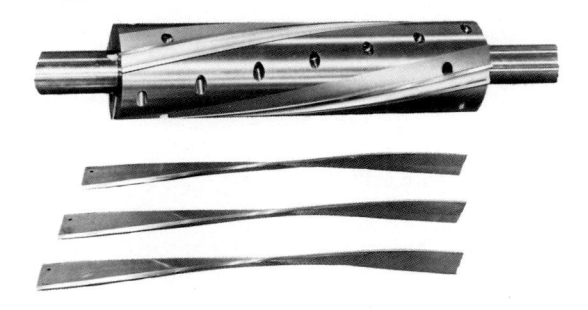

図 IV-37 スパイラルカッターナイフ（兼房刃物工業）

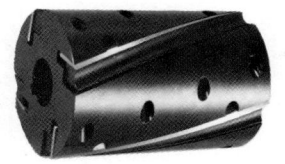

3.1.3 自動送材装置

手押しかんな盤による基準一面のむら取りを安全かつ能率的に行うのには自動送材装置を併用する（図 IV-38）．これは柱に支持されたエンドレスチェーンに送材用つめを装着したもので，つめはスプリングの力によって材

図 IV-38 手押しかんな盤の自動送り装置

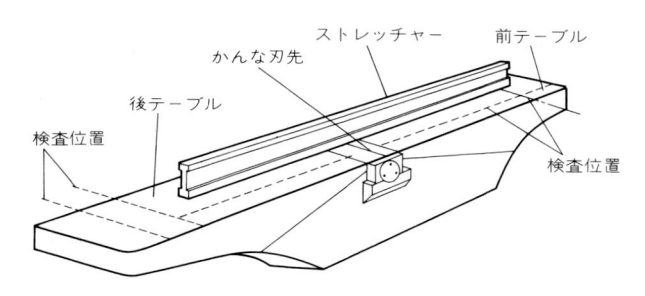

図 IV-39　定盤水平装置（鋼製長定規）

① 後テーブル―刃先円―前テーブル→水平．② 前テーブルを削り代だけ下げたときストレッチャー下端のすきまが同一であること．

面の凹凸に適応しながら送材する．この装置があらかじめセットされた量産のライン向けの手押しかんな盤を自動むら取りかんな盤という．図 IV-38 は普通の手押しかんな盤に自動送材装置を装備し必要に応じて併用している例である．

3.1.4　調整と取扱い

調整の要点は次のようである．

（1）はじめに前後テーブルの水平度，ねじれの有無を調べる．（2）各刃の刃先円をゲージで一様にそろえる．（3）刃先線と後テーブルを同一線上にそろえる．刃先線は水平線と点で接する．（4）前テーブルを削り代だけ下げる．削り代は約 0.5〜2.0 mm が安全（図 IV-40）．

その他，かんな軸が高速回転するので軸の動的バランス（運転中の平衡度）が重要である．そのためにはかんな刃1枚ごとの重量，セッティングなども注意する必要がある．研摩後にナイフの重量をときどき計量してバランスを確認する必要がある．刃のセット後うなり音が大きくなったと感じたらこの点をチェックしてみる．各軸受部の給油を怠らずに行うことも大切なことである．

次に取扱いであるが，手押しかんな盤は刃口が露出しており，この上を素手で押えつつ送材するので危険度の高い機械といわねばならない．作業の安全を期するため，送材中の手の位置は刃口を避けて必要に応じて移動する．

その他の注意を列記すると次のようである．

（1）極端な短材，薄板の切削は行わない．
（2）1回の削り代は 0.5〜2.0 mm ぐらいまでとする．

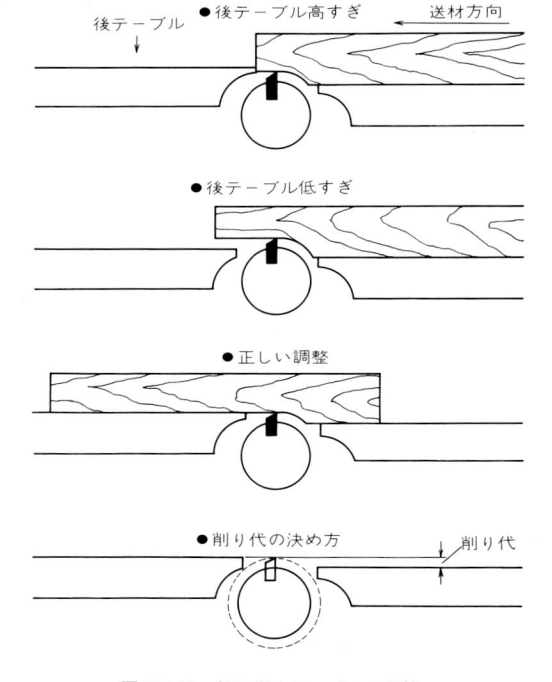

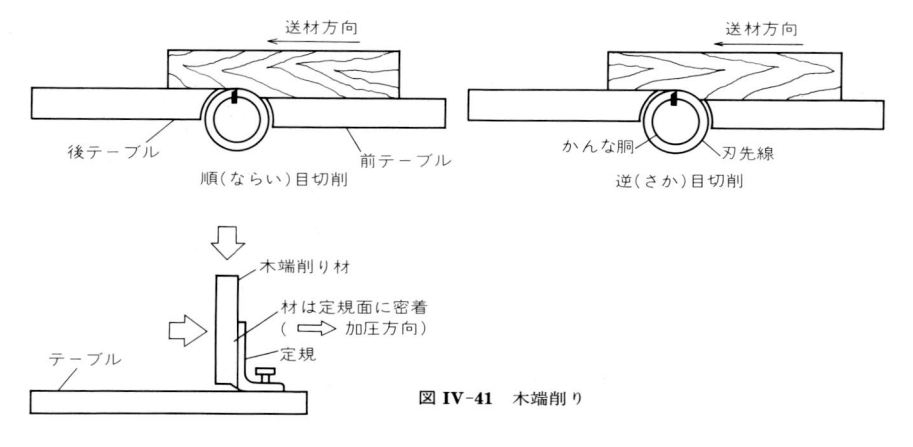

図 IV-40　削り代とテーブルの調整

図 IV-41　木端削り

図 IV-42　手押しかんな盤用押板と刃口安全カバー（右）

（3）よく研摩した状態の刃物を使用し，横すべりや振動を生じないようにする．切れ味のよい刃は被削材がテーブルに吸着する感じになる．

（4）板面削り，木端削りにかかわらず案内定規に密着して送材する．特に木端削りでは基準面を定規面に確実に密着させて行う（図 IV-41）．

（5）手押用安全治具を活用する．長大材のむら取りには自動送材が安全でかつ高能率である（図 IV-42）．

（6）逆目削りを避け，木口削りではバリを生じないよう工夫する（図 IV-43）．

（7）加工中の材の水分傾斜の変化に注意しながら作業をすすめる必要がある（図 IV-44）．

最後に手押かんな盤のナイフセットの状況を図 IV-45 に示す．

また，手押かんな盤の切削でも丸のこ盤その他と同様刃物の運動方向と送材方向との関係で，上向き切削と下向き切削とが考えられる．

上向き切削は通常私達が一般に行っている方法であるが，これは，

（1）作業上より安全な方法
（2）逆目を生じ易く削り肌はやや荒れる
（3）比較的動力を多く要する

などの傾向がある．これに対して下向き切削は刃物回転にならうようにして送材するため，

（1）材が引込まれやすく危険度が高い．
（2）ならい目（順目）切削なので削り肌がきれい
（3）ならい目なので動力は少なくてすむ

などの特徴を有する．しかし，最も重要なのは作業者の安全であるから，自動送材でない限り下向き切削は行わないのが常識である．

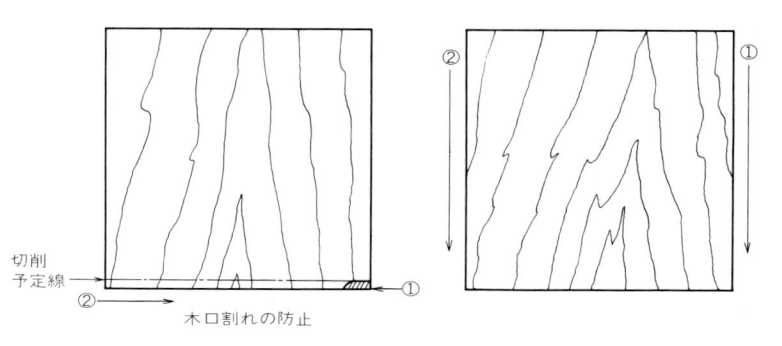

図 IV-43　木口削りと木端削り

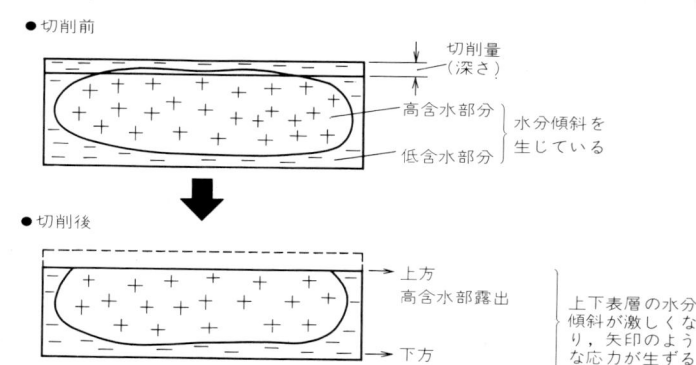

図 IV-44　加工による水分傾斜の変化

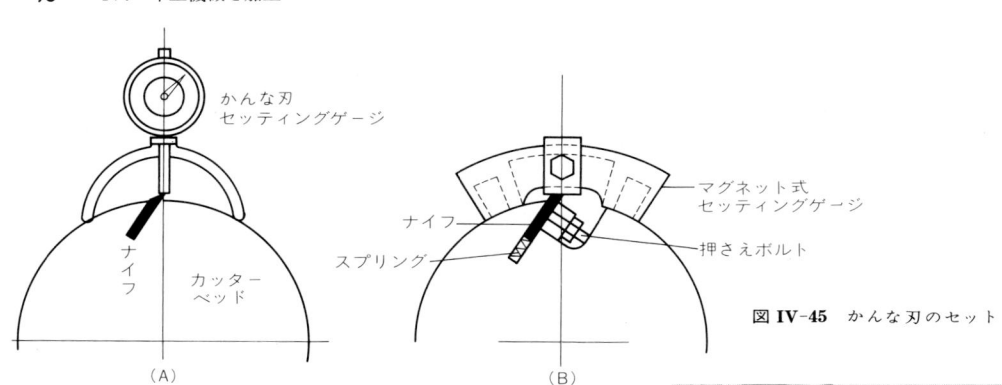

図 IV-45　かんな刃のセット

(A)　かんな刃セッティングゲージ／ナイフ／カッターヘッド

(B)　マグネット式セッティングゲージ／押さえボルト／ナイフ／スプリング

手押しかんな盤による加工は，そのほか面削り，テーパ削り，段欠き，斜め削りなど多くの作業ができる．これらの作業を安全に行うには，治具製作などの工夫が必要となる．

3.2　自動一面かんな盤

これは自動送りかんな盤の一種で，手押しかんな盤による基準一面のむら取りしたものを，この基準面を定盤に接しながら，自動送材によって材上面を削り取って厚さ決めをする機械である．

図 IV-46　自動一面かんな盤（飯田工業）

3.2.1　送材用ロール

送材ロールにはカッターヘッドを中心に手前に送り込みロール，後方に送り出しロール，テーブルに取付けられたテーブルロール（下部ロール）とがある．ロールはどれもテーブルに水平に支持されている．

このうち送り込みロールはテーブル手前，上方にあって被削材を受入れ，かつ送り込むもので，通常1〜2個装備され，円筒面に溝を切り込んで滑り止めとしている．最近はこのロールを分割型とし，異なった材厚の送材を同時に行えるようにしたものが主流となっている．

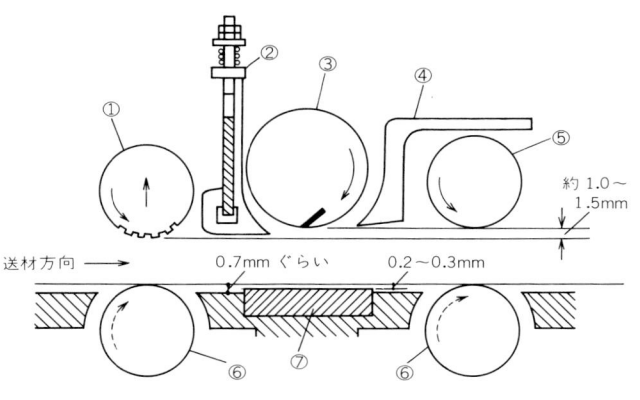

図 IV-47　自動一面かんな盤各部のレベル調整
① 送込みロール
② チップブレーカー
③ カッターヘッド（かんな胴）
④ プレッシャーバー
⑤ 送出しロール
⑥ テーブルロール（動力付と空転とある）
⑦ センターテーブル（耐摩耗性）

送材方向→　0.7mmぐらい　0.2〜0.3mm　約1.0〜1.5mm

図 IV-48 セクショナルロール

送り出しロールは，カッターヘッドで切削後の材を，送り出すためのもので円筒形で表面は切削後の材面をきずつけないよう平滑な円筒面に仕上げられている．これらのロールはいずれもスプリングを用いた調整機構を有し，水平度，下圧力の調整ができるようになっている．回転数は両者同じでカッターヘッドよりは減速してある．

テーブルロール（下部ロール）は送り込みロールおよび送り出しロールの直下にあってテーブル上面よりやや出た状態で，テーブル上の送材を円滑にするためのものである（図 IV-47 参照）．

多くの機種は，空転によりコロの役目をしているが，一部機種にはこれに動力を与え，さらに，送材をスムースにし，かつ送材中の材面に生じるロールによるめり込み量を少なくしたものである．しかし実際の送材機構はかなりラフなものでよいことが実験的に明らかとなっている．

3.2.2 カッターヘッド

構造・支持機構は手押しかんな盤に準じる．しかし運転中は隠ぺいされており，直接作業者の手がこれに触れることはあり得ないので，角胴もある．回転数は 3,500〜6,000 rpm，動力は 2.2〜3.7 kW（3 HP〜4 HP）の三相モーター装備が標準で，7.5 kW（テーブル幅 1,000 mm）ぐらいまである．大きさは，手押しかんな盤同様最大加工幅で示される．

カッターヘッドに装着されるナイフの数は 2〜4 枚であるが，3〜4 枚のものが最も多く使われている．

かんな胴直径，主軸回転数が一定で，送材速度も一定だとすると，ナイフの数が多いほど 1 回転における 1 刃当りの切屑の厚さは薄くなり，逆目ぼれは浅くなるはずである．また図 IV-49 は，かんな刃先円が 125 mm のと

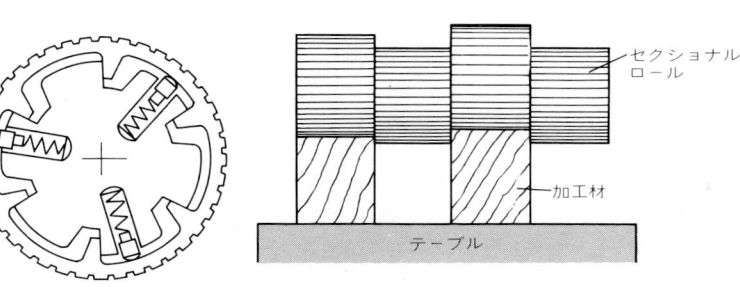

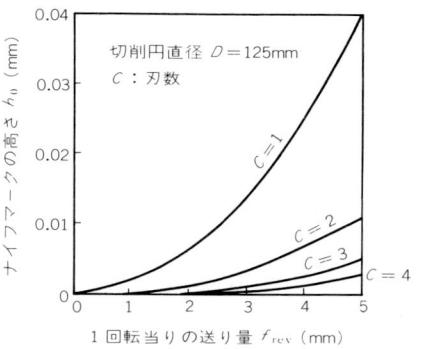

図 IV-49 1 回転当りの送り量 f_{rev} とナイフマークの高さ h_0 の関係
実用式 $h_0 = e^2/4D$

き，$C =$ 刃数を 1〜4 枚としたときの 1 回転当りの送材量を，f_{rev} としたときナイフマークの高さ h_0（表面のアラサとなる）を計算によって求めたものである．研摩や刃物セットの手間がかかっても，3〜4 枚のナイフが必要な理由がこの辺にあり，特に削り面の外面上のアラサだけを考慮するならば図 IV-49 が示すように，3 枚でもかなりよいことがわかる．

次にカッターヘッドの動的バランスについてであるが，ナイフが新しいうちは，さほど問題はないが，ナイフの研摩回数を経るにしたがい，おのおののナイフ重量にバラツキを生じ，過大な遠心力発生の原因になる．研摩後急に空転音が大きくなったときは注意を要する．

いま，遠心力 F は近似的に次式で求められる．

$$F \fallingdotseq \frac{1}{10^5} W \cdot r \cdot N^2$$

ただし，W：刃物重量（kg），r：軸心と刃物重心とのズレの距離（cm），N：毎分回転数（rpm）．たとえば，$W = 0.4$ kg，$r = 3$ cm，$N = 5,000$ rpm とすると，$F = 300$ kg で，これは軸の振動や機体全体の振動あるいは騒音の原因になり，その上良好な切削面は得にくくなる．こ

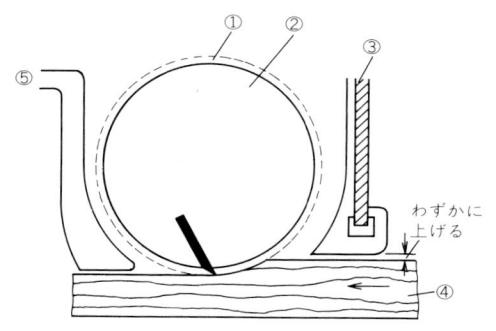

図 IV-50　チップブレーカーとプレッシャーバーの調整
① かんな刃先線　② かんな胴
③ チップブレーカー（やや材上面より上）
④ 被削材　⑤ プレッシャーバー

れから刃物軸の動的（もちろん静的にも）バランスの必要性が理解できよう．

3.2.3　板押え機構

運転中に被削材は，高速回転するかんな刃によりたたきつけられるようにしながら，その材面がむしり取られるといっていいであろう（回転衝撃切削という）．そのためどうしても材のばたつきを生ずるものである．これを押え，効果的な作業をするための働きを持つのが板押え機構である．

かんな胴を中心にして手前にあるのがチップブレーカーで，送り出し側をプレッシャーバーという（図 IV-50）．

図 IV-51　ロールと押え機構

チップブレーカーは大体セクショナルタイプで，つめの一つ一つは上部の小さなコイルバネで材面の凹凸に，別々に作用する機構になっている（図 IV-51）．これらはまた1枚の鋳鉄製板で水平に保持され送り込みロールと連動し，かつテーブル下部に通したボルトとスプリングの作用で全体の板押え強さを調整できる機構となっている．

プレッシャーバーは一体式で，送り出しロールとかんな胴との間で材のはね上りを防ぐ．高さや押え強さはチップブレーカーと同様機構で行う．

3.2.4　テーブル

テーブルは作業中の基準面となるもので，テーブルロールを境として送り込み側，センターテーブル，送り出し側の三つの部分がある．これらは，一体となり昇降装置によって削り代や材厚に応じて任意の高さに調節する．このうちセンターテーブルは切削の基準をなすもので，精密仕上された定盤で，摩耗したものは交換できるよう装着されている．

3.2.5　送材変速機構

自動送材速度は 6〜20 m/min ぐらいまでの 2〜4 段変速が常用されている．このうち自動一面かんな盤では 2〜3 段が主である．変速機構は主軸の回転力をギア（歯車）で変速用ギアボックス内に取り入れ主軸回転数よりもかなり減速して使われるが，これは，数個の組み合せによる歯車列の原理によるものである．歯車列の速比は次の式で求められる．

$$速比 = \frac{原車の歯数の積}{従車の歯数の積}$$

3.2.6　調整と取扱い

かんな胴，各ロール，押え機構，テーブルとの調整関係は図 IV-52 に示す通りである．しかし加工材の先端と後端はロール通過中にその切削開始時には先端は送り出しロールにかかっておらず，切削完了直前には後端は送り込みロールにかからず材のバタつきを生じやすくなる．これを避けるには前後テーブルロールに対してセンターテーブルをやや下げぎみ（ロール上面より 0.2〜0.3 mm 低く）とすることにより材の弾性を利用してカッターへ

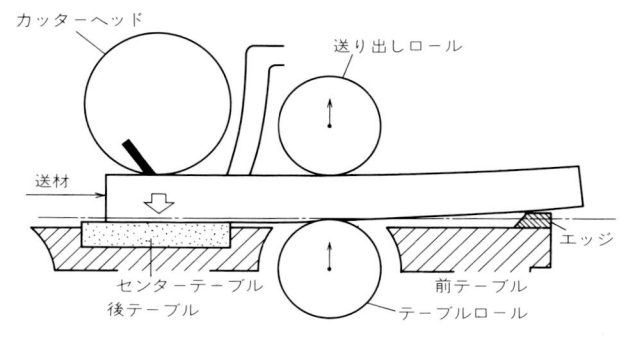

図 IV-52 テーブルとロールの調整（材端過削の防止）

↓のように材が下圧力を受けるよう送り出しロールとテーブルロールをやや上げ，センターテーブルはやや下げる．また前テーブル前ヘリに図のようなエッジをつけ，材前面を持ちあげぎみにするのも工夫の一つである．

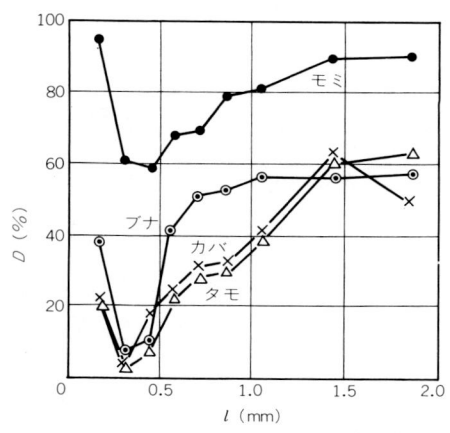

図 IV-53 裏金先とかんな刃先との差（間隔）l と欠点率（逆目ぼれなど）D との関係
切削角 $\theta = 56°$，ナイフマーク幅 $e = 2.75$ mm
切削深さ $d = 1.0$ mm

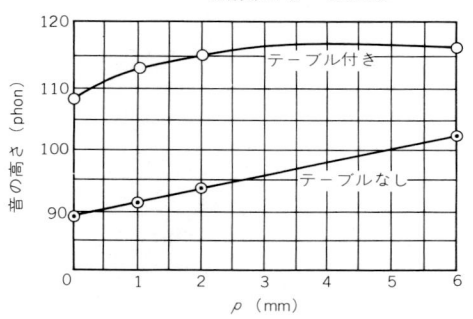

図 IV-54 かんな刃の突出量と音の高さ
回転数 $N = 5,400$ rpm
かんな胴幅（かんな胴長さ）$= 30$ cm
かんな胴円周と刃先円の差 $= P$

ッド直下に加工部分の材を圧しつつ送材・加工が可能である．いずれにしてもチップブレーカーやプレッシャーバーの押え機構が正常に機能すべきことが加工精度と重要な係りを持つものである．以下要点を項目別に示す．

① ナイフ刃先円とプレッシャーバー，送り出しロールは同じレベルとする．

② 送り込みロールおよびチップブレーカーはかんな刃先円より $0.5 \sim 1.0$ mm 下げる．凹凸のある材，削り代の多いときはやや上げぎみとする．

③ このとき送りロールで加圧送材された材はロール通過直後弾性回復するからチップブレーカーはロールレベルよりわずかに上げるぐらいでよい．

④ テーブルロールは前後テーブルより $0.3 \sim 0.5$ mm ぐらい上げる．材前後の過削があるときは図 IV-52 のようにするとよい．

⑤ 長尺薄材では材をやや持ち上げぎみにして送り込み，先取側でやや持ち上げぎみにして取り出せば材前後の過削は防止できる．

⑥ 2〜4 枚あるナイフはすべて平均して切削をするのでなく通常，1 枚によって行われる．よって送材速度は遅目の方がナイフマークのピッチは細かくよい肌が得られる．理想的には，刃先円をそろえるためナイフセット後ホーニングをすべきである．図 IV-53 は裏金の調整と逆目ぼれの関係を示し，図 IV-54 は刃の突出量と音の高さとの関係を示す．かんな刃のセット，突出量などの調整が重要であることがわかる．

⑦ 削り代が多いときは板の上下均等の切削を行わないと水分傾斜のため加工中に板の反張を生ずる（手押かんな盤の項と同じ）．

⑧ 小短材はロール間で飛散するから箱治具などにセットして加工するとよい．テーパ削り，傾斜削りも同様．

⑨ 硬材は削り代を少なくかつ送り速度を遅くする．カッターヘッド回転数も遅目に，ナイフ刃先角は鈍角に．

⑩ 作業中材のはね返り（キックバック）現象に注意する．安全装置付の機械が望ましい．作業中手前よりテーブル内をのぞかない．

⑪ カッターナイフはのべ切削長さ約 2,000 m ごとに研摩が必要である（材硬軟で差異あり）．

⑫ カッターの運動方向と送材方向との関係により，上向き切削と下向き切削とがあるが，通常は前者を採用している．これは図 IV-56 に示すとおり逆目を生じやすく動力もより多

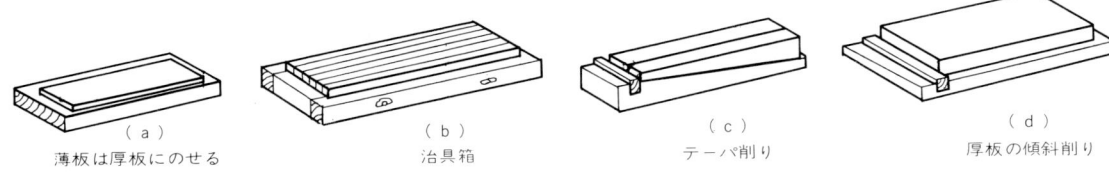

100　IV．木工機械と加工

(a) 薄板は厚板にのせる　(b) 治具箱　(c) テーパ削り　(d) 厚板の傾斜削り

図 IV-55　自動かんな盤用治具

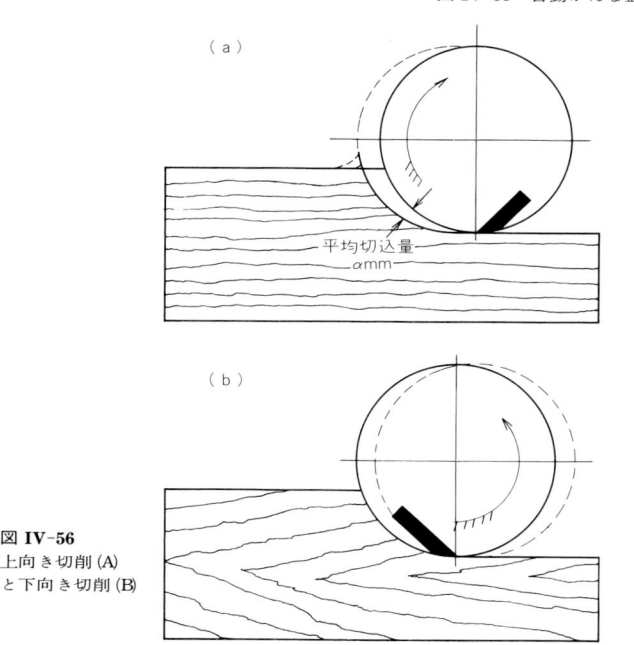

図 IV-56　上向き切削(A)と下向き切削(B)

盤の機構の一部に手押かんな盤の機能を取り入れたものである．自動送材された被削材は

図 IV-57　ムラ取り式自動二面かんな盤

まず上面が削り取られ，この面を次の上部補助定盤で押えながら下面を削り取るものと，文字どおり手押かんな盤と自動一面かんな盤とを連結し，コンパクトな1台にまとめた形式のものとがある．後者の形式では自動送材機構を取り除けば手押しかんな盤だけとしても使用できる．また，同じ二面かんなでも前述の2種がむら取り，厚さ決めをしたのに対し直角を削り出すための自動直角二面かんな盤がある．これは，手押かんな盤の送材を数

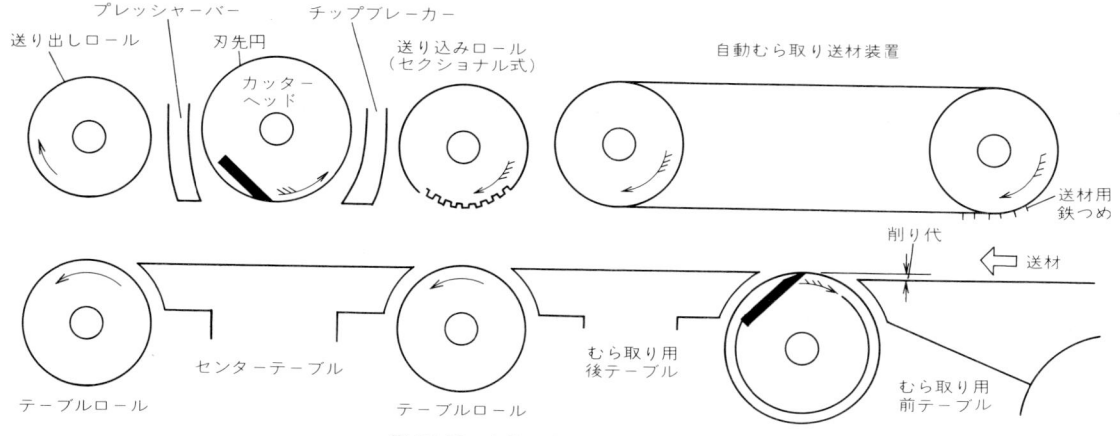

く必要とするが，材が設定速度以上に引込まれる危険性が少ないという理由からである．

3.3　自動二面かんな盤

1回の自動送材中に被削材の上下両面を切削することができるもので，自動一面かんな

図 IV-58　自動二面かんな盤の形式 (A)

送り出しロール　上部プレッシャーテーブル　送り出しロール　プレッシャーバー　刃先円　チップブレーカー　カッターヘッド　送り込みロール（セクショナル式）

送材

テーブルロール　刃先円　カッターヘッド　テーブルロール　センターテーブル　テーブルロール

図 IV-59　自動二面かんな盤の形式（B）

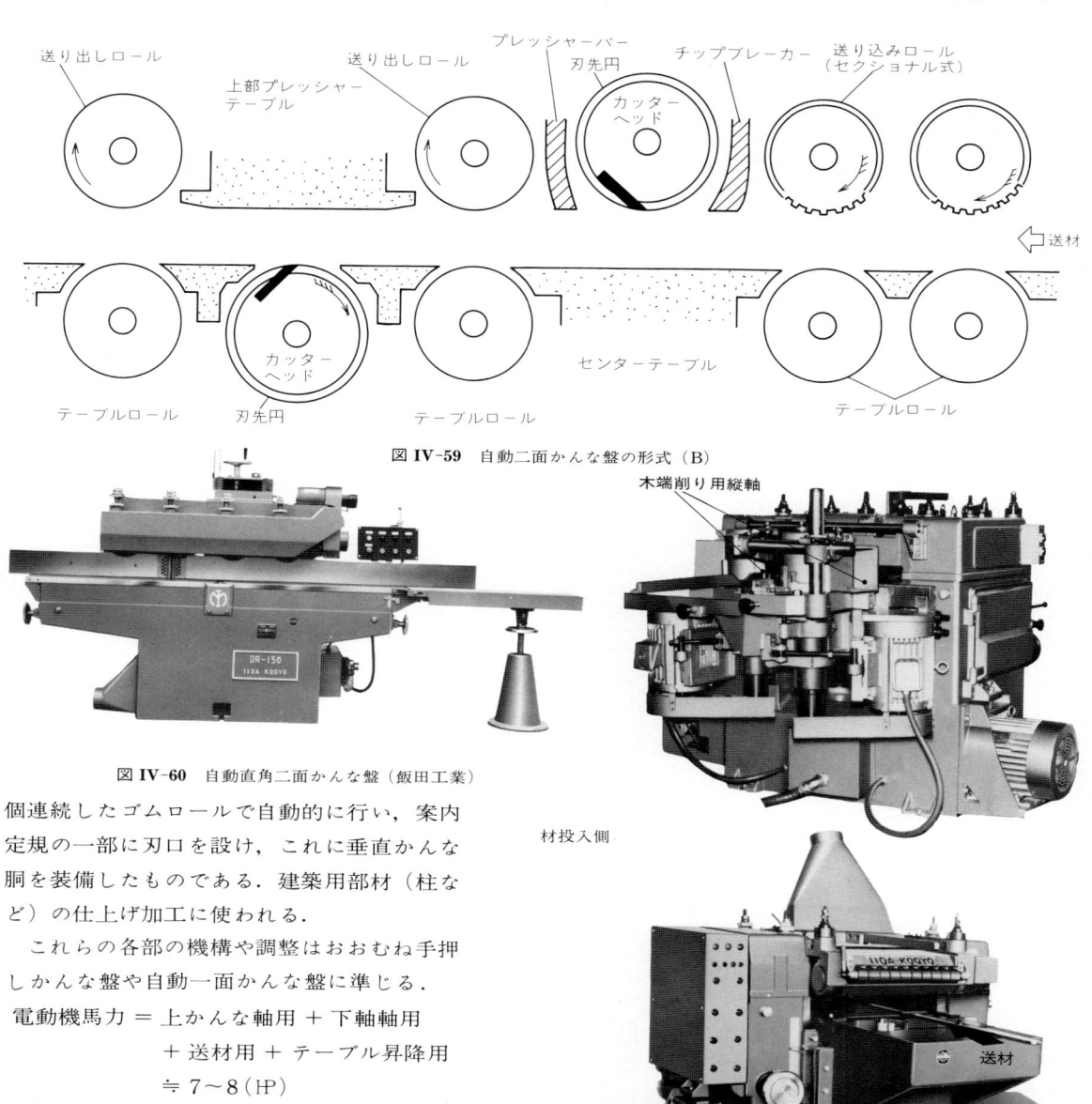

図 IV-60　自動直角二面かんな盤（飯田工業）

個連続したゴムロールで自動的に行い，案内定規の一部に刃口を設け，これに垂直かんな胴を装備したものである．建築用部材（柱など）の仕上げ加工に使われる．

これらの各部の機構や調整はおおむね手押しかんな盤や自動一面かんな盤に準じる．

電動機馬力 ＝ 上かんな軸用 ＋ 下軸軸用
　　　　　　＋ 送材用 ＋ テーブル昇降用
　　　　　　≒ 7～8（HP）

3.4　自動三面かんな盤と自動四面かんな盤

これらは総称して多面かんな盤といわれるもので，機械への1回の投入によって，板または角棒の三ないし四面を切削加工するものである．

自動三面かんな盤は，自動一面かんな盤の送り出し側テーブルの左右に縦かんな軸があって，厚さ決めをした材の両木端を垂直に削り取り，幅を決めるものである．縦かんな軸に成形カッターを装備したものをモールダーという．

木端削り用縦軸

材投入側

材送り出し側

図 IV-61　自動二面かんな盤

また自動四面かんな盤は，自動二面かんな盤でむら取りと材厚を決め，その送り出し側テーブルの左右に縦かんな軸があって，両木端面を垂直に削り取り，断面を決めるものである．テーブルに垂直な縦かんな軸は，モーターに直結されていて，モーターは機体に取

カッター軸受

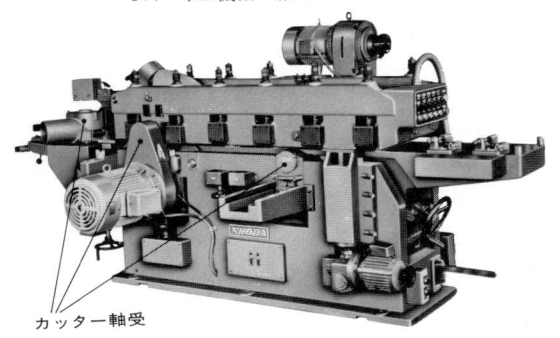

図 IV-62 自動四面かんな盤

り付けられた蟻溝を仲介として，上下・左右の移動が可能である．また自動三面かんな盤では角材の使用も可能なものがあり，これはテーブル先端に縦かんな軸があり，材の幅に応じてかんな軸を中央寄りに狭めて使用する．送り速度は早いもので 30 m/min ぐらいまでのものがある．総馬力数は 15～16 HP にも達する．

縦かんな軸に成形用のカッターをセットすれば面取盤となる．いずれにしても，自動多面かんな盤は角材や板材の多面に同時に加工を施すもので，こうした機能に面取りや，溝突きなどの作業を付加した自動機械が現在は家具の生産ラインやプレハブ住宅用各ラインで活躍している．

4. 成形削り機械

成形削りは，面取り盤やルーターマシンで行う．

木端面だけの成形削りであると，自動三面あるいは自動四面のかんな盤の縦軸に成形用カッターを装備すればできることは前述のとおりである．しかし，それは送材方向に対して直線的な(曲)面，すなわち直線直面ないしは直線曲面削りしかできない．

面取盤やルーターマシンを使えば，木端面だけでなく木口面の直線直面や曲面削りはもちろんのこと，曲線曲面削りが可能で，多様な成形切削

図 IV-63 モールダー（多面かんな盤縦軸に面取りカッターをセット）（平安鉄工所）

ができるわけである（図 IV-64）．

4.1 面取り盤主要部の構造と機能

面取り盤は，機体に垂直に支持された回転主軸と，これに水平なテーブルとからできている．

面取り盤は各種の成形削りを能率的にかつ正確に行うことができる．その主軸回転数は 5,000～10,000 rpm ぐらいの高速である．主軸が高速であるという理由は，面取り盤に次のような機能性が要求されているためである．

（1）削り肌は曲面なので，サンデング仕上げがやりにくく，できるだけ良好な切削面としたい．

（2）曲面削りではしばしば逆向切削をともなうものであるが，逆目ぼれを最小限に押えたい．

（3）刃の大きさの割に1回送り当りの削

図 IV-64 各種成形切削の例

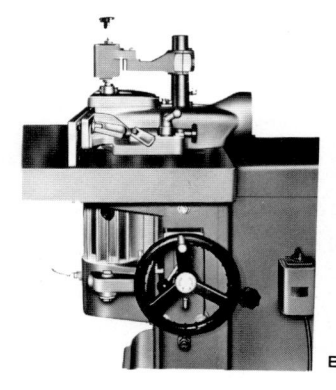

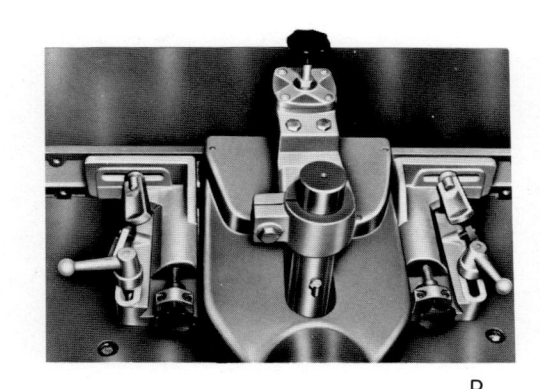

図 IV-65　面取盤と主要部の機構
A：面取盤，B：変速スィッチ，C：振止装置および主軸の上下連動装置，D：前後動調節できる大型定規，E：振止装置.

り量が大きい，など．

以上の条件を満たすには，1刃当りの1回材に接するときの削り量は少なければ少ないほど逆目ぼれは浅く，その削り肌は滑らかである．多くは主軸回転数は2段変速型で，5,000rpm を 10,000rpm に変換するには，周波数変換装置付や極数変換型の電動機を使っていて手元スィッチに切換装置を組込んである．

カッターの円周速度（切削速度）は，次式で求められる．

$$v = \pi DN \text{（m/min）}$$

いま，主軸回転数 $n = 10,000$ rpm，カッター刃先円直径 $D = 150$ mm とすると，

$$v = 3.14 \times 150 \text{(mm)} \times 10,000 \text{(rpm)}$$
$$= 471 \times 10^4 \quad \text{(mm/min)}$$
$$= \frac{471 \times 10^4}{1,000}$$
$$= 4,710 \quad \text{(m/min)}$$

となる．これは，毎秒当りに換算すれば $v =$

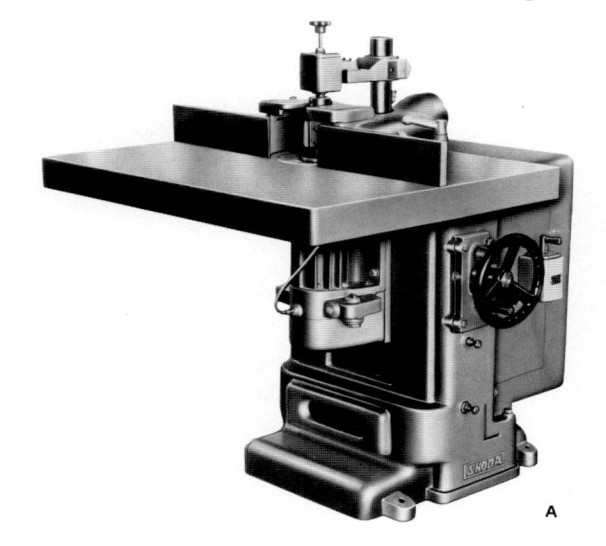

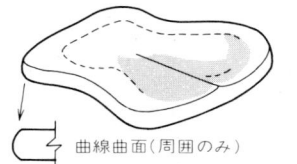

図 IV-66　主な面取盤の作業例

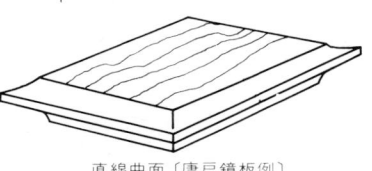

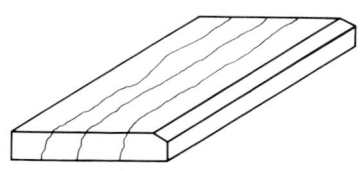

78.50 m/sec となり，時速 200 km で走る超特急（55.56 m/sec 平均）の約 1.4 倍の速さに相当する．面取り盤の主要機構は，すべてこの高速回転を念頭に置いて作られているといっても過言ではない．カッターの材質には，ハイスや超硬合金製のものが使われ，軸は精密に作られており，バランスを保ち，軸受けはボールベアリング式で，これに強制循環給油によってスピンドル油が間断なく供給されている．軸材も特殊鋼を精密研磨し，焼入れなどの熱処理を経たもので，十分な硬さに加えて粘り強さを保持している．

主軸はモーター直結式となっており，100 mm ぐらいを限度として昇降可能で，これによりテーブル上の刃物の出具合を調節する．機体上部にあるテーブルは主軸に対し水平になっている．主軸上部には軸の振止装置があって，これで軸上部を保持していて，振止装置の支柱も主軸とともに連動するようになっている（図 IV-65）．

4.2 面取り盤の作業
4.2.1 直線削り

木端削り後，この面に段欠き，溝突き，直線曲面削り，はぎ口加工などを行うもので，額縁の加飾用面削りや建具や家具の框材などの飾り面削りなどの作業は代表的な例である．額縁のように小幅材の送りには専用の自動送材装置がある．また，ゴム製ロールによる自動送材装置もある．図 IV-67 は直線面削りの例である．

カッターの径が大きいものほど刃先線速度は増すから（前述の式参照），主軸の回転数を変換できるものでは回転を減速して使うようにする．また硬い材についても同様減速し切削角もやや大きくしたカッターを装着する（標準 45°〜50°）．

送材に当っては，定規面の刃口はあまり大きくしないようにし，加工材は定規に密着して加工中の材の振動を防止する．これは安全作業に必要なばかりではなく，よい加工面を得るための不可欠の条件である．

① 直線曲面削り（側面一部削り）

② 直線曲面削り（側面全面削り）

③ 治具利用例（直線曲面，曲線曲面の両者可）

④ 治具利用例（直線曲面，曲線曲面の両者可）

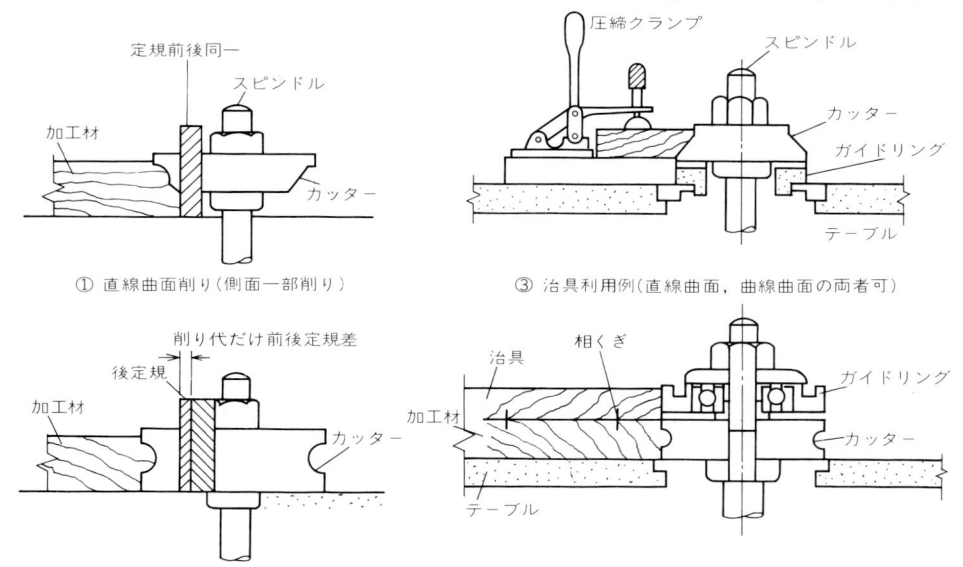

図 IV-67　送材方向，直線切削と曲線切削

4. 成形削り機械

図 IV-68　面取り盤の自動送材装置

送材方向はもちろんアッパーカットになるようにしないと危険である．ダウンカット時の材料の引込み力は相当に大きいものでしばしば治具クランプから被削材を脱き取るぐらいである．

4.2.2　曲線曲面削り

この加工をするには，デザインに従って，あらかじめ型紙を用意し，加工材にすみ掛けし，この線に沿って帯のこ盤で荒挽きする．

すみ掛け作業は材の歩留りを考えて行うのは当然であるが，できるだけ目切れ（突起部の逆目切削となるところ）を生じないように工夫する．

面取り加工は成形治具を用い，これに相釘で加工材をセットするか，ややロット数の大きいものでは専用クランプ（ルーター用クランプ＝後出）で押えて仕上げる（図 IV-68）．

面取り盤のガイドリングは，主軸カッター上面に同時セットするのと，テーブル面の軸周囲にセットするタイプとがある．いずれもガイドリング外径とカッター刃先円とは同径でなくてはならない．

また，刃物刃先円が小さくても，ガイドリング径より曲率の小さな曲面の送材はできないから，小さな曲面削りはできない．いずれにしても，両者の曲率により送材と刃物側のプロフィールとの関係運動は規制されるから，この関係をまず理解する必要がある．

面取り作業は危険度が高く，刃物径とガイドリングとの関係，送材方向，被削材の押え機構，送り速度の適正，目切れ切削や，木口削り時の切削抵抗の高さなど，十二分に習熟してから使用したいものである．慣れれば応用範囲が広く，便利な機械であることはまちがいない．

最後に，曲面削りは，サンデングが少し面倒なので，できるだけ早目に刃物の交換をして，よい被削面を維持することを心掛けるこ

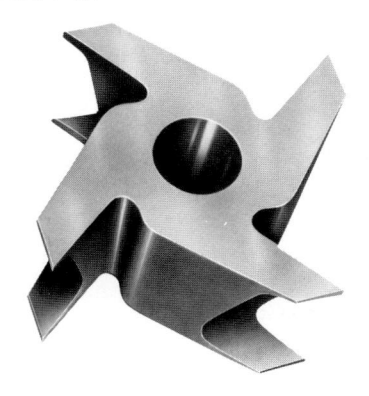

超硬チップ付刃　　　　角胴面取りブロック　　　　ハイスソリッドカッター
図 IV-69　面取り用カッター

IV. 木工機械と加工

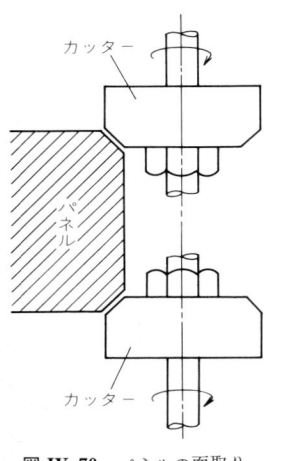

図IV-70 パネルの面取り（糸面取り）

業ができるほか，せん孔，切抜き，座ぐり，彫刻などができる．

堅ろうな機体はコの字型をしていて，上方に電動機と主軸とがあり，この伝達は絹ベルトによって行われる．ベルトで増速された主軸の回転数は20,000rpm（60Hz時）ぐらいである．

主軸の下側にはテーブルがあり，これは手前に45°まで傾斜でき，また上下動は歯車装置で微動送りを，足踏みのリンク装置を仲介として約170～200mm移動できる．最近の上下動機構はエアー式の自動方式と足踏み式との併用型が主流となっている．

高速回転する主軸には強制循環方式によりたえずスピンドル油の給油が行われ，これは作業中主軸横の透明な回路を循環し，直接視ることができるものである．ルーターはこのように高速回転に耐える機体，機構を持っているが，最も大切なのは各機能部分が動的ならびに静的平衡度のよいことが必要である．

とである．切れ味不良となったカッターで作業を継続していると，切削面に焼けを生じて仕上げに非常な手間をくう結果となる．

なお，面取り盤よりさらに小さな曲率の加工は，後述のルーターマシンによらなくてはならない．

図IV-71は成型刃物の作図例を示したものである．

4.3 ルーターマシン
4.3.1 主要部の構造

ルーターは，前述の面取り盤による各種作

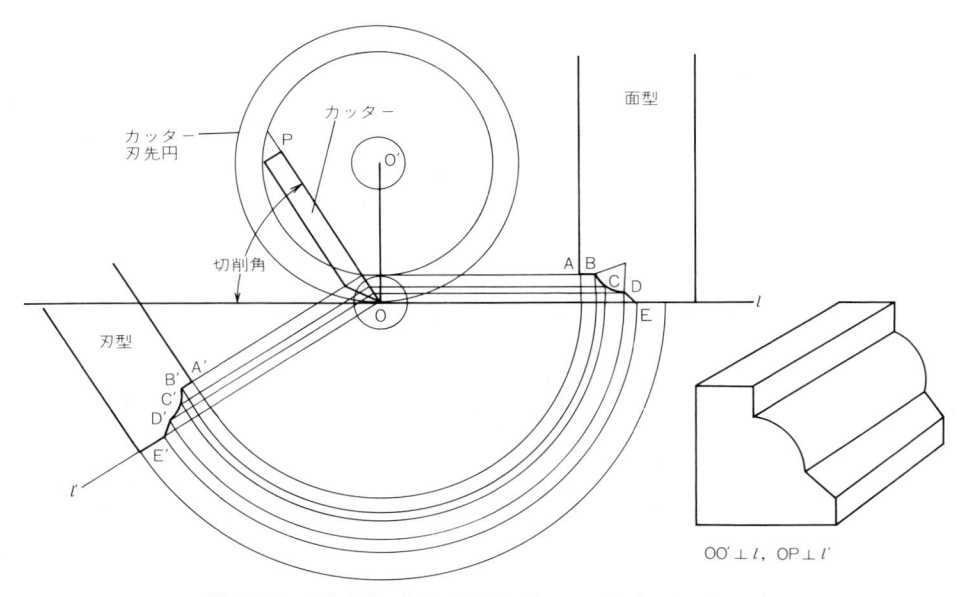

$OO' \perp l,\ OP \perp l'$

図 IV-71 面取り物の作図（面型A～Eから刃型A′～E′を求める）

4. 成形削り機械　107

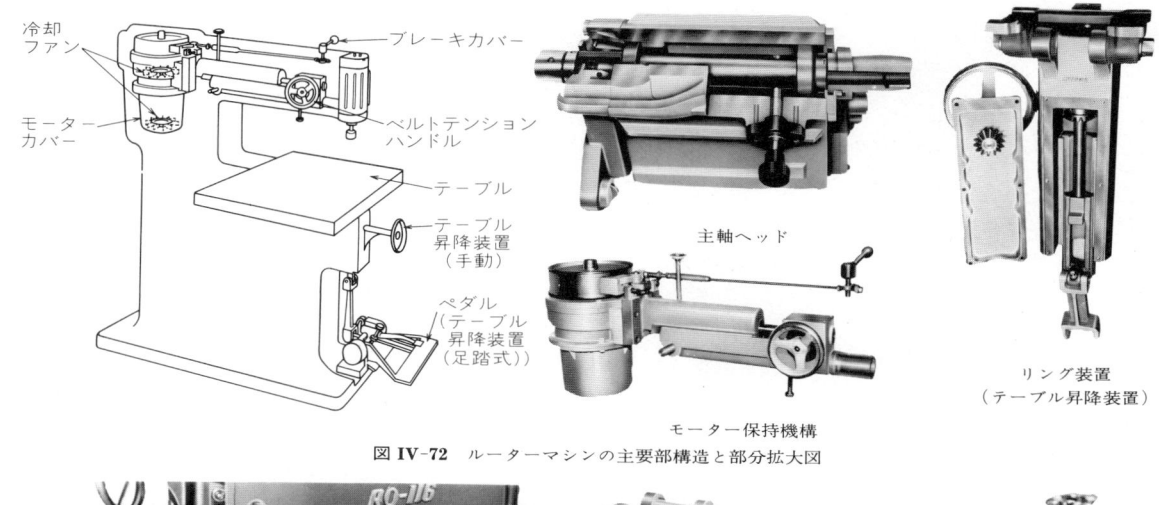

図 IV-72　ルーターマシンの主要部構造と部分拡大図

図 IV-73　エア式自動テーブル昇降装置（庄田鉄工）

刃物の研摩，セットには特に注意が必要で，このバランスを維持できなくてはならない．主軸にはブレーキ装置を有し，制御開始後約3〜4秒で停止できるようになっている．

4.3.2　ルーター作業

ルーター作業は，前述の面取り盤と同様に定規面に沿って面取り，溝突などができる．またガイドピンを用いて，木端面の成形削りやくり抜きもできる．このときガイドピン外径とルータービット最小刃先円との相互関係によって曲面削りの最小曲率半径が決る．図IV-75 A は治具外周と加工材とが一致する例，図 B は加工材が小さくなる例である．このときはまた治具をトレースできるガイドピ

図 IV-74　ルーターの直線状蟻溝あけ（センターピンを除く）および各種切削例

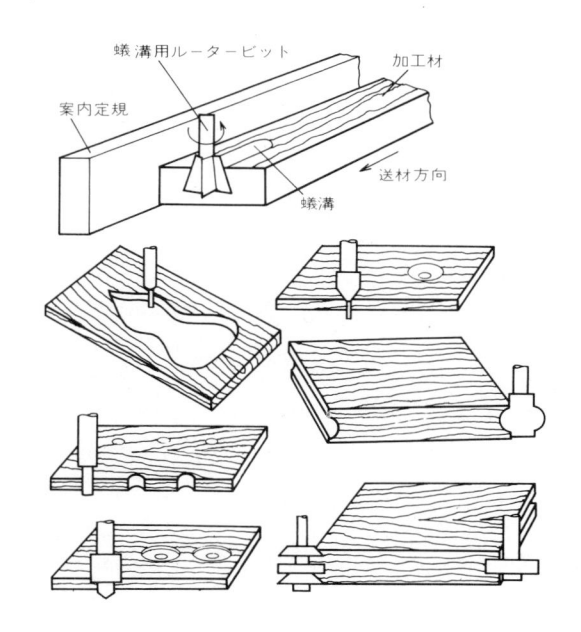

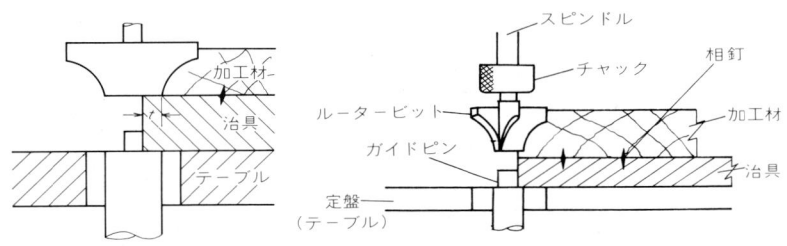

図 IV-75 ルーターによる端面（外周）削り（左）およびガイドピン外径とルータービット（右）

t はガイドピン外径とルータービット外径（最小円）との差．この分だけ治具外形より加工材は小さくなる．

ンの曲率の方が小さく，それと同率のカーブの切削加工は刃物径が大きいので不可能である．

次に，簡単な外周削り用の治具とくり抜きと外周とを合せた治具の例を示しておく．加工材厚の限度はクランプ作業ではクランプの「使用できる高さ」により決る．ルーター作業は加工面がそのまま仕上げ面となるよう高速切削をしているが，製品によってはさらに研削などの仕上げ加工が必要である．送材は面取盤同様安全のためにアッパーカットで行う．

ルーター作業の要点は，始動前にテーブルを上昇させ，加工材に合せてその切削深さ（軸方向送り）を決める．この切削深さは，1回当りルータービット有効切れ刃部の1/3以下とし，徐々に切削深さを増して行く．1回の加工が終了したらまずテーブルを下降させスイッチをオフにし，そのまま停止するまで待

〔注〕 ① ガイドピンを外形切削用溝にセットして治具ごと加工材を動かせば角板から盆の外径を削り出すアッパーカットが安全で無難．
② ガイドピンをくり抜き用の方にセットし，まんべんなく加工材を動かしくり抜く．くり抜き部へりの曲面はルータービットの刃型により決まる．

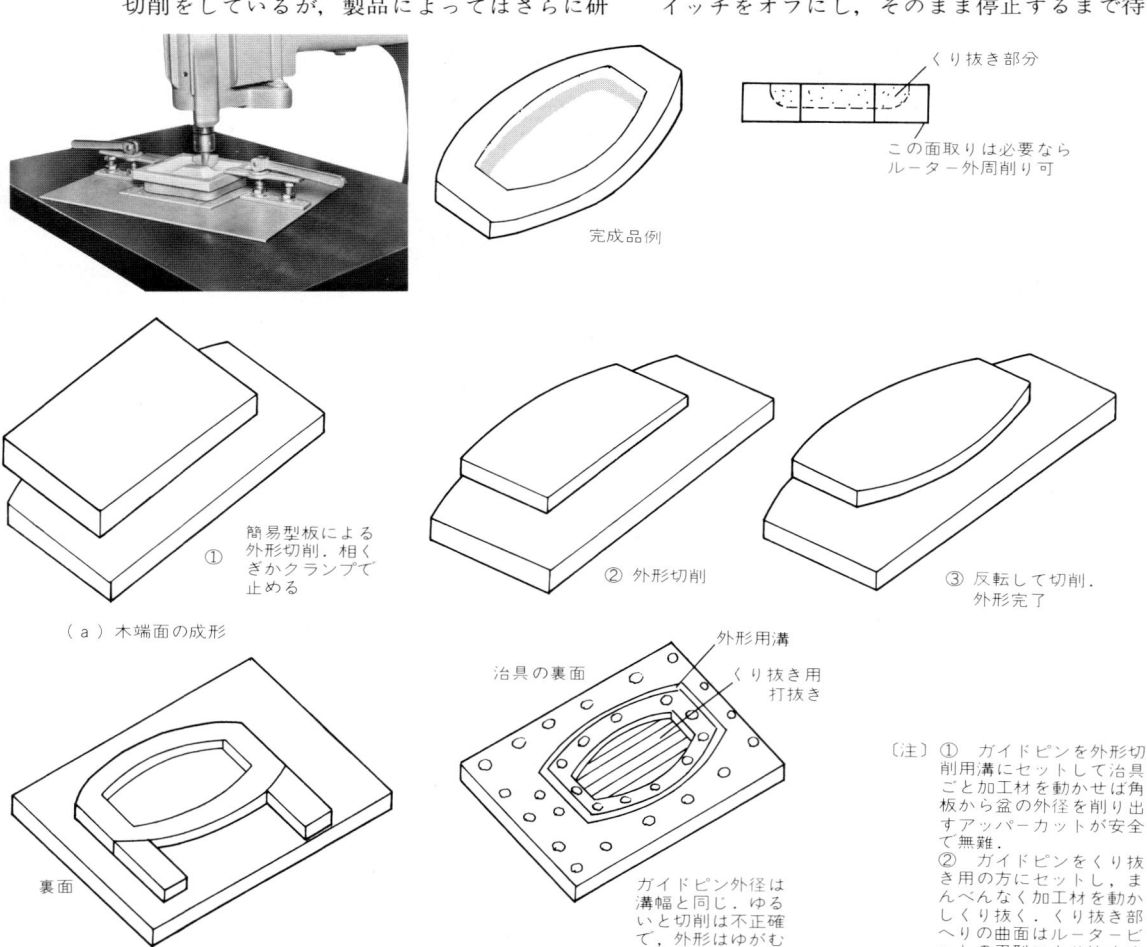

図 IV-76 ルーター作業

4. 成形削り機械　109

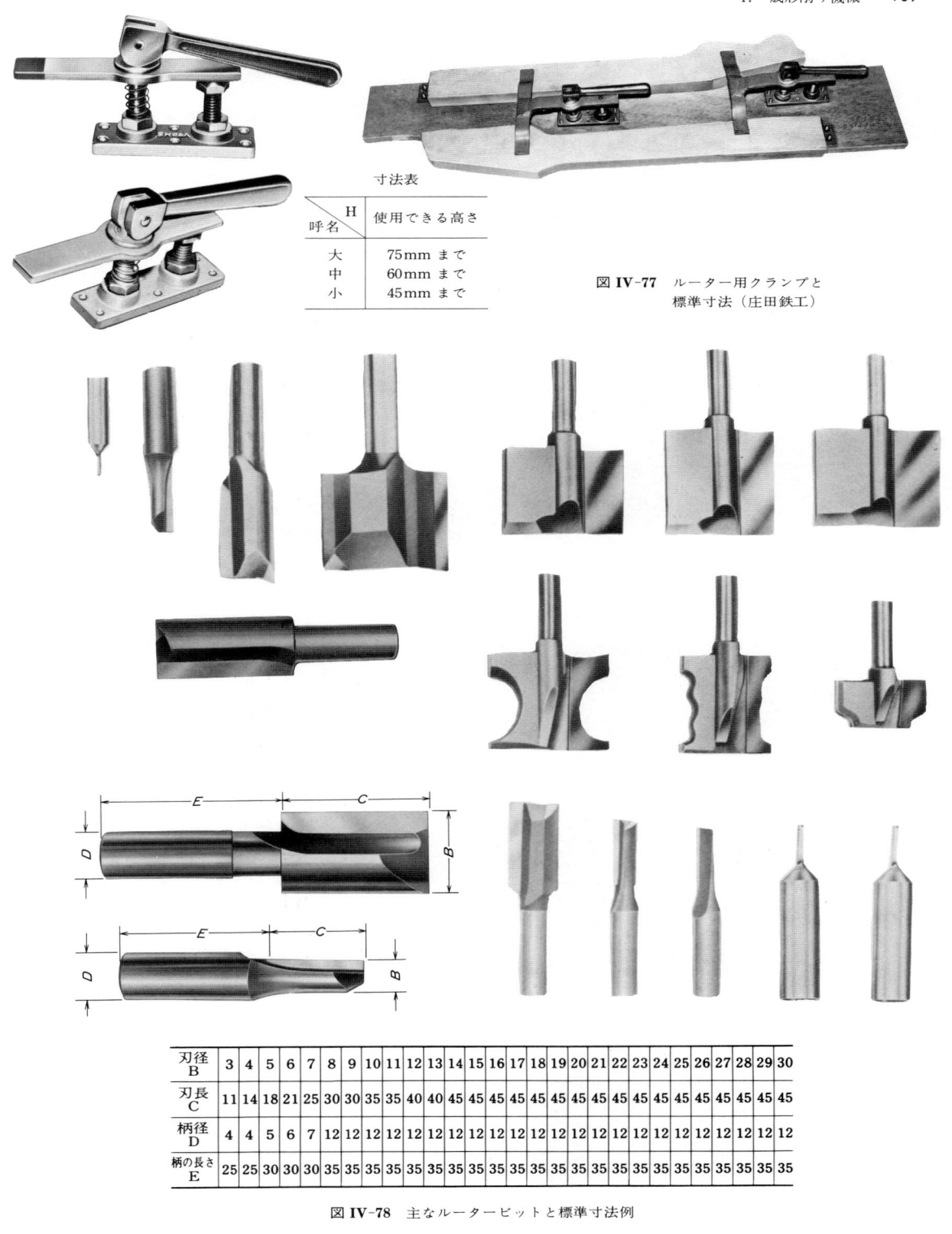

寸法表

呼名	H 使用できる高さ
大	75mm まで
中	60mm まで
小	45mm まで

図 IV-77　ルーター用クランプと標準寸法（庄田鉄工）

刃径 B	3	4	5	6	7	8	9	10	11	12	13	14	15	16	17	18	19	20	21	22	23	24	25	26	27	28	29	30
刃長 C	11	14	18	21	25	30	30	35	35	40	40	45	45	45	45	45	45	45	45	45	45	45	45	45	45	45	45	45
柄径 D	4	4	5	6	7	12	12	12	12	12	12	12	12	12	12	12	12	12	12	12	12	12	12	12	12	12	12	12
柄の長さ E	25	25	30	30	30	35	35	35	35	35	35	35	35	35	35	35	35	35	35	35	35	35	35	35	35	35	35	35

図 IV-78　主なルータービットと標準寸法例

ってから治具をはずすほうが安全である．

テーブルの昇降は，かかとによってペダル を確実に踏んで行う．

ルータービットは，研摩回数をふやし良好

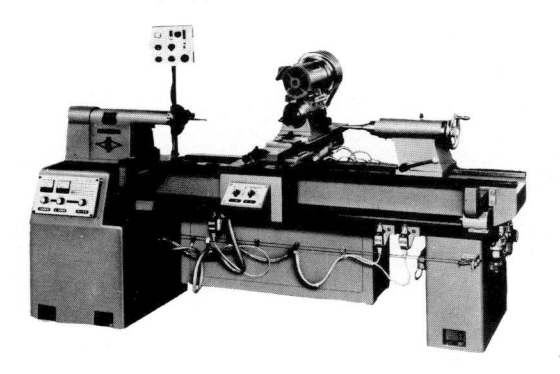

図 IV-79　倣旋盤（服部鉄工所）

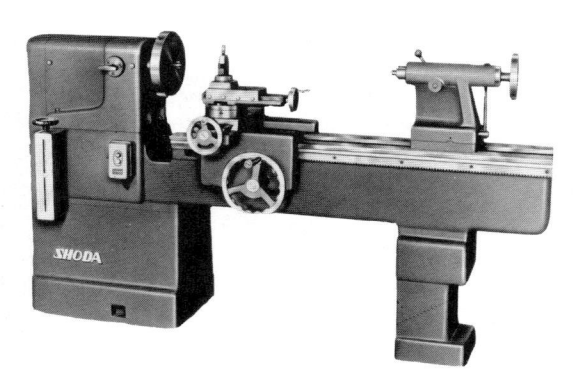

図 IV-80　木工旋盤

な状態で行うと，切削面の焼けを防止でき，かつ，後の素地仕上げが楽である．図 IV-78 は主なルータービットと標準品寸法（S社）である．

5. 木工旋盤

回転させた材料に刃物を押し当てて加工を行う旋削加工には，普通木工旋盤と前びき旋盤とが使われる．このうち，前者は外丸削り，ねじ切り，テーパ削り，曲面削りなどを行い，後者は，ばんや小汁器などの器物の外周削りや中ぐりをするものである．そこで今までの加工と比較して特徴的なのは，切削面の外周速度＝切削速度になることで，これは徐々に加工の進行とともに変化する．バイトは図 IV-81 のようである．

いま，バイト刃先によって生ずる面アラサ h_1 は，刃先の丸味直径を D とするとこれらの間に次の関係が示される．

$$h_1 = \frac{f_{\text{rev}}^2}{4D}$$

ただし $f_{\text{rev}} = 1$ 回転当りの送り量

したがってバイト刃先の丸味は半径が大きいものほど平滑な切削面が得られ，かつ，1回転当りの送り量も少ないほどよい面となることがわかる．

作業では，はじめほど切削速度が早くなっているから，慎重なバイト操作をし，過削をしないよう注意する．過削は，不意にバイトが材にくい込んで危険である．

α：逃げ角
β：刃角
γ：すくい角
δ：切削角

普通バイト（斜めバイト）

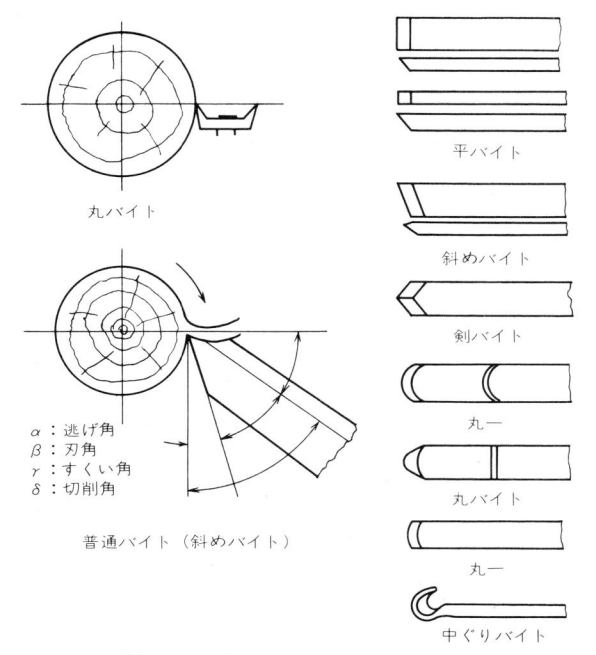

平バイト
斜めバイト
剣バイト
丸—
丸バイト
丸—
中ぐりバイト

図 IV-81　各種バイトと斜めバイトの諸角

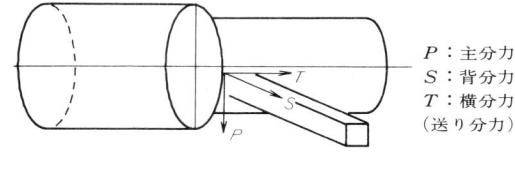

P：主分力
S：背分力
T：横分力
　　（送り分力）

図 IV-82　バイト加工による切削抵抗

6. 穴あけ

木工における穴あけ作業には，角穴をあける角のみ盤，チェーンにカッターをセットしたかき上げ式の鎖のみ盤，ねじ錐でせん孔するボール盤，パネルなどに数個の穴あけをする多軸ボール盤などがある．

6. 穴あけ　111

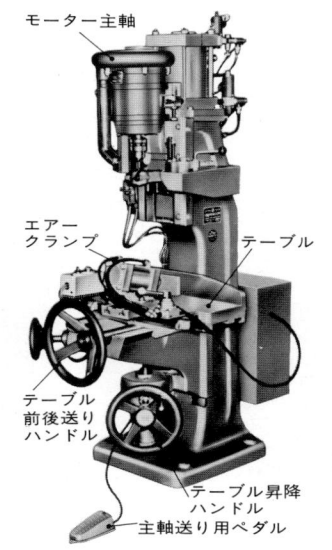

図 IV-83　エアー式自動送り角のみ盤（平安鉄工所）

（ラベル：モーター主軸、エアークランプ、テーブル、テーブル前後送りハンドル、テーブル昇降ハンドル、主軸送り用ペダル）

6.1　角のみ盤

角のみ盤は竪型の機体上方に垂直に保持され上下に摺動する主軸部と、その下にあって加工材を押えて前後送りが細かく、左右に大きく移動するテーブルとからなっている。テーブルはまた左右45°まで傾斜可能で、上下動もねじ送りできる。

主軸先端にはきりチャックと角のみ締結ねじとがあり、これにきり、角のみをセットする。このように、角のみが基準面と平行にセットされた後は、テーブル操作により穴の位置、角あなの長手寸法、穴深さを調節する。

穴あけに要する所要動力 N_s（kW）は次式で与えられる。

$$N_s = M_d \times n / 97,410$$

ここに $M_d =$ ねじりモーメント（cm·kg），$n =$ 回転数（rpm），である。

送りに要する所要動力 N_u（kW）は次式で与えられる。

$$N_v = P_v \cdot n \cdot s / 612,000$$

ここに $P_v =$ 推力（kg），$S = 1$ 回転当りの送り量（mm），である。

推力を適切かつひかえ目に行う必要がある。
ヘッドの昇降形式には手動式、足踏式、自動式などがあり、自動式は空気圧によるものと油圧によるものとがある。

角のみ盤による穴あけは次のように行う。

① 角のみとねじきりケヅメとの差は0.5～1.0mmぐらいはなす（図IV-84）。

② きりは定盤上で横にころがしてみて真直度を確認する。2,500～3,000rpmで回転するので、きりの偏心運動は角のみの発熱のもとになる。

③ 簡易作業でロットの小さいときは簡単な型板を用いる。

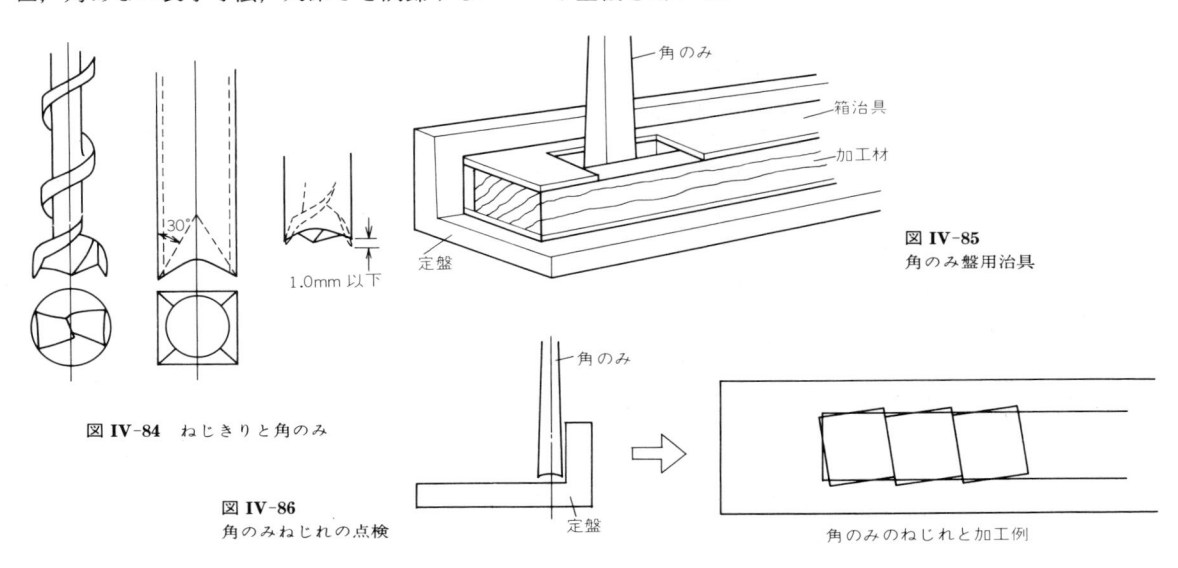

図 IV-84　ねじきりと角のみ

図 IV-85　角のみ盤用治具

図 IV-86　角のみねじれの点検

角のみのねじれと加工例

112　IV．木工機械と加工

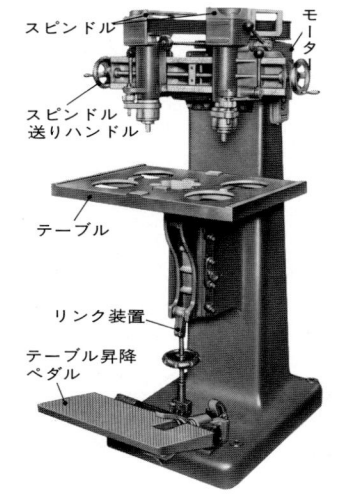

図 IV-87　木工ボール盤（2スピンドル）（庄田鉄工）

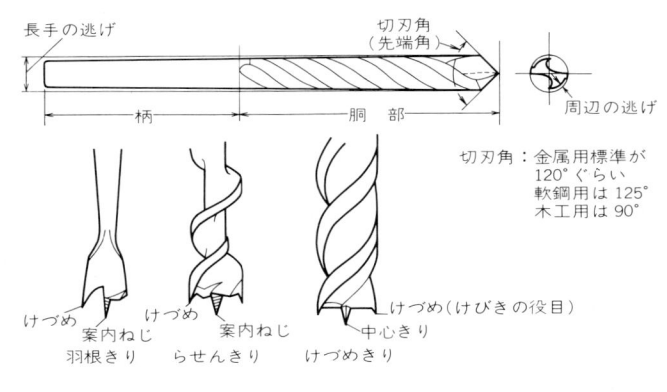

図 IV-88　木工用きり（ボール盤用）

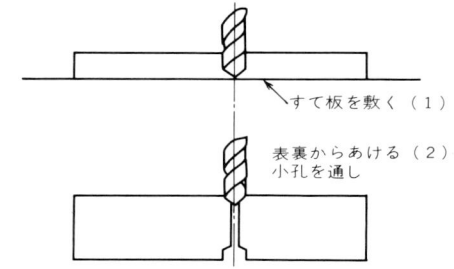

図 IV-89　穴あけでのバリ防止

④　きりの向きの調整が正確でないときれいな穴あけはできない．定盤垂直定規面で合せる（図 IV-86）．

⑤　作業は穴の両側から中央に進む．

6.2　ボール盤，ラジアルボール盤

ベース後方に垂直なポール（コラム）があり，その上方に電動機をつけ，Vベルト伝達または直結式で，主軸を 1,200～1,500 rpm に回転する．ラジアルボール盤は懐（ふところ）の狭いボール盤ではできない，大材の穴あけに使われる．

コラムから直角に出ているアームに主軸が取り付けられて，主軸はコラムのまわりをアームを振って自由に回転でき，かつ上下する．またアーム上を前後移動も可能である．ベースは定盤を兼ね，これに加工材を固定して作業をする．機構は金属加工用とまったく変るところはないが，きり刃先角と，主軸回転数が異なり，送り速度も早くてよい．切削速度 v（m/min），ドリル（きり）径 D（mm）と毎分回転数 n（rpm）との間には次の関係がある．

$$v = \frac{\pi D n}{1,000}\ (\text{m/min})$$

図 IV-88 はボール盤用きり類ときり穴あけ要領を示したものである．

6.3　ボール盤の穴あけ作業

ボール盤による作業では次のような注意が必要である．

①　大きい穴あけ（10φ以上）には，まず小穴をあけて，これを下穴として目的の穴あけをする．

②　大きい穴あけでは材の振り廻しに注意し，しっかり材を押える．

③　通し穴は底から小穴を案内として，上下両方向からあけるとバリを防げる．加工材に敷くすて板を使うこともよい．

④　数が多い作業では一種の穴あけ用治具として型板を使う．型板は金属板，デコラ板などで作るとよい．

⑤　厚板加工には上下から穴あけする．

6.4　多軸ボール盤

パネルなどにダボ穴を同時に数個あけるもので，きりのセットの仕方によって穴数，間隔を選択できるものである．もともとたんすなど収納家具のパネル穴あけ用に開発されたヘッド（ドリルユニット）20軸ぐらいのものから，椅子などフレーム材穴あけ用のヘッド（2軸固定，3軸～，5軸～）とがある．主軸はモーターに直結され，先端のドリルユニッ

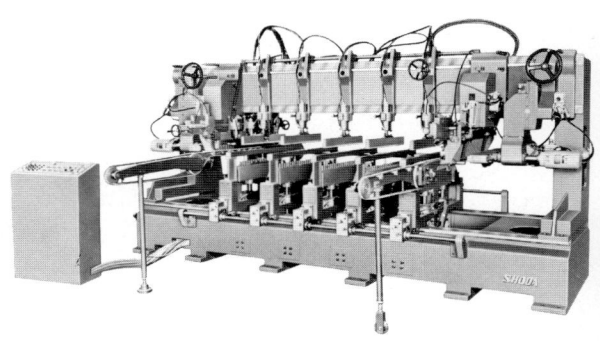

図 IV-90　多軸ボーリングマシン

図 IV-91　ボーリングユニット

図 IV-92　多軸ボーリング用きり

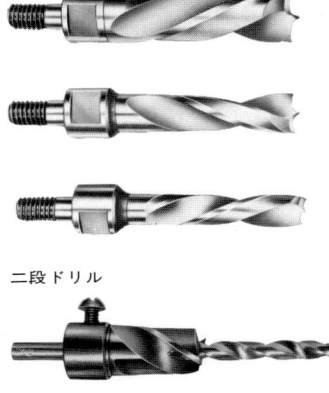

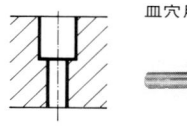

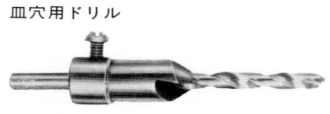

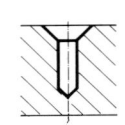

エヤーボーリング錐標準寸法表(S社)

外径 φ	ダボ寸法	形	状
5.8m/mφ	6m/mダボ用	右ネジ	左ネジ
6.8m/mφ	7m/mダボ用	〃	〃
7.8m/mφ	8m/mダボ用	〃	〃
8.8m/mφ	9m/mダボ用	〃	〃
9.8m/mφ	10m/mダボ用	〃	〃
11.8m/mφ	12m/mダボ用	〃	〃
14.8m/mφ	15m/mダボ用	〃	〃

二段ドリル

皿穴用ドリル

ト内に内蔵された歯車機構により各きりに伝達される．きりの取り付けは回転方向と逆ねじによりねじ込まれる．主軸部にはエアシリンダーを有し最大ストローク50mmぐらいを限度として，軸方向の送りによりせん孔する．主軸は水平式と垂直式とがあるが，多くはテーブルが90°まで回転し材の水平面〜垂直面までの穴あけが可能である．加工材押えはエアクランプで行い，軸送りと連動する．

7. 枘取り盤

枘取り加工は，昇降丸のこ盤や面取り盤でもできるが，専用機によれば一工程で枘首長さ，枘厚，胴突面の傾斜，枘型などが自由に選択でき，加工も確実で早くでき，かつ安全である．枘取り盤には，単軸のものと複数軸

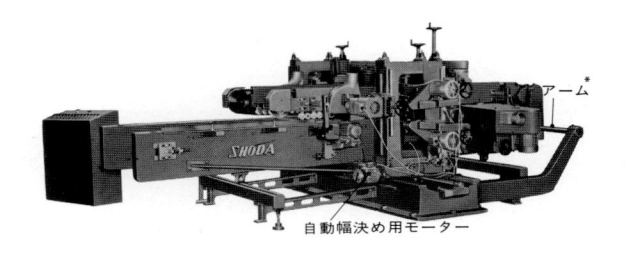

アーム*

自動幅決め用モーター

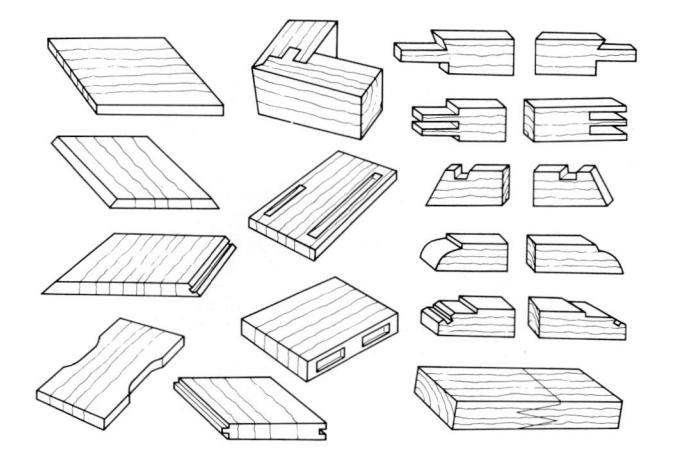

図 IV-93　自動定寸ダブルエンドエノナー（庄田鉄工）および作業例（庄田鉄工・SI 112の場合）

＊写真右側枘取りユニットはこのアームとベース上を自動送りにより移動する

114　IV. 木工機械と加工

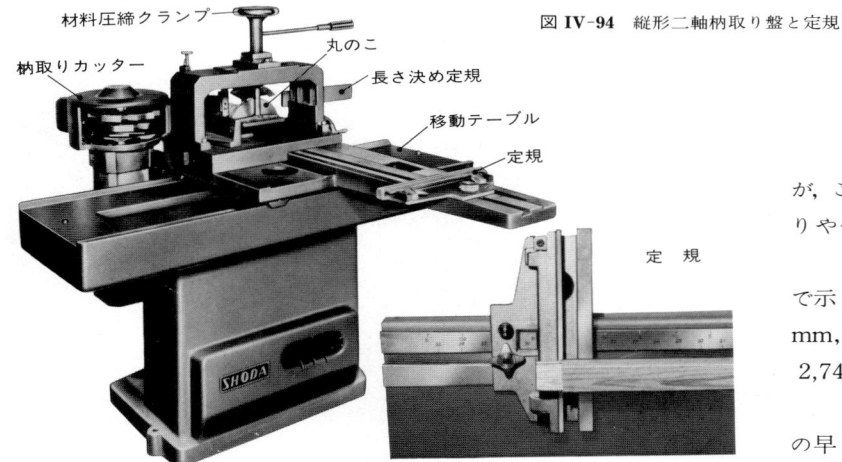

図 IV-94　縦形二軸枘取り盤と定規

のものとがあり，後者は一工程で框材の両側に枘取り加工をする両側枘取り盤などがある．

枘取り盤の形式には，各軸が縦になった縦形と軸が横になった横形とがある．縦軸形は，カッター軸が縦にセットされていて枘加工を水平に回転する枘取りカッターで加工するものである．また横軸形は，水平に支持されたカッター軸に水平に枘取りカッターをセットしたもので，加工は繊維方向に対し直角に削り取るやり方である．枘加工には両方式を組み合せたものもある．

7.1　縦形単軸枘取り盤

主要構造，作業ともに面取り盤によく似ている．面取り盤が軸昇降式であるのに対し，これはテーブル昇降式である．主軸の回転数は 3,500 rpm 前後で，木口切削の割合には回転数が低い

が，これはカッター径が面取り盤よりやや大きく，その刃先周速度は，
$$v = \pi D n$$
で示される．したがって $D = 250$ mm, $n = 3,500$ rpm とすると，
$$2,747,500/1,000 = 2,748 \text{m/min}$$
$$= 45.8 \text{m/sec}$$
の早さである．

枘取り盤の各カッター軸や，のこ軸は，角度を垂直（90°），45°，25° などある範囲で選択して傾斜させることができるものもあり，端面（木端面や木口面）の傾斜びきや枘肩の斜め加工が可能である．

軸の傾斜ができず，水平または垂直だけのものでは，テーブル上に傾斜板（治具）を敷くことにより任意の角度の加工ができる．いずれの場合も，角材（框材）の枘加工では木口切削になるから，特に，縦軸による水平カッターの切削時には加工材の引込み力が相当のものになるから定盤（テーブル）への加工材の圧締は慎重かつ確実に行う必要がある．カッター軸は主軸直結型であるから，加工精度をあげるため，軸上下に精密ベアリングが使用され，回転時の精度を維持している．

カッター軸の回転数は，この種のものはすべて直結型であるから，次式，すなわち，モ

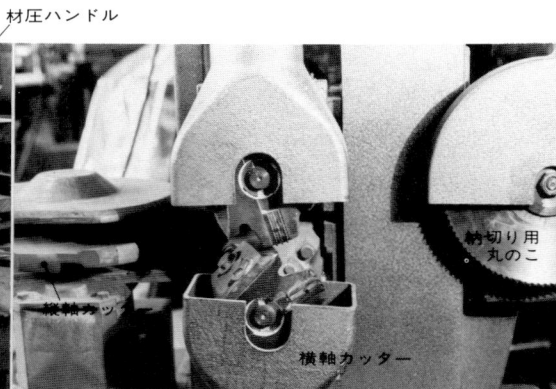

図 IV-95　枘取り盤の回転軸

7. 枘取り盤　115

図中ラベル（図IV-96）:
- 縦軸カッター
- のこ軸（モーター直結）移動ハンドル
- 送材用キャタピラ
- 送材用モーター 無段変速装置付
- 横軸（サイジング用）

表 IV-3　枘取り盤標準仕様例

加工枘丈	90 mm
加工木材の幅	300 mm
加工木材の厚さ	70 mm
主軸回転数	3,450 rpm（60 Hz）
丸のこ軸回転数	3,450 rpm（60 Hz）
使用刃物直径	254 mm
使用丸のこ直径	203 mm
機械の全高・全幅・全奥行	1,100×1,250×1,530 mm
モーター	2.2 kW・0.75 kW 各1台
総重量	370 kg

図 IV-96　横型ダブルサイダー（エンドテノナー）

図 IV-97　ダブルエンドテノナーの加工例（コダカ・石岡工場）

ーターの同期速度と同じである．実際には，負荷のために10%以内のすべりがある．

$$N_0 = \frac{120 f_r}{P} \quad (\text{rpm})$$

ただし f_r ＝交流周波数で60 Hzまたは50 Hz，P ＝モーター極数で4〜8など．
＊実際は周波数変換などを併用している．

7.2　多軸枘取り盤

縦型のものはカッター軸が前述同様縦にセットされていて，これに横軸の丸のこがついていて枘長さを切断調整する機能を持ったもので，これは縦形2軸枘取り盤である．

普通多軸といえば，単に複数軸というよりは，3〜4軸以上，あるいはこのユニットが両サイドにあるものをいう．

横形の例をここで示すと，水平に取り付けられたベースの上を水平移動できるテーブルがあり，これに横に取り付けられた加工材は，① 丸のこで枘長さを決め，② 上下2軸の水平カッターで枘加工をし，③ 縦軸カッターにより枘枚数をふやしたり，胴突に馬乗り枘の加

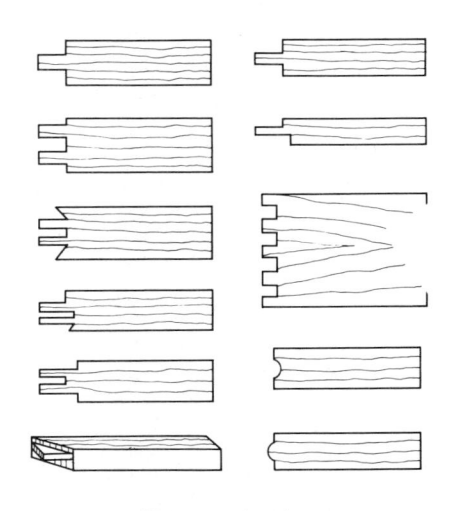

図 IV-98　各種枘の型

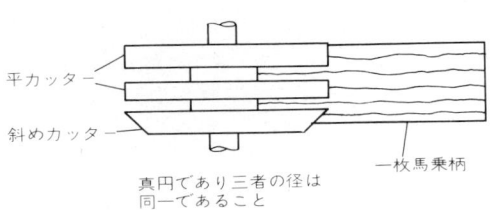

図 IV-99　カッターの整列

図IV-99 ラベル:
- 平カッター
- 斜めカッター
- 一枚馬乗柄
- 真円であり三者の径は同一であること

116　IV. 木工機械と加工

図 IV-100　コーナーロッキングマシン

工（肩を斜めに削る）を行うなどで，このユニットが左右についている．中央に送材用キャタピラがあって，その間にパネルなど加工材を移動させ両サイドの加工を行うものをダブルエンドテノナーまたはダブルサイダーという．この場合はカッターを休止させれば，文字通りサイザーとしてパネルの幅決め，框材の長さ決めなどができる．こうした大形機は多くキャタピラ送材装置で自動送材をし，材の圧縮，両ユニットの幅方向の移動システムなどすべてが自動化されているものもあり，多くのキャビネットやたんすなどの箱物工場のパネル加工ラインで活躍している．

8. 組継ぎ加工

2～3枚の組継ぎからあられ組継まで治具を併用すれば昇降式丸のこ盤でも加工できることは前述のとおりである．しかし専用のコーナーロッキングやダブテーラーを用いると複雑な加工が正確，かつ高能率にできる．次にこれらの機械について見てゆこう．

8.1　コーナーロッキングマシン

水平なモーターに直結した主軸に組合せカッターが取り付けられ，これを回転して板の木口面をあられ状に欠き取って加工するものである．上方にあるテーブルは，主軸と平行に水平を維持したまま上下昇降する．主軸は約 3,000rpm で，その刃物はカラー（間座）で精密に等間隔を保ち，しかも加工中の切削抵抗を低減するためにスパイラル状にセットされている．

1枚ごとのカッターとカラーには取付け順番号が刻印され，隣どうしは互いにノックで位置がずれることがないようになっている．

テーブル上には左右に定規があり，加工材セットの基準の役目をする．テーブル上方には圧締用ハンドルがあり，これによりテーブル上の加工材を強固に押える．この作業は木口切削であって切削抵抗が大きいため材が引込まれないよう加工材圧縮に注意を要する．

また，作業は木口切削になるのでバリを防止するため，まず捨て板を加工材下に敷き，次にロッキングカッターの幅一つ分に相当す

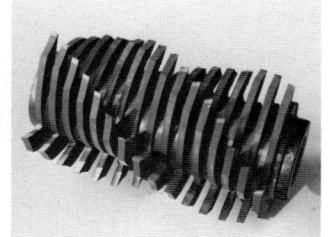

図 IV-101　コーナーロッキングの刃口部とロッキングカッター

8. 組継ぎ加工　117

図 IV-102　材のセット（上）と加工材の組立て（柄は長目に加工する）

図 IV-103　加工材の組立て

る桟材を準備する．

加工材のセットは，2枚一組として，その1枚に先の桟材を添えその幅だけ他方の板をずらせてセットする．

材の固定時には定規に正確に当て，木端面に対して直角なきざみ加工がなされるようにする．また加工の深さを調節し組み合わせる板厚よりも0.5～1.0mmほど柄を長くして組み立ててから仕上げ（かんな削りかサンダー）削りをするときれいにできる．ロッキングカッターの構造装着，軸受部の状態は図 IV-103に示すとおりで，また表 IV-4はロッキングマシンの標準仕様例である．

表 IV-4　ロッキングマシン（手動式）標準仕様例

加工木材の幅	450まで
加工木材の厚さ	120まで
組子の深さ	38まで
組子のピッチ	5～75
刃物回転数	3,450rpm
刃物直径	165mm
機械の全長・全幅・全奥行	1,400×1,350×1,020mm
モーター	3.7kW
総重量	650kg

（電動式，油圧式あり）

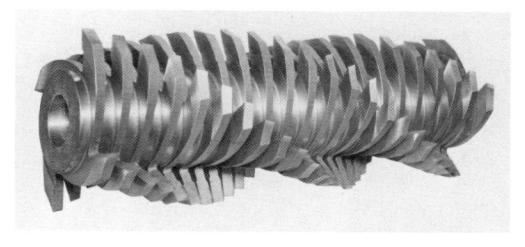

カラー（左）とカッター（上）

ロッキングカッターの装着 　　　　　ロッキングカッターの装着と軸受部

図 IV-104　ロッキングカッターの装着

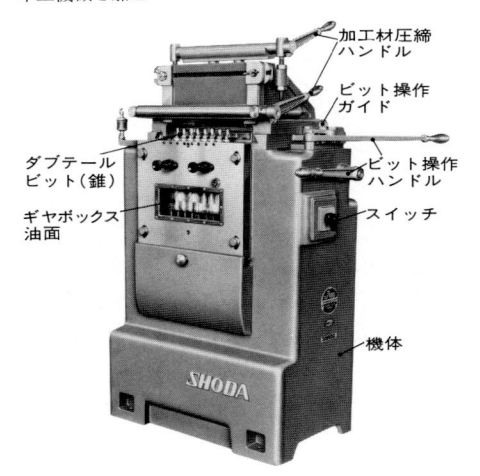

図 IV-105　ダブテールマシンの外観

8.2　ダブテールマシン

多数（8～16本）の縦スピンドルに専用のビットが取り付けられており，3,000～5,000 rpmで回転する．機体上部にある水平なテーブルには加工材の圧縮装置，前後，左右の送り装置および送材用ガイドがあり，これにほぞとなる方の板を垂直にセットし，次にほぞ穴側となる板を水平にかつほぞ板面に木口面を密着してセットする．このようにしてビットを回転しながらハンドル操作によりテーブルを正確なU字型を合せたようなコースをガイドを介して移動して，ほぞ加工と穴加工の両者を一度に行うものである．こうした操作をハンドワークで行う代りに，油圧系の装置（コンプレッサ，油圧弁機構，ペダル式開閉機構など）を足踏み式により操作して，自動的にスムースなビットの移動を行うことのできる自動式もある．送材が滑らかなので能率がよいばかりでなく，ビットの焼けを防止することもできる．この種のものは材料の圧縮も自動油圧式である．

ダブテールマシンの操作では，特に手動の場合，加工材の移動を一定の速さでスムースに行うことが肝要である．すべての加工で送材速度（ここでは刃物移動速度）を適切に行わないと，加工面に焼けを生じたり，必要以上に刃物の寿命を短くする結果となる．特

表 IV-5　ダブテールマシンの標準仕様例

加工しうる木材の厚さ	10～25mm
加工しうる木材の幅	210mm
刃物の数	8本
刃物回転数	5,000rpm
機械の全高・全幅・全奥行	1,240×78×710
所要馬力	1.5kW
総重量	340kg

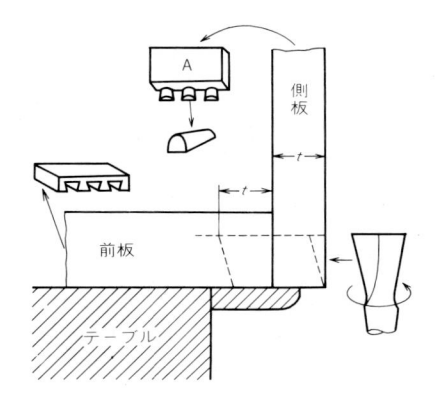

図 IV-106　ダブテール錐（左）と加工材のセットの仕方

図 IV-107　加工材（上）と加工材のストック

図 IV-108　ダブテールマシン刃物セット（左）と作業状況

にダブテールマシンのように木口加工の場合の加工操作ではこのことに注意したい．

9. 仕上げ加工用機械

木材の切削面には，細胞の組織アラさと機械的アラさのおのおのが単独に，または両者の複合されたきわめて複雑な面が現われるのが通例である．これらはまた単に表面のプロフィールだけではなく，送材中の種々の加圧や，刃物の刃先鈍化などによる材内部にまでおよび，いわゆる加工変質層を生ずるなど多様である．アラさは，表面的には，ある程度は表面アラさ計によって測定可能であるが，加工面の垂直断面を走査型電子顕微鏡などによって内層まで正確にとらえることもできる．これからは加工面のこうした手法による評価も必要になるであろう．

ここでは，こうした加工面のアラさを除去し，一層よい仕上げ面が得られ，よい品質の製品を作ることができるよう，超仕上げかんな盤と研削機械とをみてゆくことにしよう．

9.1　超仕上げかんな盤

これは図 IV-110 にみるように，基本原理は手かんなの切削方式をそのまま応用したものである．ゴムロールやエンドレスベルト（摩擦係数大で丈夫な良質白色ゴムなど）あるい

図 IV-109　ワイドベルトサイダー（竹川鉄工）

表 IV-6　スーパーサーフェーサーの標準刃角

材硬軟	角度名		前逃げ角
	切削角	刃先角	
硬　　材	39°～40°	38°～40°	2°～5°
標準（中硬材）	38°～40°	35°～37°	
軟　　材	32°～35°	30°～34°	

厚さ検知器
ナイフストック取出口
スイッチ
テーブル昇降ハンドル

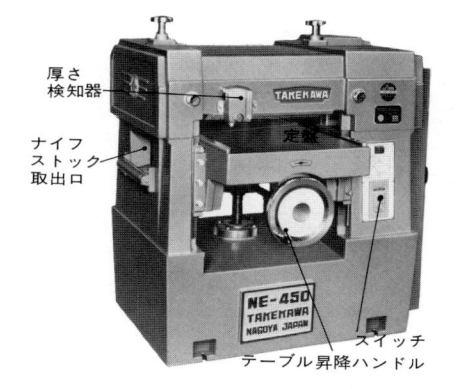

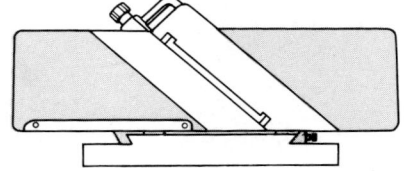

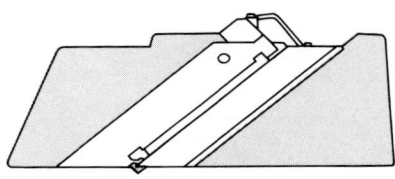

図 IV-110　スーパーサーフェーサーの各部構造およびナイフストック

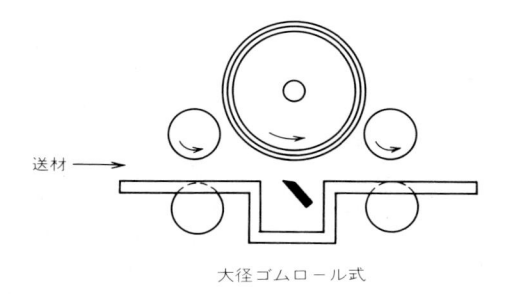

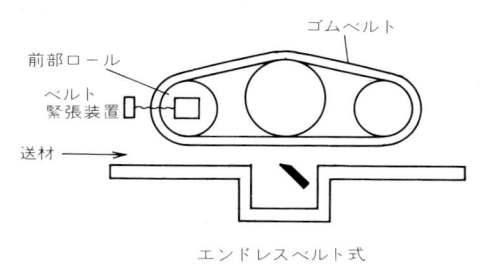

図 IV-111　スーパーサーフェーサーの機構

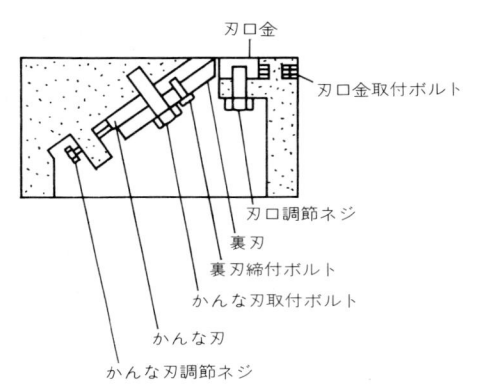

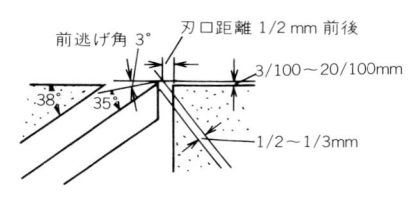

図 IV-112　かんな刃の調整機構と各部標準寸法例および標準仕様例

〈標準仕様例〉

最大加工寸法	450(幅)×150(厚)mm
送材速度	75m/min(50Hz) 90m/min(60Hz)
ナイフ・ストック角度	刃物取付角35度・斜行角6度
送り駆動装置	Vベルト・タイミングベルト駆動
フレーム型式	門型
送材方式	特殊エンドレス・ベルト送り
モータ容量	2.2kW-6P
機械寸法	1100(タテ)×1195(ヨコ)×1190(タカサ)mm
総重量	900kg

は平滑な仕上面を持ったスチールロールなどを主にテーブル上に回転させて，送材し，テーブル中央に平かんなをセットし（ナイフストック），これに材を押当てながら切削するものである．刃口のナイフのセットや関係角度は手かんなのそれに準じる．送材はでき得る限り，順目切削となるようにしたいが，一般に逆目を押える要素として，次の諸点が考えられるから，これらを改善することによって，現在ではさまざまの実験の結果，機械的にはほとんど問題はないといっても過言ではない．

逆目抑制の要素としては次のようなことがあげられる．
① 定盤の平滑度と刃口の押え機構
② 刃口幅の大小（可能な限り小さく）と刃口傾斜角
③ 切削角
④ 裏金の調節
⑤ 送材中の材押え，など．

表 IV-6 は超仕上げかんな盤の標準仕様例を示したものである．

9.2　研削機械

ベルト状研摩布・紙を走行させ，加工材をこれに押し当てて研削するのが，研削盤あるいは研摩盤である．両者とも同じものであるが，より粒度*の細かいサンダーで滑らかな仕上げをするものが研摩盤といわれている．このようなサンダーはいずれもその機構上の特徴によってベルトサンダーあるいはワイドベルトサンダー（大型のもの）などといわれる．サンダーにはその他にも機構上の違いによって，スピンドルサンダー，ディスクサン

---

* 粒度＝サンダー用研摩材粒の大きさを示す番号．記号は＃で，これは1inch＝25.4mmマスに並べ得る粒子数で大小を現わす．木材加工用には40＃～320＃ぐらいが適当．材質はAと粒：溶解アルミナ質系や，Cと粒：炭化ケイ素系など．

図 IV-113　ベルトサンダー（左：縦型，右：横型）　　　　図 IV-115　溝付ロール

ダーなどがあるが，ここではもっとも応用範囲が広く，実際にもっとも多く用いられているベルトサンダーについて説明する．

9.2.1　ベルトサンダー

各種サンダーのうち，ベルトサンダーは機構上水平面の加工によって厚さ決めをしやすいこと，研削中の目つまりが比較的少ないなどの利点を備えている．

ベルトサンダーの研削方式には各種あるが，木材研削用機種のうち代表的なものを示すと，図 IV-114 のようである．図 a についてみると，水平方向に送材し縦に回転走行しているのが研摩布である．最上部のホイールはアルミニウム製など軽合金で軽快に運行されるようにできていて，これはVベルトで電動機と連結されている．下部の研削ロールは，普通研削には，平ゴムロール，重研削（やや深い削り）には溝付ゴムロールが使われ，正確な研削を期すには溝付スチールロールが使われる．

ゴムロールでは，設定切込み量（予想研削深さ）の多少の誤差があっても問題にならないが，スチールロールでは最大切削時研削ロール軸を損傷することがないよう正確なテーブル操作（上げ下げで削り代を設定する）が必要である．

またメーカーによっては，安定した研削のために，研削機械特有の欠点とされる研削面の"うねり"や，"端だれ"（木端面が丸くなってしまう）を防止する特殊機構のパッドなどもある．

サンダーの所要動力 N_s は次式で示される．

$$N_s = 0.66 P_v / 102 \text{ (kW)}$$

ただし v：ベルトの走行速度（m/sec），P：研削荷重（kg）．

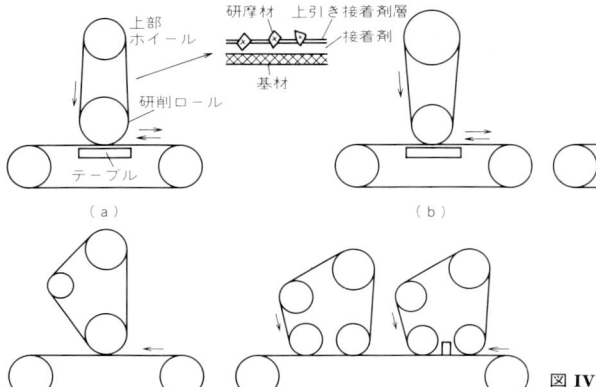

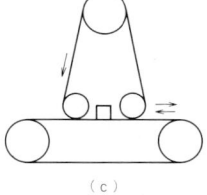

図 IV-114　ベルトサンダーの研削方式例

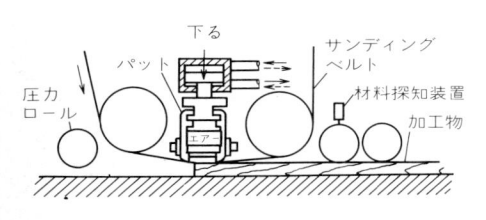

図 **IV-116** 自動パッドの作動（竹川鉄工）

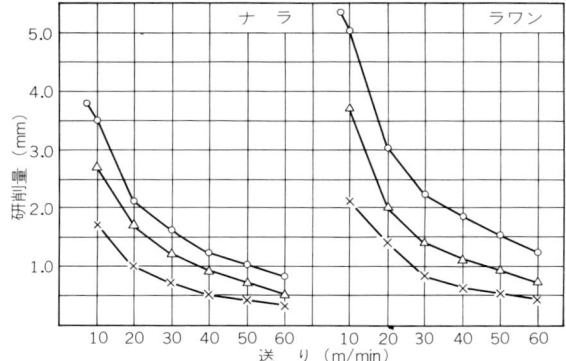

図 **IV-117** 最大研削量と送り速度（竹川鉄工カタログより）
サンディング速度 30m/sec（テストサンディングモーター 37kW-4P(50HP)，研削幅 200mm）．ただし出力一定において幅 200mm 以上の場合は最大研削量が幅に順じて低下する．特殊構造溝付ゴム研削ロールによる最大研削量を示す．
粒度　○：＃40，△：＃60，×：＃80．

N_s は，樹種，粒度の影響を受けることは比較的少ない．

9.2.2 研削量

研削の実験的データは数多くあるが，研削についての一般的な傾向を理解するために，ある研削機械メーカーの実験結果を示す．

これによれば，1回の研削によって最大 5.0 mm 以上の重研削が可能（ラワンなど中硬材）で，これはもう仕上機械というよりは加工機械といえるものである．また，1回当りの研削量は材の硬軟の程度や送材速度，サンダー粒子などに左右されることも，左右のグラフから解る．松のように樹脂の多いもの，年輪界の明瞭で組織の硬軟の差が激しいものなども削れにくい傾向にある．

次に，当然ながら粒度の細かいものほど目づまりを生じて重研削に不向きであること，送り速度が早くなるほど一工程中の研削量は少なくなり，特に材質が軟かいほどその傾向は顕著である．

このように見てくると，サンダーは，安全な上に保守の大変簡単な，扱いやすい機械で特に刃物の研摩が不要＊であるのは最大の利点であるが，グラフに示すような材質おのおのの性質，一つひとつの素材の性質により（形状や加工面の木口，木端，板面のちがい），微妙に削り量が異なるなど，取扱いは必ずしも簡単ではない．微量研削では生じないような現象が重研削ではおこることがある．これらを十分に承知の上，その利点をラインの中で最大限に引き出すような工夫が大切である．

図 **IV-118** プロフィールサンダー

図 IV-119 は曲面を仕上げるプロフィールサンダーの例である．

またサンダーの継ぎ目は運動方向に対し常に順目になるようセットしないと，継ぎ目をいためるだけでなく加工上の精度が得られない．

図 IV-120 はスピンドルサンダーの一例である．スピンドルに加工面を圧しながら移動すると，面取盤で加工するように木端面などの直線直面削り，種々の曲面加工ができ，主にその仕上げ加工に一層有効である．

＊ 「自生作用」といって，研摩材粒子は先が丸くなり切れなくなると切削抵抗は増大し耐え切れなくなる．もろいため先端が微量だけ割れて，脱落しあらたな鋭利な刃先となる．研削作業中この現象をくり返す．

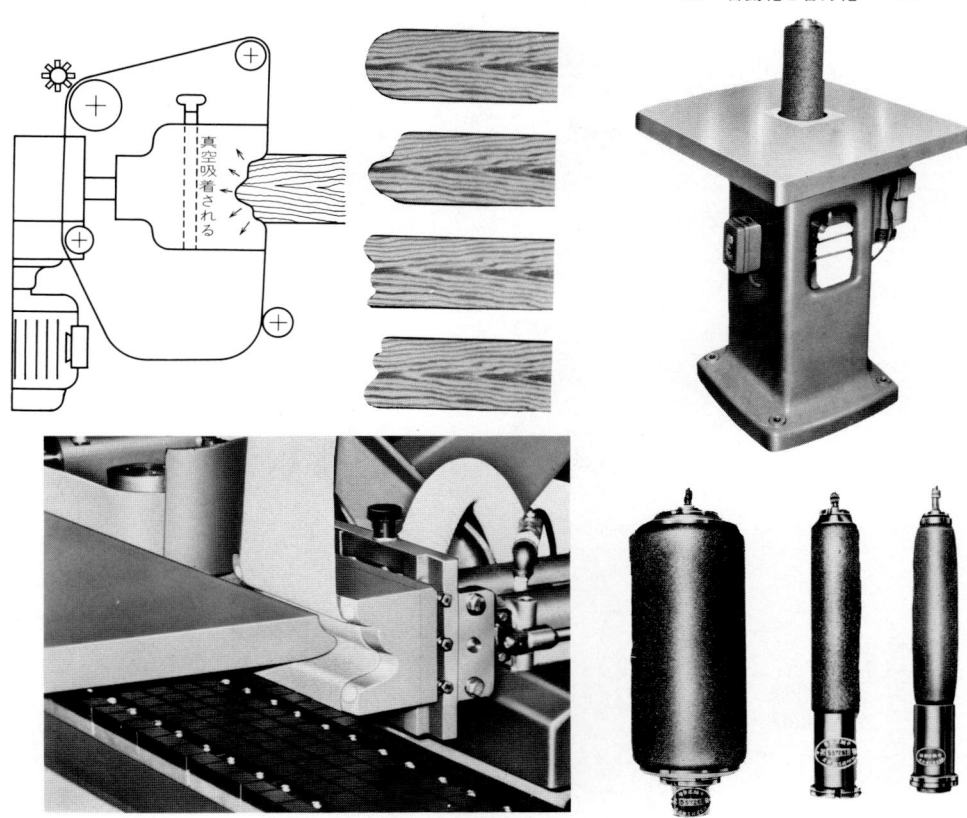

図 IV-119　プロフィールサンダーのサンディングユニット
（庄田鉄工特許）の例と加工例，および作業状況

図 IV-120　スピンドルサンダー

10. 自動化と省力化

1900年代の初頭に，フォード一世はいわゆるフォードシステムによって，世界ではじめてT型フォードの大量生産をした．彼は，人間の筋肉の働きによって行われていたさまざまな動作を機械によって替らせることを大規模に試みた最初の人だったのである．

機械は正確に調節，制御されていれば，人間の判断や行為に比較して**むら**のない働きを**むり**なくこなし，結果として**むだ**のない作業を連続的に行うことが可能である．

これらは，電子工学や精密機械工学に支えられ，機械間の工作物の運搬はもちろんのこと，機械への工作物の取付け・取りはずし，一つ一つの機械やその集合であるライン全体の始動・停止などのスイッチや各種レバー類の操作，さらに刃物の微妙な調整から，工作物の自動定寸などが可能だといわれる．これが自動化といわれる加工システムである．

木工場においても，高性能の自動機械どうしを自動のコンベヤで連結して加工ラインを構成し，あらかじめ決められたプログラムどおりに作業を進めるトランスファーマシンが各工場で活躍している．

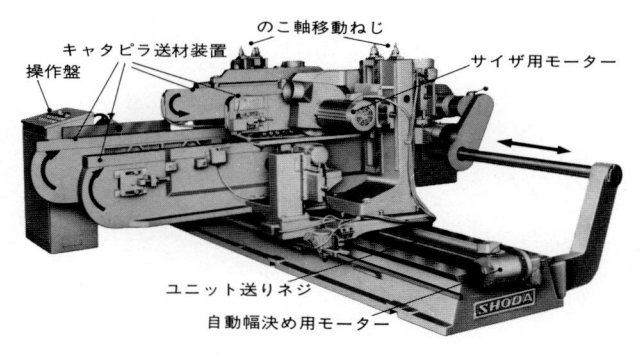

図 IV-121　自動定寸サイザー（庄田鉄工）
パネルサイザーで，手前のユニットは自動送りで幅決めをする．微動はハンドワークできるものもある．

124　IV．木工機械と加工

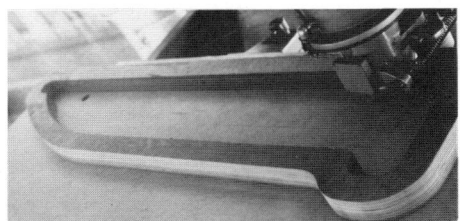

① ならい作業
② ならいルーター
　　上部の治具をならい装置でコピーし，それと
　　連動するスピンドルが二次元加工する．
③ ならい用治具の保管
④ ならい装置と治具

図 IV-122　ならいルーター（コダカ）

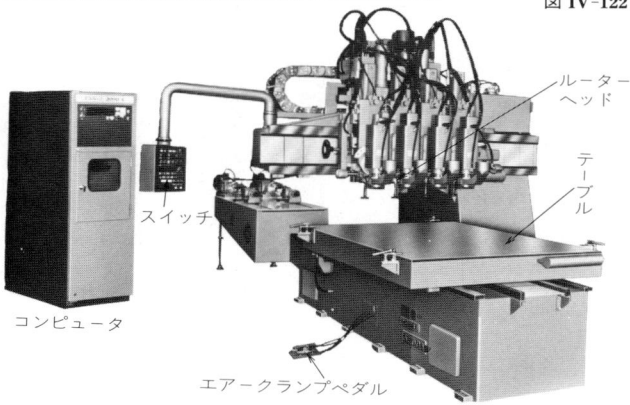

図 IV-123　4軸ターレット式NCルーター（庄田鉄工）
　　1〜4はスピンドル．作業内容，段階により
　　ツールチェンジをする．三次元加工可．

また，個々の木工機械の現状をみると，たとえばルーターマシンやコッピングマシンなどがコンピュータと連動されていてプログラムどおりに自動作業を行い，作業員は直接手をくだすのではなく，もっぱら機械の動きを監視することが主体となって，その内容は質的にも変化してきている．

このようなコントロール方式には数値制御方式と光電管方式とがある．前者はテープにデータを記録し，その指令によって刃物軸（スピンドル）と加工材をセットしたテーブルとの関係運動を規制しながら三次元の加工を自動的に行うものであり，これはNC機械

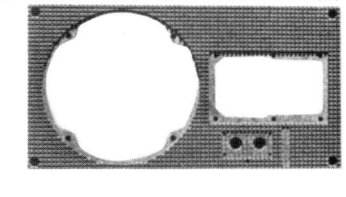

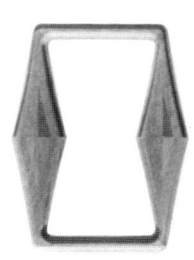

図 IV-124　NCルーターの加工例

（numerical controlled machine）といわれる．後者は，機械に二つの大きなテーブルを有し，一方のテーブル上に図面をセットし，これを光電管からの光のビームで読み取りながらトレースすると，これと連動してスピンドルが二次元の加工を行うもので，ならい加工の治具を図面化したものといってよいであろう．すなわちデザインがどんなに変更されても治具製作の必要はなく鮮明かつ一様な太さの線で表現された図面があればよいわけである．

自動化は，このようにして，作業者の労力を減らし人数を少なくしながら（省力化），生産性を高め，加工上のむらのない均一な良質品を製造することが可能である．

11. 手加工と工具類

手加工は木材加工法においても基本となるものである．わが国の手工具類は大変に豊富で精密加工に適するものが多い．ここでは，木製品加工のうち家具や小工芸品，造作などに使われる工具類を中心にみてゆくことにする．図IV-125はその一例である．

11.1 のこぎりとのこ挽き作業
11.1.1 のこぎり

手加工による木材・木質材の切削はのこぎりによって行う．

のこぎりは，炭素鋼板（含有炭素 0.6～0.8％ぐらいの鋼）をのこぎり状にプレス加工し，焼入れなどの熱処理をして，手やすりで目立てなどの研摩加工ができるぐらいの硬度と弾性を与えたものである．その構造は図IV-126に示すとおりである．

のこ身は，中央をやや薄くなるようにキサゲによってそぎ取り，歯部に目振りがしてあるから，その断面はIビーム形をしていて，のこ身への材の摩擦を軽減し，切削上の鋭い

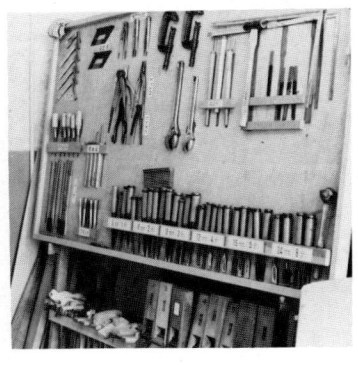

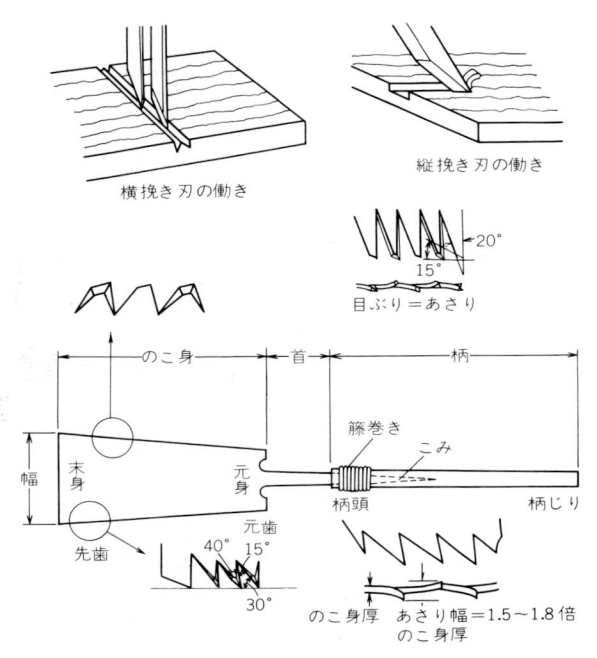

図 IV-125　手工具類

図 IV-126　のこぎりの構造とのこ刃の切削機構

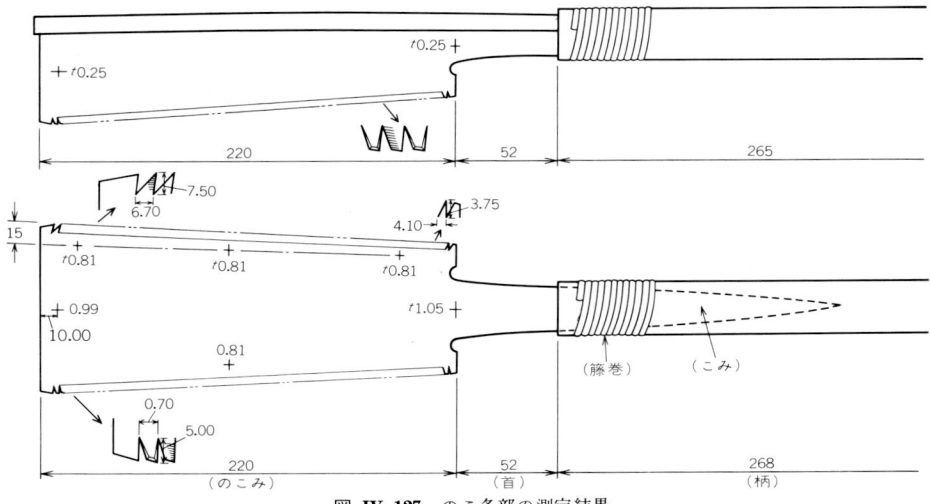

図 IV-127　のこ各部の測定結果

作業性を与えるとともに，のこ身に作用する曲げやねじれの力にも耐えられるような構造となっている．

両刃のこは木材加工ではどの職種・領域でももっとも使用頻度の高い工具の一つで，手加工では不可欠の工具である．ここでは，この典型的なのこぎりを通してのこぎりの構造を少しみてみよう．

① 縦挽き刃では本（元）歯は末歯の約1/2となっている．大きさは末に向かって徐々に大きくなる．

② 横挽き刃の大きさは変わらない．

③ 歯形は，縦挽きが"のみ状"となっており，横挽きは"小刀状"をしている．

④ のこ身は，Ｉビーム形の断面をしているが，さらに首部から徐々に薄くなり末身でもっとも薄くゆるやかなくさび状となっている．

また，あらゆるのこの中で縦挽きのこの傾斜はもっとも大きく，これは，縦挽きのこの使われる状態——材中で受けるのこ身の抵抗が最も大きい——に適応したものである．図 IV-127 はのこ身をノギスとマイクロメータで測定した結果を示したものである．

ところで，西欧の手のこについてみると，概してのこ身が厚く，精密な手加工にやや適さない．細部のバランスをみても細かい工夫をこらしているというよりは押して切るのに都合がよいよう頑丈にできている．

このように，わが国では引いて挽くのに西欧では押して挽く．両者を比較してどちらがより合理的（科学的）であろうか．結論からいうと両者とも大変に合理的で，違いはいわば立脚点の差になるだろう．

わが国の場合は，工具改良の関心がもっぱら加工材や工具材の性質に向けられてきた結果といえる．鋼は引張に強く圧縮に弱いことはいうまでもない．引いて作業をすることは工具材の特性を引き出すのに適している．その結果のこ身を極限まで薄くし細工上の精度を上げ，わが国独特の障子，組子欄間など精緻な加工技術の完成へと向かわせた．

西欧では，圧縮に弱い鋼を使いながら，その関心が作業性や労力（人間）に向けられて来た結果とみることができよう．押して作業することは，体重を乗せ，よりダイナミックな作業ができる．しかしのこ身は厚く丈夫にする必要があるから精密な加工には適さない．

11.1.2　のこぎりの歯形

のこぎりの歯形は，その機能に応じて，先に示した胴づきのこおよび両刃のこの歯形の他にばら目といわれるものなどがある．図 IV-128 は，のこ歯の代表的形状を示したものである．

これらは木材が細胞の集合体であることを考慮して設計されているもので，縦挽き，横挽きのほか，ばら目は縦挽き，横挽きの両方

(a) 横挽き　(b) 横挽き　(c) ばら目　(d) ばら目　(e) 縦挽き　(f) 縦挽き

上刃　下刃
上目

（軟材用）　（硬材用）
（g）縦挽き刃の角度

図 IV-128　のこ刃先の形状

γ：すくい角
β：刃先角（刃物角）
α：逃げ角
θ：切削角

図 IV-129　刃先の諸角

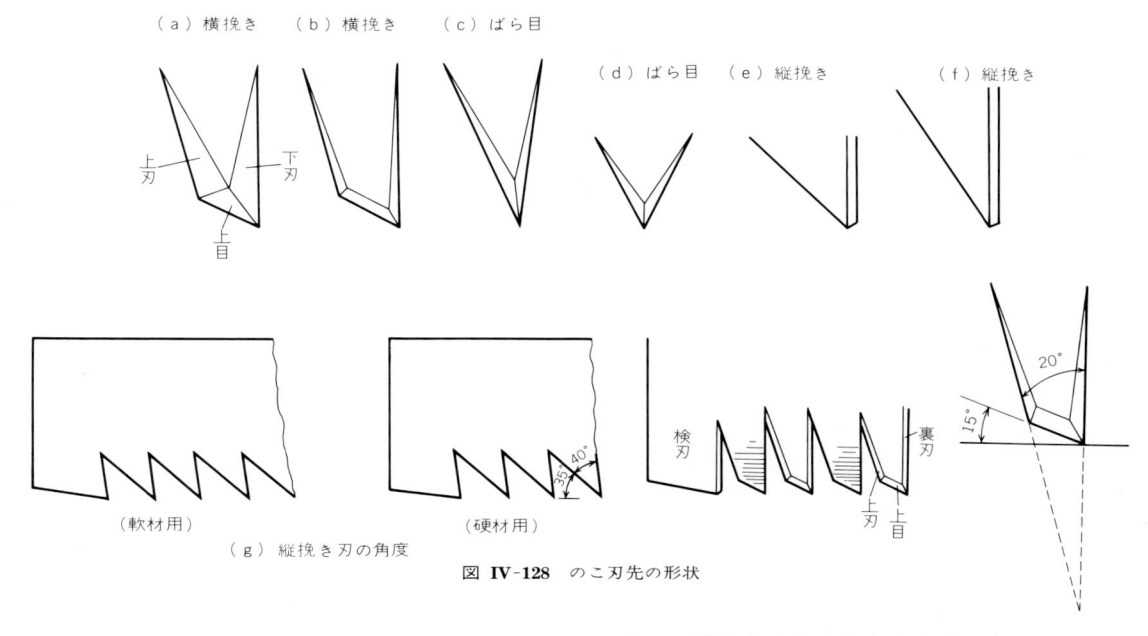

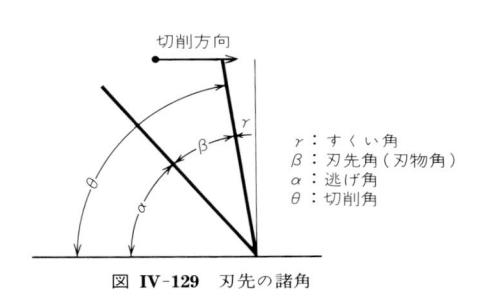

を一つの歯形で行なうもので，これは複雑な切断作業を行なう曲線挽きに使われる．いずれにしてものこぎりをはじめ，すべての木工具は，木材の繊維細胞の構造・方向性と深く係わるもので，II 章で学んだ木材・木質材に対する理解が木材加工にとって大変に重要であることを再度強調しておきたい．図 IV-129 は刃先の諸角を示す．

11.1.3　のこぎりの種類と用途（図 IV-130）
　ここで比較的使用頻度の高いのこぎり数種を取り上げ，その特色・用途などについて概観しよう．
　a．横挽きのこ　横挽きのこは，わが国ののこぎりの発生とともに存在する古いものである*．のこ身の片側に刃をつけたもので，のこ刃の単位要素は小刀状をなしており，木材繊維を横から切断するのに適したものとなっている．
　のこ身の形状は元から末にやや広がっていて，先端が軽くならないよう重量バランスが調節され水平に使用したときも切削作業がなめらかに行なえるよう工夫されている．
　b．縦挽きのこ　横挽きのことほぼ同様の形態をしており，のこ身の片側に刃がついている．これは木材の繊維に沿って組織を堀り起こすように切断するため，のこ刃の単位

図 IV-130　のこぎりの種類

---
* 絵図や他の資料に示されているのこ刃の形や，のこ挽き作業の様子から室町中期頃まではすべて横挽きで，縦挽き作業はもっぱら丸太に縦に数本ののみや楔を打込んで縦割にしていることがうかがえる（「石崎縁起絵巻」1324～26 年）．これはわが国が割裂性の高い針葉樹を多用した（針葉樹文化）ことをよく示している．

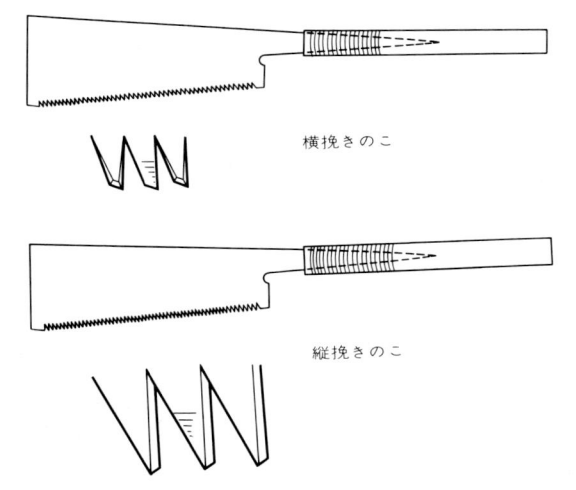

図 IV-131 横挽きのこと縦挽きのこ

要素はのみ状をなしている．のこ身の形状は元から末にやや広がり，元刃が小さく徐々に末に向かって大きくなり末刃で約2倍となっている．

これは挽きはじめに挽き溝を元刃で入れ，次にのこ身全身を使って作業する手順に適合している．なお前にも触れたが，のこ身は首に近いところがもっとも厚く，先端へ向かって薄くしてある．

縦挽きのこは作業の性質上材料とのこ身の接触面積はきわめて大きく，加工材の水分傾斜などのために発生するのこ身の摩擦抵抗を少なくするよう工夫されているわけである．

c. 両刃のこ のこ身の両側に刃がつけられたもので一方は横挽き，他方は縦挽きとなっている．1丁で横挽きと縦挽きができるので便利である．それぞれの刃の形状も上述二つののこぎりに準ずる．

のこ身の厚さはこれの方がやや薄くできており，両刃の目ぶりによって，のこ身の断面はI形をしていて弾力性があり，丈夫である．このため単に直線状に挽くだけでなく薄板の曲線挽きもできる．のこの大きさはのこ身の刃の長さ（刃渡り）で示されるが，一般に家具，小工芸品などの加工には 19～28 cm ぐらいまで，大工・造作などには 30 cm 前後のものが使われる．

枘（ほぞ）の胴付面の加工などやや精密なものまで使われ，幅の広い用途がある．

d. 胴付（突）のこ 柄（ほぞ）の胴付面の加工や各種の柄組加工など主として精密さを要する加工に使われる横挽きのこである．組子などの加工にも適するようのこ身はごく薄く（刃の長さ 22 cm で 0.25 mm 厚）そのため，のこ身を支えるための背金が付けられて

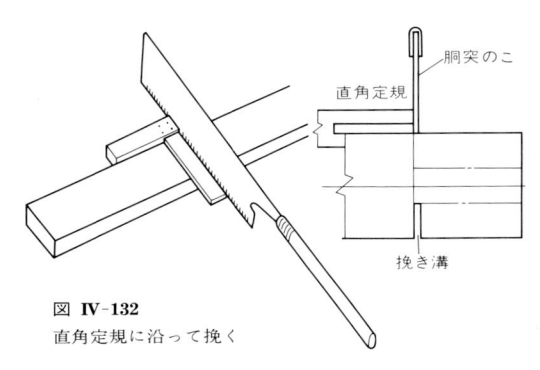

図 IV-132
直角定規に沿って挽く

いる．のこ身厚は一様である．使用に当たっては，のこ身が薄いので挽き曲りが生じないよう墨掛け線に案内定規（木端のまっすぐな板など）を添えこれに沿ってのこ挽き作業を行なうこともある（図 IV-132）．また指物などで使われる木釘，うめ木用太柄の切断などに使われる．

e. 柄（ほぞ）挽きのこ 胴付のこと同様の形態であるが刃は細かいねずみ刃がつけられ，これはもっぱら柄の両側の挽込みに使われる．ねずみ刃は縦挽き刃と横挽き刃とを兼ねた形状なので，挽き肌はなめらかなうえ木理の斜交によって挽き溝が流れにくい．

寸法は胴付のこ同様あまり大きなものは使われず，20 cm 内外である．

柄挽きのこは，胴付のこ同様のこ身がごく薄い（0.25 mm 内外）のため使用に当たってはかなりの熟練を要する．縦挽用．

f. 畔（あぜ）挽きのこ（図 IV-133） 両刃と片刃とがあるが現在市販されているもの

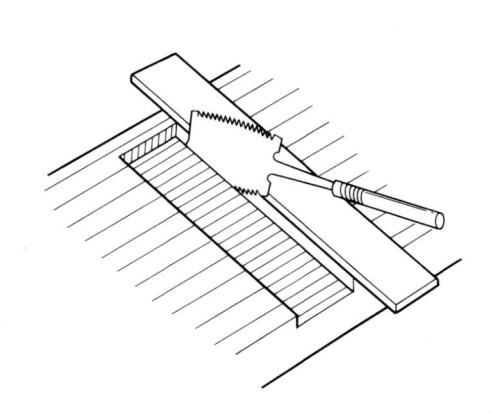

図 IV-134 畔挽きのこ

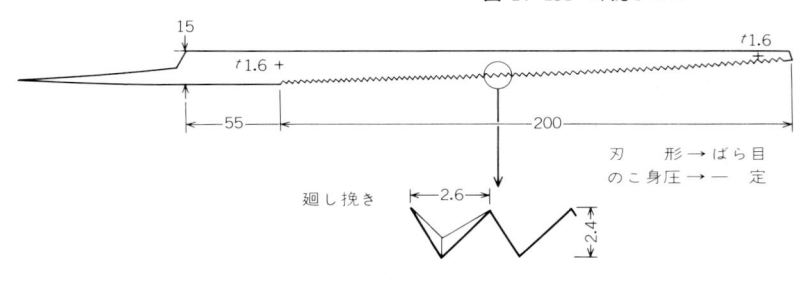

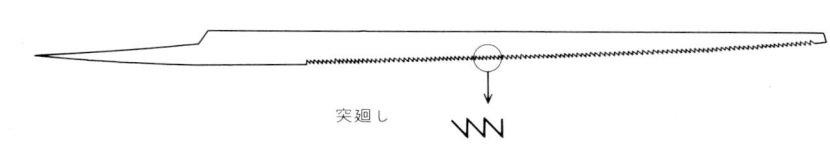

図 IV-134 廻し挽きのこと突廻し

はほとんど両刃である．

　用途により多少の違いはあるが，両刃のものは首が長い割合にのこ身は短く，刃先線が弧状である．

　畔挽きのこは，端止め溝を挽くもので，板の平面中央から挽込みができるよう考えられた形状をしている．家具や指物に使われる小型のものは，刃渡り約 6 cm～9 cm ぐらいのものが多用される．

　g. 廻し挽きのこ（図IV-134）　板に錐（きり）やドリルで穴をあけた後，これの先端を通し徐々に挽込み，曲線状に挽抜くのこぎりである．そのため，のこ身の幅は狭く先端は鋭く尖っている．のこ身の厚さはやや厚く元身と末身との厚さは一様で挽廻しに耐えるようになっている．

図 IV-35 廻し挽きのこ

　刃形は，ばら目またはねずみ歯といわれるもので曲線挽きの工程が縦挽きと横挽きとを兼ねるところから両作業ができるものとなっている．他ののことは違ってあさりはつけない．なお刃形も扱う材の硬軟で異なる．硬材では下刃が 90°に近く，上刃の傾斜を少なくする．しかし太鼓用の廻し挽きでは縦挽きとなるため，ケヤキなど中硬材であっても上刃の傾斜は多く材のくい込みは良くしてある．

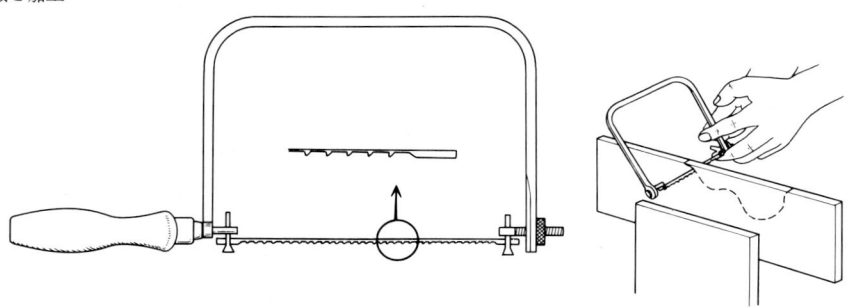

図 IV-136（a） 弓のこと糸のこ

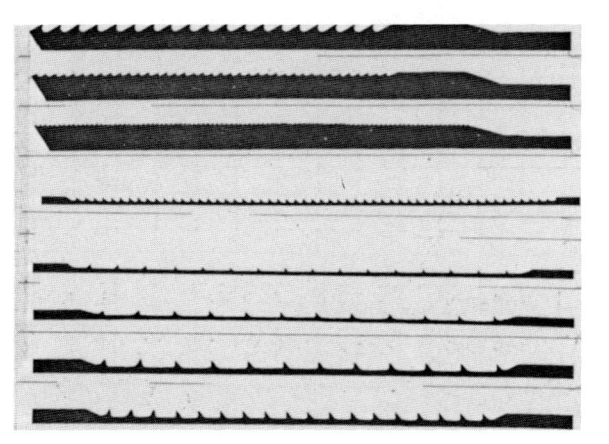

図 IV-136（b） 弓のこ刃（上）と糸のこ刃（下）

刃の向きが逆のものは突廻しのこといわれる（図 IV-135）．

のこの大きさは太鼓用のように90 cm 前後かそれ以上のものもあるが，指物や欄間彫刻の透しなど一般の木工用は 20 cm 内外でのこ幅は元（本）身で1 cm ぐらいである．

h. 弓のこ（弦かけのこ）（図 IV-136） 文字どおり柄に付いた弓状のフレームで糸のこに緊張を与えこの力で糸のこで細かい切断加工をするものである．のこ身は糸のこのため，廻し挽き，縦挽き，横挽きのいずれの方向も挽き肌はきれいに加工できる．一般に曲線挽きとして，薄板や合板を挽くのに使われるが，板組（仕口）加工などにも使われる．

加工は紋様の中央部に錐穴をあけ，これに糸のこを通して紋様を挽きつづける．現在は卓上型の糸のこ盤が多く使われるようになって来た．刃形はわが国のものは手前を向き，欧米のものはむこう向き（末方向）である．

11.1.4　のこ挽き作業（図 IV-137）

のこぎりの使用上の要点を列記すると次のようである．これらはどれも使用頻度の高い両刃の場合が中心となっている．

① 挽きはじめは，左手親指の爪でのこ刃の案内として，元（本）刃を使って小きざみに静かに挽き溝をつける（繊維方向に合致した

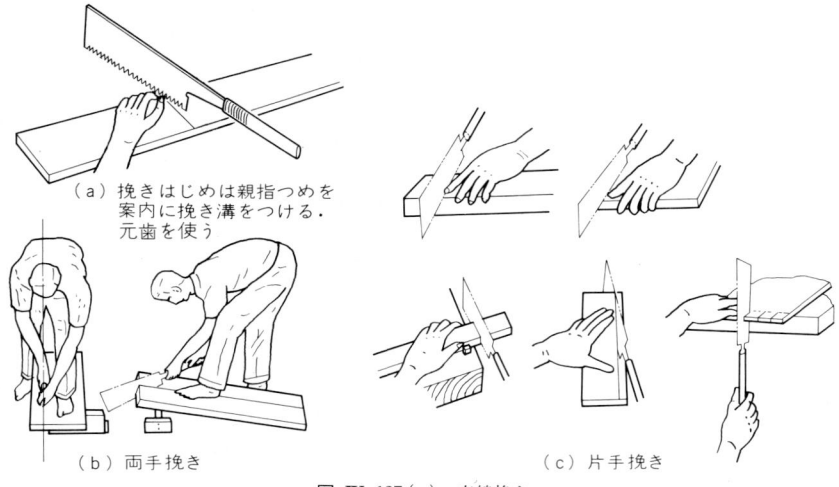

（a）挽きはじめは親指つめを案内に挽き溝をつける．元歯を使う

（b）両手挽き　　　（c）片手挽き

図 IV-137（a）　直線挽き

11. 手加工と工具類　　131

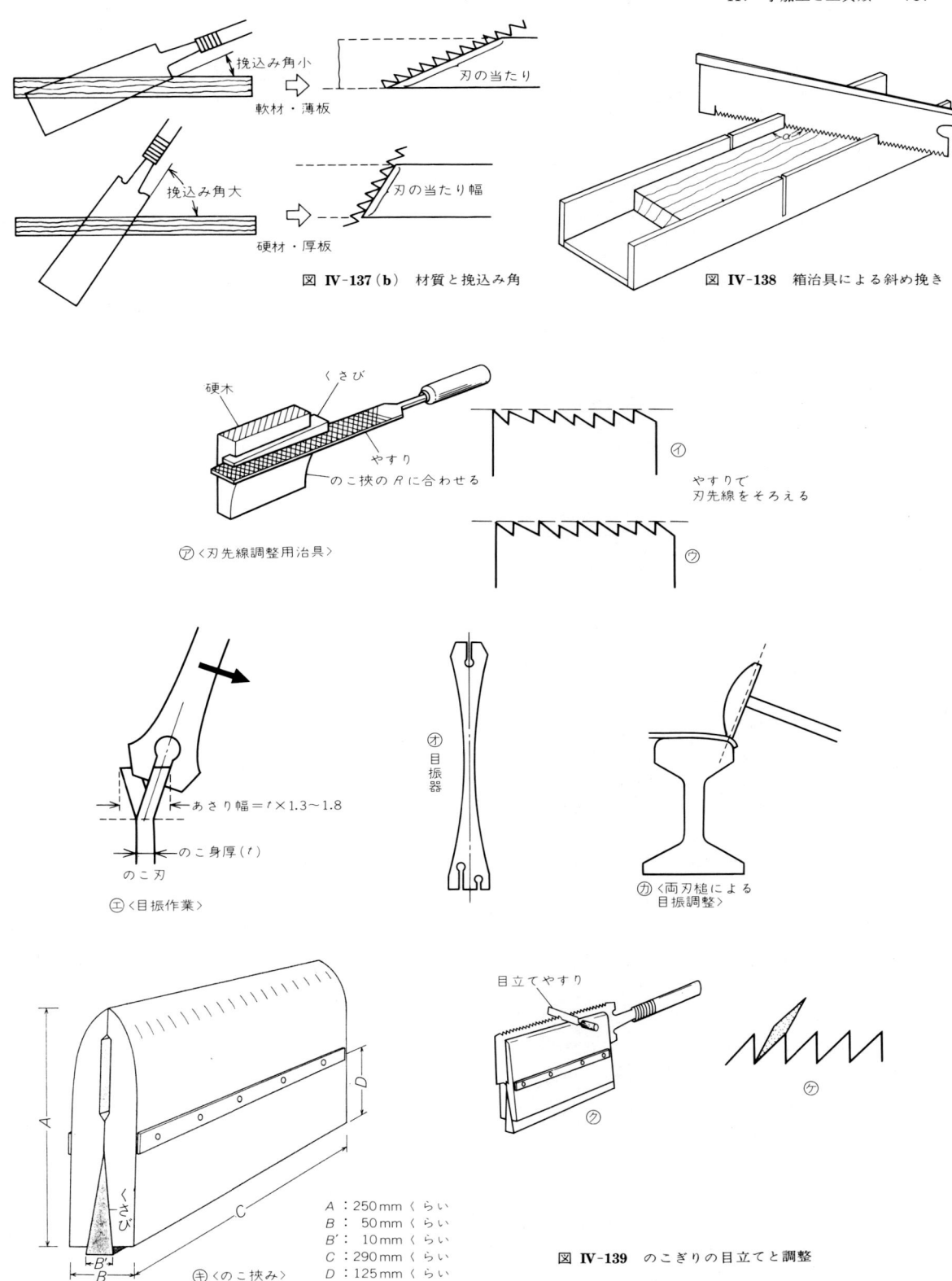

図 **IV-137**（**b**）　材質と挽込み角

図 **IV-138**　箱治具による斜め挽き

硬木　くさび　やすり　のこ挟のRに合わせる

⑦〈刃先線調整用治具〉

やすりで刃先線をそろえる　④

⑨

あさり幅＝t×1.3～1.8
のこ身厚（t）
のこ刃
㋣〈目振作業〉

㋕目振器

㋖〈両刃槌による目振調整〉

目立てやすり

㋗　　㋘

㋚〈のこ挟み〉

A：250mm くらい
B：50mm くらい
B'：10mm くらい
C：290mm くらい
D：125mm くらい

図 **IV-139**　のこぎりの目立てと調整

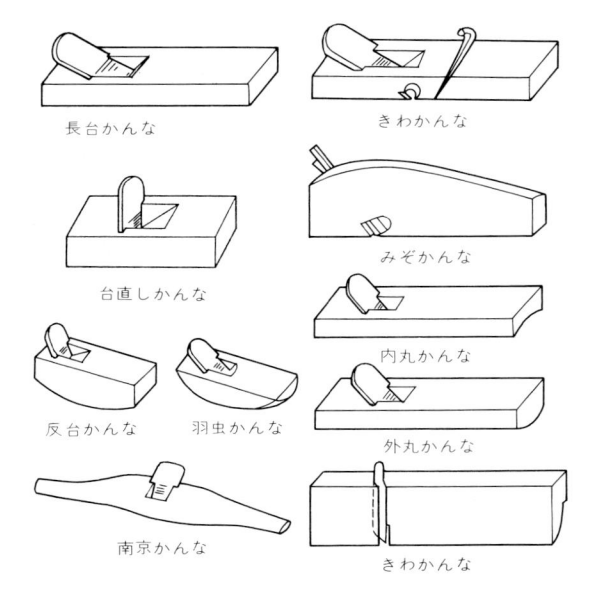

132　IV. 木工機械と加工

長台かんな　　きわかんな
台直しかんな　　みぞかんな
反台かんな　羽虫かんな　内丸かんな
　　　　　　　　　　　外丸かんな
南京かんな　　きわかんな

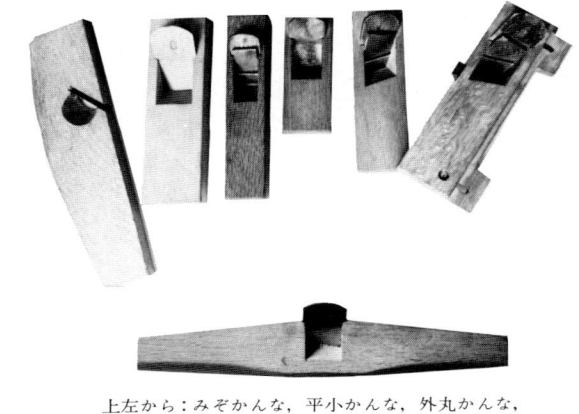

上左から：みぞかんな，平小かんな，外丸かんな，
　　　　　反台かんな，きわかんな
下：南京かんな

図 IV-140　各種かんな類

刃形でひく）．
　② 次に両手で持ちかえ体の中央で挽く．片手挽きのときは，のこの柄が脇腹の方に引き込まれて挽曲がりの原因となるので注意する．
　この段階では，のこ身全身を使って挽くようにする．
　③ 引くときに力を入れ，もどすときは軽くのこを浮かすようにする．
　④ 挽き終りは小きざみに挽き，木口割れを防ぐようにする．
　⑤ 刃先線と挽材表面とのなす角を挽込み角というが，30〜40°を境に，硬材ではやや大き目にして挽き，軟材では小さ目とする．合板，広幅板の切断では挽込み角をごく小さくすると挽曲がりを生じないで上手に挽ける．
　⑥ 胴突のこや，畔挽きのこによる挽材作業は罫引線（白がき線）に木製定規や木端面のまっすぐな板を置いてこれの定規面を案内として挽込み線を入れると正確な作業ができる．
　その他箱治具の工夫（図 IV-138）などそれぞれの作業目的に応じて工夫をこらすことによって作業を正確に行なうことが望ましい．
　また，合板などで，曲率半径のあまり小さくない曲線挽きは両刃のこによって良好な作業ができる（両刃のこの項参照）．

11.1.5　のこぎりの目立てと調整（図 IV-139）
　のこ挽き作業を続けていると，刃先は摩耗するから当然切れ味が落ちてくる．また，一様に整列のよい状態の目振りが狂ってくると挽曲がりを生じる．このようなのこ刃を再生するのが目立て作業である．目立てには大別すると，刃先をそろえたり，一つおきにのこ刃を左右に振り分けあさり幅を付ける目振りなど，のこ刃の整列をするものと，摩耗した上目・下目をやすりで研磨し刃先の再生をする二つの作業がある．また，必要に応じて，のこ身のひずみ取りも行なう．
　次に一般に行なう目立作業を手順を追って示す．
　① 平ヤスリで，のこ刃の刃先線をすってそろえる．のこの固定はのこばさみを用いる．
　② 目振器（刃槌で行なう方法もある）であさり幅を調整する．一つおきに均等に振り分ける．このとき，あさり幅は歯元部のこ身厚の 1.5〜1.8 倍とする．これが均等に整列できないと挽曲がりの原因となる．
　③ のこ身全体の真直度を調べ，歪みを生じていれば金敷上で槌を当て調整する（これは熟練を要する）．
　④ 歯部の研磨をする．これは縦挽きのこでは上刃・下刃を，横挽きのこでは上刃・下

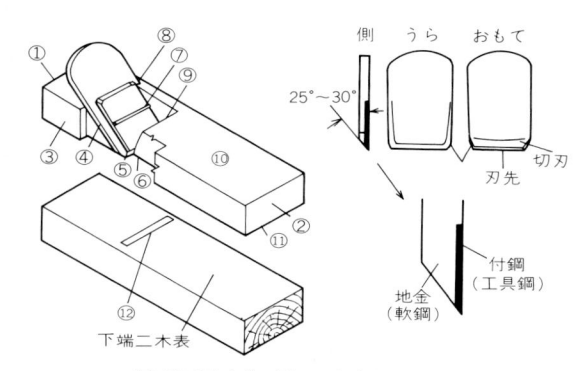

図 IV-141（a） 平かんな台とかんな刃
①台頭，②台尻，③木端，④かんな身，⑤うら金，⑥屑返し（こっぱ返し），⑦押え棒，⑧押え溝，⑨出口，⑩上端，⑪下端，⑫刃口．

刃・上目を研摩するもので，目立てヤスリで鋭利に研ぐ．このとき，ヤスリで隣りの刃をきずつけないように研ぐ．

⑤ キサゲまたはヤスリで研摩時に生じた刃部の側面にでたバリを除去する．

11.2 かんなとかんな削り作業
11.2.1 かんな

かんなには主に図 IV-140 に示すようなものがある．これらは平削りするもの，曲面削りをするもの，あるいは溝削りや段欠きなどの特殊な作業をするものなどがある．

かんなは，かんな刃とこれを保持し切削時の基準となって定規の役割をはたすかんな台とから成り立っている．かんな刃は軟鋼を基材として炭素鋼か工具鋼を付け刃してある．かんな台の材質は，木理の通った板目材または追まさ材の白ガシや赤ガシが使われる．台下端が木表側となるようかんな刃を仕込む．これは，台下端が狂ったとき台直しかんなで水平面を出しやすいためである．

カシ材は硬さが十分で割れにくく，木理の走行方向によっては比較的狂いが少ないのでかんな台に適している．図 IV-141（a）は各部の名称を示したものである．

かんなは，刃の仕込み形式によって一枚刃かんなと二枚刃かんなとに分けられ，このうち，両者の特質を比較すると次のようである（図 IV-141（b））．

一枚刃かんなは，

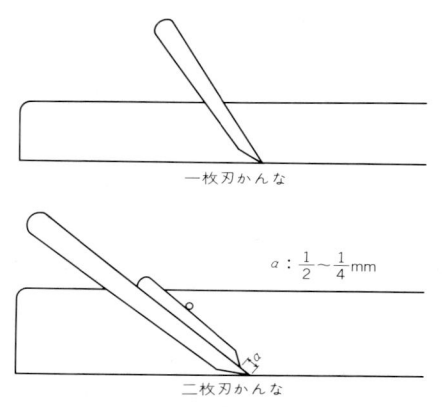

図 IV-141（b） 一枚刃と二枚刃

表 IV-7 日本産材の切削抵抗

樹種名	比重	切削抵抗 [kg/cm]	
		柾目面	木口面
ス　ギ	0.40	6.0	14.3
コウヤマキ	0.41	6.2	15.2
ト ド マ ツ	0.43	6.6	16.9
ハリモミ	0.44	6.9	17.5
エ ゾ マ ツ	0.45	7.1	18.1
ヒメコマツ	0.45	7.1	18.1
ク ロ マ ツ	0.53	8.9	24.0
ツ　ガ	0.54	9.2	24.9
ア カ マ ツ	0.55	9.3	25.6
ド ロ ノ キ	0.36	5.1	11.2
バッコヤナギ	0.40	6.0	14.3
シ ナ ノ キ	0.43	6.6	16.9
ホ オ ノ キ	0.47	7.6	19.9
カ ツ ラ	0.52	8.7	23.4
シ オ ジ	0.57	9.8	27.0
オニグルミ	0.58	10.1	27.9
ヤ チ ダ モ	0.59	10.3	28.5
ア カ ダ モ	0.60	10.5	29.0
タ ブ ノ キ	0.61	10.7	30.0
ブ　ナ	0.62	11.0	30.8
シ イ ノ キ	0.63	12.2	31.4
ミ ズ ナ ラ	0.66	11.8	33.8
マ カ ン バ	0.70	12.7	36.7
イタヤカエデ	0.70	12.7	36.7
ア カ ガ シ	0.93	18.0	54.0

切削角：50°，切込量：0.5 mm．
（中村・青山：林試研報，93，1957）

① 裏金がないので先割れが深く逆目は発生しやすい．
② 切削抵抗は小さい．
③ 削り肌は美しい．

これに対して二枚刃かんなは，
① 裏金によって切削角を大きくしたとき

① 刃先の母材へのくい込み

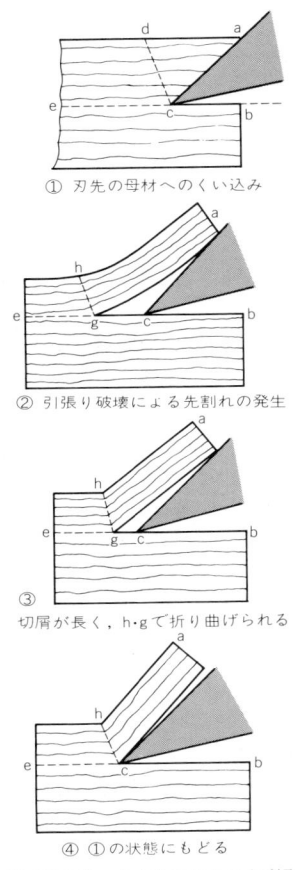

② 引張り破壊による先割れの発生

③ 切屑が長く，h・gで折り曲げられる

④ ①の状態にもどる

図 IV-142　かんな刃によるき裂型切削のプロセス

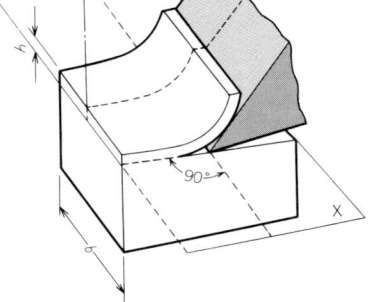

（a）二次元切削（平行切削）

（b）三次元切削（傾斜切削）　η：傾斜角

図 IV-143　刃物と被削材（h：切込量，b：切削幅）

に似た効果があり，削り屑は座屈を受け先割れは発生しにくい．

② 切削抵抗が大きい．

③ 削り肌はやや粗い．

かんなによる切削は繊維方向の別により，繊維方向と平行の切削を縦切削，直角方向の切削を横切削，繊維を切断するものを木口切削という．繊維方向と切削時の切削抵抗は中村・青山両氏の実験によれば表 IV-7 のとおりで，柾目切削に対し木口面では約2.5～3倍となる．

なお，縦切削では，順目（ならいめ）切削と逆目（さかめ）切削とがある．

ⅰ) 順目（ならいめ）切削：繊維走行が刃先切削線より下向きでない材に対する切削で，先割れは生じても刃先切削線の下方にくい込みにくいのでその根跡としての逆目ぼれは母材に残留しない．

ⅱ) 逆目（さかめ）切削：刃先切削線より下方に繊維走行が向いている材を刃先角，切削角が比較的小さい状態で切削するときにみられるもので．このとき，刃先端よりさらに上下方向の引張り作用のため先割れを生じ，これが

刃先の切削線より下方に向かって生じた根跡いわゆる逆目ぼれがそのまま切削面に残留している状態をいう．図 IV-142 は切削のプロセスの一例である．

逆目を防止するには，刃先角を増し切削角を大きくすることによって，切屑に曲げモーメントを与えて，これに上下方向の引張作用が生じる前に，折り曲げる，折れ型の切削をするのも一方法である．

そのほか，台の刃口幅を必要最小限にとどめ，切込量を微少とし，台のくず返しを十二分に機能させること．あるいは，二枚刃かんなを使用する．さらには横切削を行なうなどの対策が考えられる．必要に応じて，これらのうち，もっとも適切な方法を選ぶとよいであろう．

11.2.2　平削りにおける刃物と被削材

木材を刃物で切削するときの刃物が材料にくい込み，母材から切屑を発生する様子を観察してみると，刃物の材料に対する作用の仕方には大きく二つの特徴的な相違がみられる．結論的にいうと，切屑発生時の刃物の作用の仕方によって，切屑は刃物の進行方向と同一方向に排出されるものと，進行方向に対し横方向に排出されるものとがある（IV-143）．

前者は平削りにおける二次元切削，後者は三次元切削といわれる．

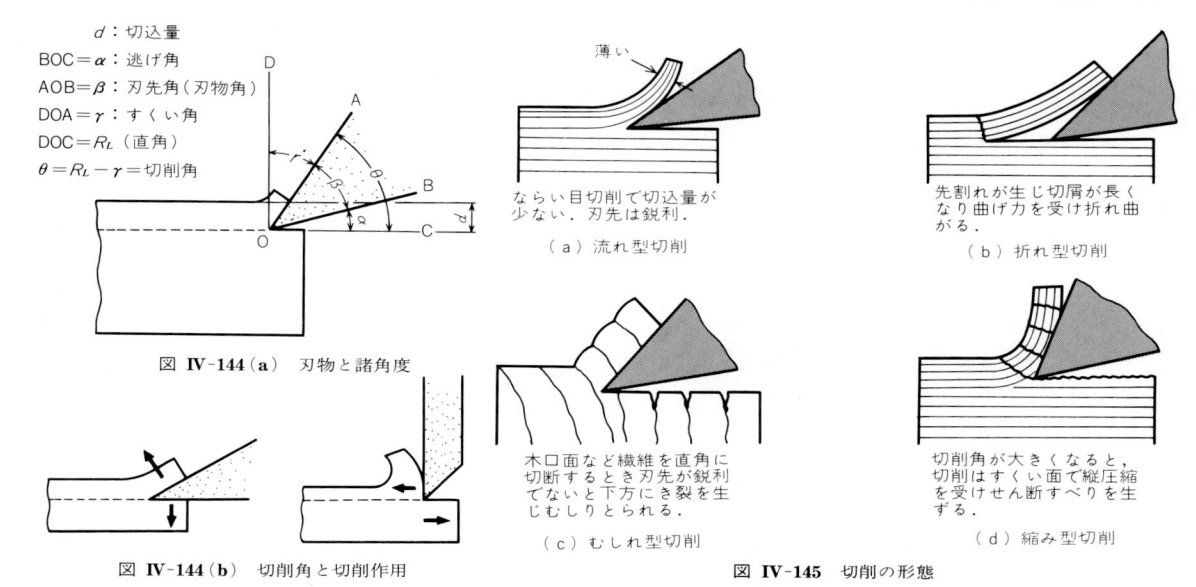

d：切込量
BOC＝α：逃げ角
AOB＝β：刃先角（刃物角）
DOA＝γ：すくい角
DOC＝R_L（直角）
$\theta = R_L - \gamma = $切削角

図 IV-144（a） 刃物と諸角度

図 IV-144（b） 切削角と切削作用

(a) 流れ型切削
ならい目切削で切込量が少ない．刃先は鋭利．

(b) 折れ型切削
先割れが生じ切屑が長くなり曲げ力を受け折れ曲がる．

(c) むしれ型切削
木口面など繊維を直角に切断するとき刃先が鋭利でないと下方にき裂を生じむしりとられる．

(d) 縮み型切削
切削角が大きくなると，切削はすくい面で縦圧縮を受けせん断すべりを生ずる．

図 IV-145 切削の形態

二次元切削では，平かんなをまっすぐ引いた状態であり，三次元切削は，台を引く方向に対して傾斜させて削る状態である．

これを刃先と切屑との関係でみたものが図 IV-143(a), (b) である．ここでそれぞれの場合の X, Y なる仮想断面を設定して考えてみると，二次元切削では刃先線が進行方向に直角のため母材から切屑は Y 断面で上方に引きはなされようとする引張力またはせん断力（切削角の大小による）を受けるが水平方向の X 断面には（X 方向には）力の作用は受けない．微少区間でみるならば切屑は刃物の進行方向より左右には流れない＊．

一方，三次元切削では，刃先線は進行方向に対し直角でないから，切屑は垂直断面と，水平断面の両方に力を受けることとなり切屑は刃物の進行方向に対して横方向に排出される．図 IV-143(b)．

このように切削という複雑な現象はモデル化して考えることにより，まず単純な条件下で明らかになったことを基本として，徐々に条件を付加してゆくことができるので刃物の設計や，材料と刃物の関係を考える上で便利

である．なお図 IV-144(a) は切削時の刃物の諸角度を，(b) はき裂型の切削とせん断型切削が切削角と深くかかわることをモデル化して示したものである．

11.2.3 切削の形態

図 IV-145 の (a)～(d) はかんな刃による切削形態のうち典型的な切削の状態を示したものである．(a) はき裂型切削，(b) は折れ型，(c) はむしれ型，(d) は縮み型，である．次にこれらの特徴を示す．

a．流れ型切削 切削角が小さくて，順目（ならい）切削のときに現れる．また切込量も少ないと，切屑は連続して流れるように排出される．刃先より先端に木繊維に沿って先割れが起きる．しかし順目切削であるために，先割れは母材側（切削予定線より下方）への進行ではなく水平方向なので荒れた表面は刃物が削り取ってゆく．

b．折れ型切削 切削角が，a．よりやや大きく切込み量も多いとき，切屑はしなやかに連続して排出されるのではなく，刃先より先行した先割れで発生した切屑は，ある長さに達すると，刃物のすくい面で上方に曲げ力

＊ ただし，切削面の両端では三次元的な変形が起こっているものとみられており，切込量 h に対し，切削幅 b が十分（10倍以上）広いことが切削作用のモデルを考える上で必要といわれる．塑性変形の大きい金属切削では特にこのようにいわれるが，木材切削ではどうであろうか．

を受け，耐えられなくなると，折れ曲がる．先割れの発生，切屑が片持梁のように曲げモーメントを受け折り曲げられ，弾力を失って節目を生じ，刃先は先割れのすき間の先端まで残された表面の荒れを削りながら進行する．このくり返しにより切屑には節ができる．

c. むしれ型切削 繊維走行が刃物の進行に対して，垂直あるいは逆目となっており，かんなの刃先角は，大きくやや鋭利さに欠けるときに生ずる（このことは木口面の切削では一枚刃かんなを良好な状態で使用するとよい切削面が得られることを示している）．

d. 縮み型切削 切削角を大きくすると切屑は，縦方向の座屈を受けて縮み型となる．この型の切削は先割れより切削方向の座屈が

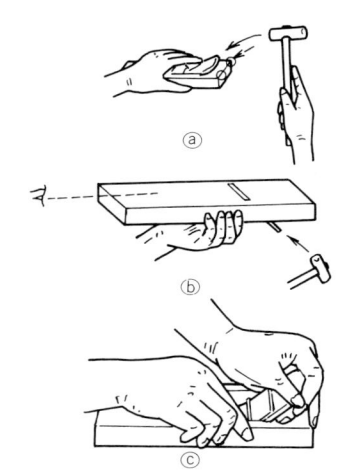

図 IV-146 かんなの準備と持ち方

図 IV-147 かんな刃（切れ刃と裏刃）

優位で，順目であっても削り肌はやや滑らかさを欠き，切削抵抗は比較的大きくなる．

なお切削の型は，刃物の条件，材の繊維方向，切込み量，刃物の運動（移動）方法などさまざまの条件がからみあって上の型が複合したものとなることが現実的にはむしろ多いものである．杢(もく)や節部の切削などは刃物の諸条件は一定でも，しばしばこのような複合型の切削となる．

11.2.4 かんなの調整

a. かんなの準備 作業に入る前にかんなの各部を点検・調整する．図 IV-146 はかんな刃の台への仕込み，刃先の調整，作業時の正しい握り方を示している．かんな刃の台への取付け，取りはずしは押え溝と平行に台頭と，かんな身とを交互にたたき刃口からの出具合いの調整をする．

図 IV-143 (b) のかんな刃の刃口からの出具合いであるが，これは，台下端より頭髪1本分ほどを出し，削ってみてまた調整しながら最適量を決める．

このとき二枚刃かんなでは裏金を本刃（かんな身）に合わせるが，通常は本刃との差は $1/3\,mm$ を標準とし，荒仕工かんなでやや多目の $1/2\,mm$ ，上仕工で少な目の $1/4\,mm$ ぐらいとする（図 IV-141 (b) 参照）．

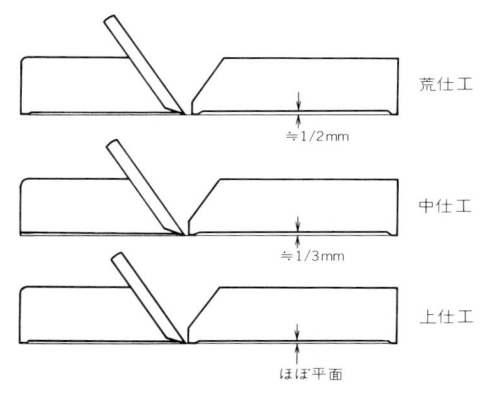

図 IV-148 台下端の調整

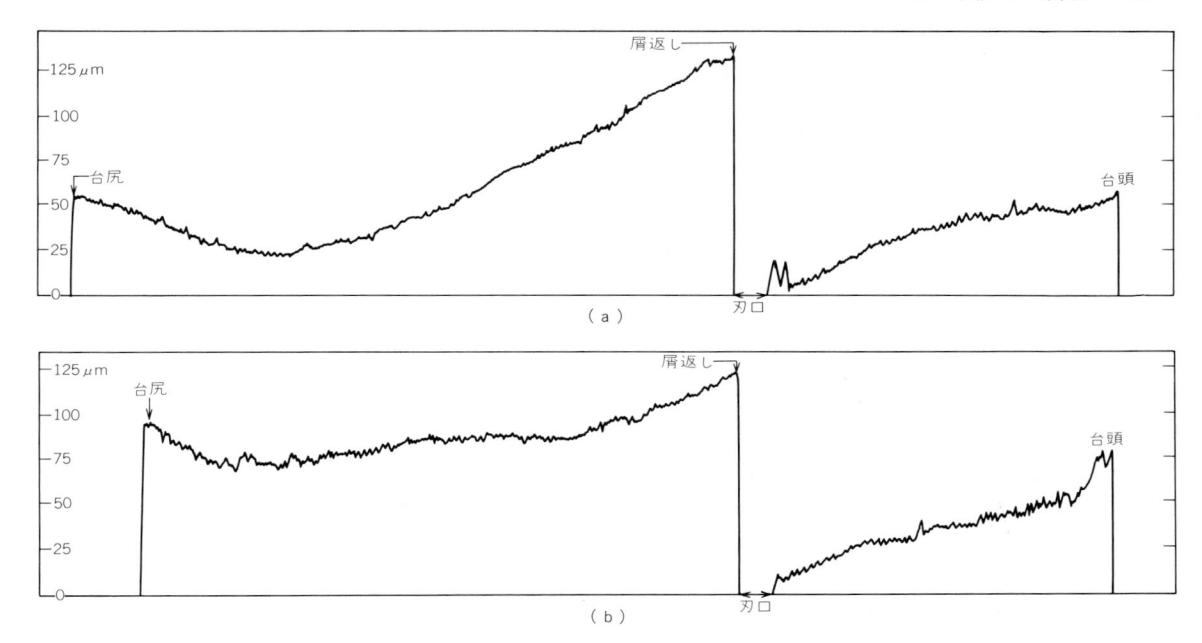

図 **IV-149** 台下端の測定結果（中仕工かんな）（1/1000 mm アラサ計による．都立大工学部宮川研究室の協力と指導による）

　裏金の調整では，本刃の裏刃と裏金の裏刃どうしが，わずか数mmの狭い面で一線上に合致して，すき間のないことが必要である．本刃との差は大きすぎると二枚刃の効果はなく，あまり少ないと，切屑はいわゆる座屈を起こし切削抵抗が増すだけでなく削り肌を荒らす．

　裏金の刃先角は通常 40～50°とし，かんな身（本刃）にセットしたときの合成切削角は約 90°かそれ以上となり，削屑を押え込む効果があるから先割れは発生しにくく，したがって逆目切削における逆目掘れができにくい．逆目防止の効果があるわけである．このようにみてくると裏金は刃先を十分研摩し，かんな身と一体となるようセットすることが必要であることがわかる．

b. 台下端の調整　　かんな台下端の調整は，図 IV-148 のように行なうのが一般的となっている．基本的には刃を仕込んだ状態で真平でもよい．しかしなからこれでは，切削時の台下端と被削面との抵抗が大きすぎるので，台頭，屑返し，台尻のうち，二，三点を押えて，これを同一線上になるようにして，その他の部分を微量ずつ削り取る．図 IV-149 はこの様子を表面アラサ計で測定した結果を示したものである．これは中仕工かんなの例だが，測定の結果，屑返しをやや高くしておく方が実際的であることがわかった．また測定器の都合でかんな刃を抜き去った状態で測ったが，そのため実に 100 μm以上も刃口が下降している．刃をセットするとこの分膨張する．下端の調整には必ず刃をセットした状態で行う．

　台下端を調整するには台直しかんなによって，図 IV-150 のように削って行なう．アラサ計による測定結果にみられるように，使う人

図 **IV-150**　台直しかんな

138   IV. 木工機械と加工

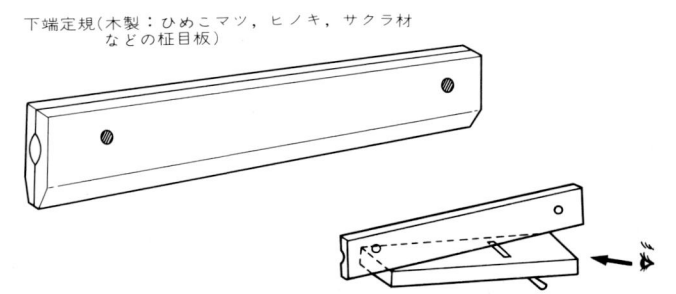

(a) 下端定規で台下端の検査をする

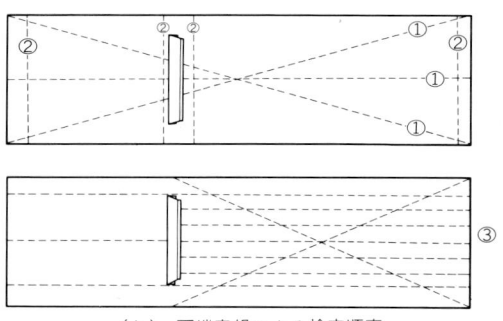

(b) 下端定規による検査順序

(c) かんな刃の仕込角

向う3丁中硬材用．手前から二つ目：1枚刃，手前：台直し．

(d) かんな刃の仕込角

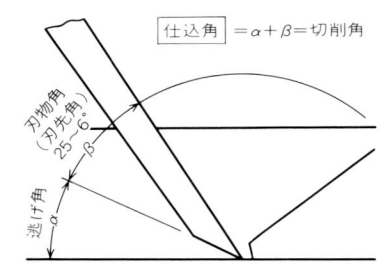

図 IV-151　台下端の検査

表 IV-8　かんな刃の仕込角度

被削材の種類	気乾比重	仕込角度
キリ	0.29〜0.30	28°〜35°
スギ，ヒノキ	0.38〜0.44	38°
ブナ，ナラ，カバ，サクラ	0.63〜0.68	40°内外
チーク，マトア	0.69〜0.70	38°〜45°
鉄刀木（たがやさん），黒檀，紫檀，果林	0.9〜1.2	45°〜90°

の好みや被削材の条件によって下端の調整は微妙に差異があるものなので適正と考えられるものは経験により体得するといった面もあるので，各自実験を重ねられるのがいちばんよい．

　台下端の検査は，下端定規で図IV-151 (a) のように行なう．かんな刃（身）は下端より引込め，台下端を上方に向け下端定規を当てる．図IV-151 (a) は木製下端定木の一例である．他に鋼製直定規，さしがねでもよい．このとき，光源が定規の向にあるようにしてみるから台下端はわずかにすけて，その凹凸を判定できる．下端定規による検査手順は図IV-151 (b) のようである．こうして，基準より高いところを削り取って調整する．手順としては，まず全体の水平面を作り，図IV-148のように多少の欠き取りをする．

　最後に刃を削れる状態にセットして刃口部分の台のふくらみをみてこれを調整して完了する．

　また，かんな刃を台に取り付けることを仕込むという．台下端に対して，かんな刃が仕込まれる角度を仕込角（公配）といい材の硬軟に合せる切削角を決定づける重要なものである．図IV-151 (c) は二枚刃の標準例（中硬材用）と一枚刃，台直しかんなの例を示した．また図IV-151 (d) と表IV-8は使用上の参考のために各種材の比重別の仕込角を示した．

　c. かんな刃の研磨　　新しく購入した刃はグラインダーによる研削で，刃先線の修正刃先角を決定したり，裏出し，耳を取るなどの調整をしてから砥石によって荒研ぎ，中研ぎ，合せ研ぎ（仕上げ）と行なう．

　また使用中の刃は損耗の程度によって研磨の手順を決めるとよい．損耗の程度は図IV-152 (a) のようにして判定される．

　かんな刃の切味は，用途に適応した諸角に調整がされているものとすれば，切れ刃面と

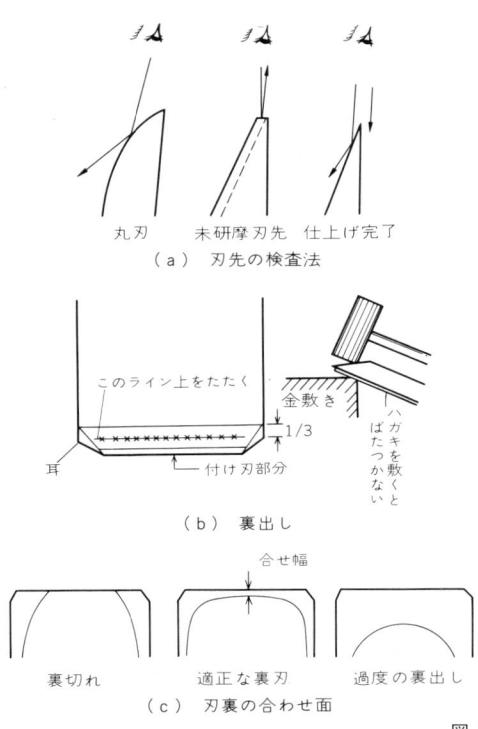

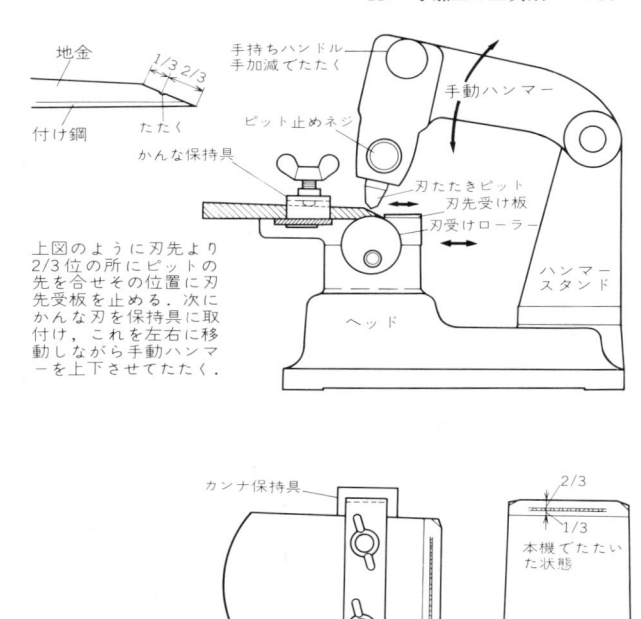

11. 手加工と工具類　139

(a) 刃先の検査法
丸刃　未研摩刃先　仕上げ完了

(b) 裏出し

(c) 刃裏の合わせ面
裏切れ　適正な裏刃　過度の裏出し

(d) かんな刃裏出し機「ヒッター」による裏出し（(株)山戸製作所）

図 IV-152　かんな刃の研摩

図 IV-153　金砥（裏と表）

左から
人造中砥 #1000
人造仕上げ砥
天然仕上げ砥

天然中砥

図 IV-154　中砥と仕上げ砥

刃裏面とが鏡面で仕上げられているかどうかで決まるので砥石使用の順序を正しく，研削面を正しい平滑面とすることが肝要である．

以下研摩の要点を示すと次のとおりである．

i) 裏出し（打出し）：　裏刃の合せ面が研摩を重ねているうちに摩耗してなくなりいわゆる裏切れを生じたとき，金敷にかんな刃を当てて切れ刃部分を玄能でたたいて裏刃の合

表 IV-9 砥石の産地と用途

砥石名	産地	用途	摘要
山城合砥	京都市右京区梅ヶ畑一円産	一般刃物仕上用	
丹波合砥	京都府舟井郡東本梅村大内産	同上	
丹波佐伯砥	京都府南桑田郡宮前村字猪倉産	庖丁研用	
丹波青砥	京都府南桑田郡宮前村宮川産	刃物中仕上用	変質粘板岩
但馬砥	兵庫県美方郡西浜村諸寄産	鎌研用	
佐用砥	兵庫県佐用郡	刃物中仕上用	白, 白黄色, 石英粗面岩
美濃沼田砥	岐阜県郡上郡高鷲校字鮎立産	刃物中仕上用	
三河白名倉砥	愛知県北設楽郡小坂村産	一般刃物刀剣研磨用	凝灰岩
三河白砥	同上	一般刃物中仕上用	同上
浄教寺赤砥	福井県今立郡河和田村字寺中産	同上	凝灰岩
浄教寺白砥	同上	同上	白, 灰色, 凝灰岩
鷹川砥	新潟県岩船郡産	刃物中仕上用	石英粗面岩
寺中砥	福井県今立郡産	同上	白または灰色凝灰岩
本伊予砥	愛媛県伊予郡南山崎村字唐川産	刃物中仕上用, 鑿研	
伊予本星砥	同　　　　字富山産	刃物中仕上用	
伊予赤星砥	同　　　　字唐川産	庖丁, 鎌研用	
茶神子	和歌山県西牟郡富田村字方野産	一般刃物荒研用	細粒砂岩
大村砥	長崎県西彼杵郡	荒研用	細粒砂岩
マクリ砥	佐賀県北松浦郡入野村字納所産	一般刃物鍛冶屋用	
笹口砥	長崎県北松浦郡佐々木村産	一般向荒研	
平島砥	長崎県西彼杵郡平島村字平戸産	一般向荒砥	
名倉砥	長崎県対島ノ国海中産	仕上砥, 砥面整面	
常陸三谷砥	栃木県芳賀郡物部村三谷産	庖丁研用	
荒内青砥	栃木県芳賀郡逆川村深沢産	刃物中仕上用	
白天草砥	熊本県天草郡大矢野町登立産	同上鍛冶屋用	
本天草砥	同上	同上仕上用	
会津砥	福島県南会津郡龍ノ原村産	刃物中仕上用	
改青砥	山形県東村山郡鈴川村産	一般刃物, 剣下研用	
銚子砥	千葉県銚子在産	刃物荒仕上用	細粒砂岩
武州合砥	埼玉県比企郡大河村上古寺産	一般刃物荒仕上用	
上州沼田砥	群馬県北甘楽郡尾沢村砥活産	一般刃物中仕上用	虎砥
上州沼田生砥	同上	塗師用, 鎌砥, 面鉋用	挽砥とす
上州上山	群馬県北甘楽郡小坂村字中小坂産	一般刃物中砥用, 鎌	
御蔵砥	群馬県北甘楽郡産	刃物仕上用	風化石英粒面岩
助川砥	茨木県多賀郡産　城	刃物仕上用	輝緑凝灰岩
大泉砥	茨城県西茨城郡産	刃物仕上用	緻密堅硬の粘板岩
蠣崎砥	青森県下北郡産		第三化層粘板岩
羽黒砥	山梨県西八代郡産	刃物荒研用	細立花崗岩
金剛砂	奈良県北葛城郡二上村字穴虫産	鉋, 鑿裏出用	酸化アルミニウム
油砥	米国アーカンサス州産	刃物の鋭利刃仕上	

(木材加工・室内計画便覧, 1961, 産業図書)

せ面を折ち出す．打出しは切れ刃の地金部を刃渡にそって均等に静かにくり返し打って行なう．このとき刃裏にハガキを1枚添えるとばたつかなくてよい．やや熟練を要する作業だが，図 IV-152（d）のような補助用具もある．

ii) 裏押し： 打出したものを，金砥で研出し，合わせ面を作ることである．通常は合わせ幅が 2〜3 mm あればよい．金砥は合わせ面を作るための水平面で，これに金剛砂をふりかけ少量の水とともにすり合わせる．すり合わせ面が浮かないように棒状のもので圧力をかけながら行なう．金剛砂はラップ剤であるから砥ぎ汁は金砥にかき上げながらすり合わせると，次第に合わせ面は滑らかになってくる．図 IV-153 は金砥の裏面と表面を示した．

141

人造仕上砥 #4000（目つまり）フレークの刃が砥ぎ粉の膜でカバーされている．	本山仕上砥 C
本山仕上砥 A	白 名 倉
本山仕上砥 B	黒 名 倉
中 砥 天 然	本 名 倉
人 造 中 砥 #1000	浄 教 寺

図 IV-155　走査電子顕微鏡による砥石面の観察（×5000）（都立大（工）宮川研究室吉葉助手の協力と指導による）

iii）かんな刃の研ぎ方： 裏出し（押し）のすんだものは，砥石で中砥ぎさらに仕上げをする．このとき使われる砥石には天然ものと，人工ものとがあり，粒子の粗密によって，荒砥，中砥，仕上げ砥，油砥などがある．このうち，荒砥は，砂岩，凝灰岩系のもので，荒砥ぎ用に使われる．それぞれ色名や産地の名がつけられており，大村砥，銚子砥，笹口砥，手島砥などがある．

中砥は粗盤岩，石英粗面岩系のもので，中研ぎ用に使われる．青砥（丹波），沼田砥，浄教寺砥，伊予砥，三河白砥，上山砥，天草砥などは有名である．

また仕上げ砥は，合わせ砥ともいわれ，中研ぎの刃返りを除いたり，研摩面の鏡面仕上げに使われる．これは，粘盤岩，石英粗面岩系のものである．京都の山城砥（本山），丹波砥，名倉砥（黒色），三河白名倉砥などがある．

これらは，砂の層や，酸化鉄などの層のない均質のものがよい．次第に資源は枯渇してきており，本山の良質のものになると1丁で数10万円以上となっており並のものでも数万円となっている．

人工砥は金剛砂や酸化アルミニウムの粉末を結合剤とともに高温下で成形したものである．

主な砥石名と産地は表IV-9のようである．

中砥ぎ 中砥ぎはグラインダなどで修正したり，裏押し後に行なうが，これは青砥などで研摩される．最近は人工砥の粒度1,000～1,200番ぐらいのもので行なうことが多くなった．作業手順ははじめに刃先線をならし，次に切れ刃部を研摩し裏側に刃返りを生じるまで砥ぐ．図IV-155は，各種砥石の走査電子顕微鏡写真を示したものだが，これによると，組織がどれもフレーク状となり先が鋭利に外側にむき出している様子がよくわかる．過度の腕力で研摩しようとせずなだらかな研ぎが中研ぎには必要で，このことは研摩面に過度のすじ状の切り込みが発生するのを防止し，仕上げ研ぎのときの鏡面を得やすくするので重要である．

なお，この砥石の組織から，研摩中に砥ぎ汁をよく流しながら作業をしフレーク状表面が研ぎ粉でおおわれたり，粒子間の目つまりがないような状態で作業することも大切である．この点は金砥の使い方とはっきり異なることを指摘しておく．中研ぎでは裏面の刃返りの程度で作業の具合を判定する．

仕上げ 仕上げは，中砥ぎ後，切れ刃と裏刃を鏡面に仕上げるもので，よく調整された仕上砥で行なわれる．京都山城あたりから産出する通称本山といわれる卵の黄味色をしたものが最上であるが近頃はもっぱら人工砥で代用している．（♯4,000～♯6,000ぐらい）

この作業でも適度に研ぎ粉を流し去りながら丸刃にならないよう表裏2面が鏡面で交差し鋭利な刃先線を作り出すようにすることが

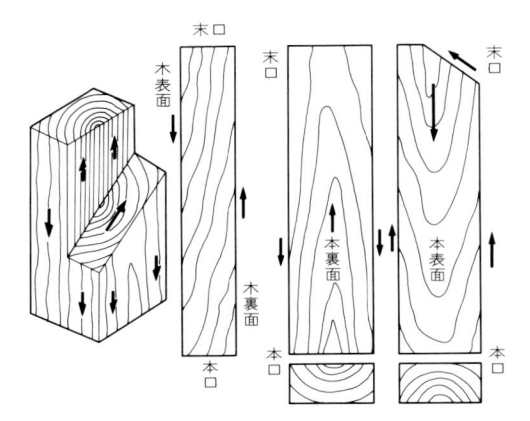

図 IV-156 木理とかんながけの方向

大切である．

のみ，しらがき，罫引刃，彫刻刀などの研摩もかんな刃に準じて行なうとよい．

11.2.5 かんな削り

かんな削りはかんな掛けともいわれ，のこ

図 IV-157　平削りの要領

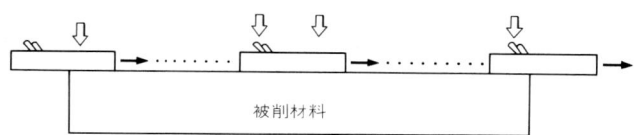

の挽き肌や，かんな盤による切削面の仕上げをする作業である．昔日のように手斧や斧ではつった面の仕上げは荒仕工や極荒鉋で作業をしたが現在は中仕工，仕上げかんなが多用される．

ここでは多種多様のかんなのうち平かんなによる平削り作業を中心に述べる．

a．繊維走行と切削方向　かんな削り（手削り）の基本は，平滑な面を得ることで，これは顕微鏡的に見ても，組織の押え込みやつぶれがないことで，部品加工がこのように合理的に進行してはじめてよい塗装ができ，よい製品の誕生となる．したがってかんな削り作業では繊維走行をよく見分け，できるだけ順目切削となるようにする．材料への実際の対応は図 IV-156 のようである．

かんなは作業の進行により中仕工から仕上げかんなへと工具は変更されるが，よい削り肌を得るためには 1 回の削り代（切込量）はきわめて少なく，仕上げでは 0.02～0.05 mm ぐらいである．正しい水平面を得るには図 IV-157 のようにかんなを移動させる．

a．角材削り　乾燥後の材は多少のねじれ，割れなどがあり，これらの欠点を許容できるかどうか，その用途に応じて選材する．あまりにねじれ，反張の激しいものは小部品

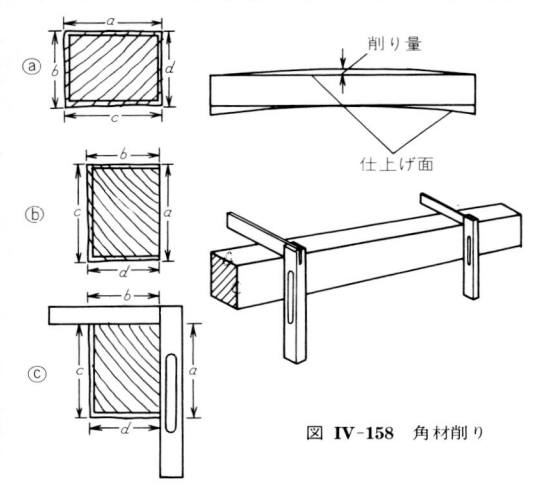

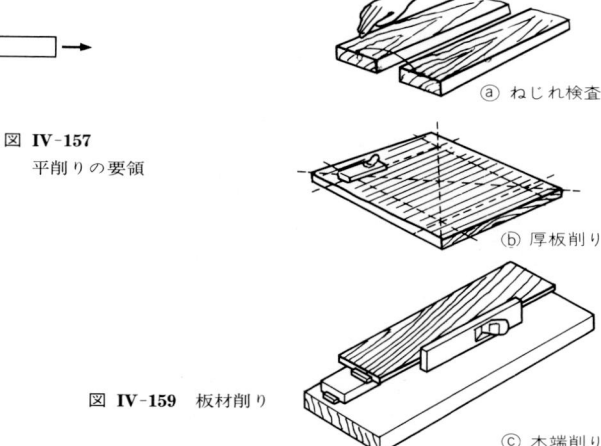

図 IV-158　角材削り

図 IV-159　板材削り
ⓐ ねじれ検査
ⓑ 厚板削り
ⓒ 木端削り

用にまわす．このように選材・木取りの原則は大きい部品から墨掛けをする．

次に基準となる一面を決定する．これは，かまち*（框）材では幅の広いすわりのよい面で比較的平面に削り上げやすい面である．平面検査は，工作台の定盤に削った面を下にして置き材の四周を上から指で突いてばたつきを見ればわかる．正確な測定はかんな台下端の検査と同様に行なう．目測によることもある．

次に基準面と直角でまっすぐな両隣面を作り，これに基準面から罫引線をまわして厚さを決める．

木口削りは，一般にはチップソーで切断するときは長さ決めを兼ねて行なうからそのまま仕上げ面とするが，手のこで切削後，かんな削りをするときは，木口割れを防止するため面取り後一枚刃かんな，二枚刃かんなの裏金を後退させて行なう．このとき木口に水や温湯を含ませると作業性が増し，よい加工面が得られる．必要に応じて，木口削り台を使うこともある．これは昔からある一種の治具であるが，直角削り，斜め削りなどおのおのの工作上の使用頻度により準備しておくとよい（図 IV-158）．

c．板材削り（図 IV-159（a））板材削りでは，かんなによる削り境が目立たぬよう真の平面に削る必要がある．ここでいう真の平面とは，小さなうねりなどが削り面に含まれないこと

＊　かまち：戸障子の枠材，角材のこと．

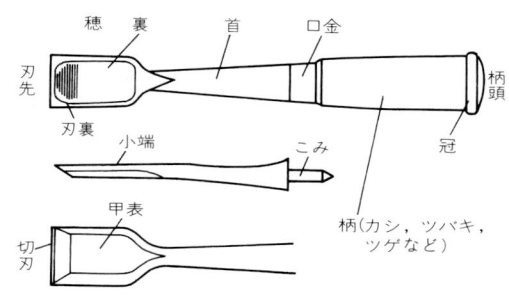

図 IV-160(a)　のみの構造

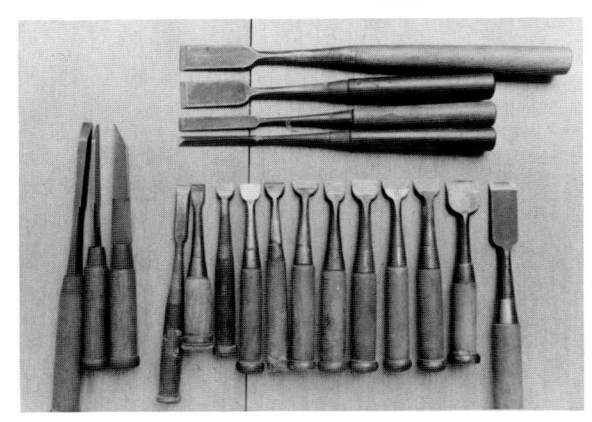

図 IV-160(b)　たたきのみと突きのみ

であるが，この作業はやや熟練を要する．

あまりに削り代が多いときは機械によるむら取りを行なうこともあるが，手加工では，外丸かんなや荒仕工によって横切削をすることも有効である（図 IV-159(b)）．

板材削りの順序は，左側から順次進めるようにする．はぎ合わせた板は，合わせ目で繊維走行の向きが異なっていることがある．このほか木理の複雑な杢板では逆目に注意して，必要に応じて削る向きを変えながら行なう．

板の木端削りは，定盤上に厚さの一様な板を敷くか，削り台を用いる．平かんなの他に長台かんなを使うこともある．

板材削りの手順は，厚さを決め次に幅の一面（一方の木端）を決めてから長さを決め，幅決めをして完了する．

11.3　のみと穴掘り

11.3.1　の　み

のみは，ほぞ穴を掘ったり，材面のはつり作業や，ほぞ先の面取りなどの細工をする工

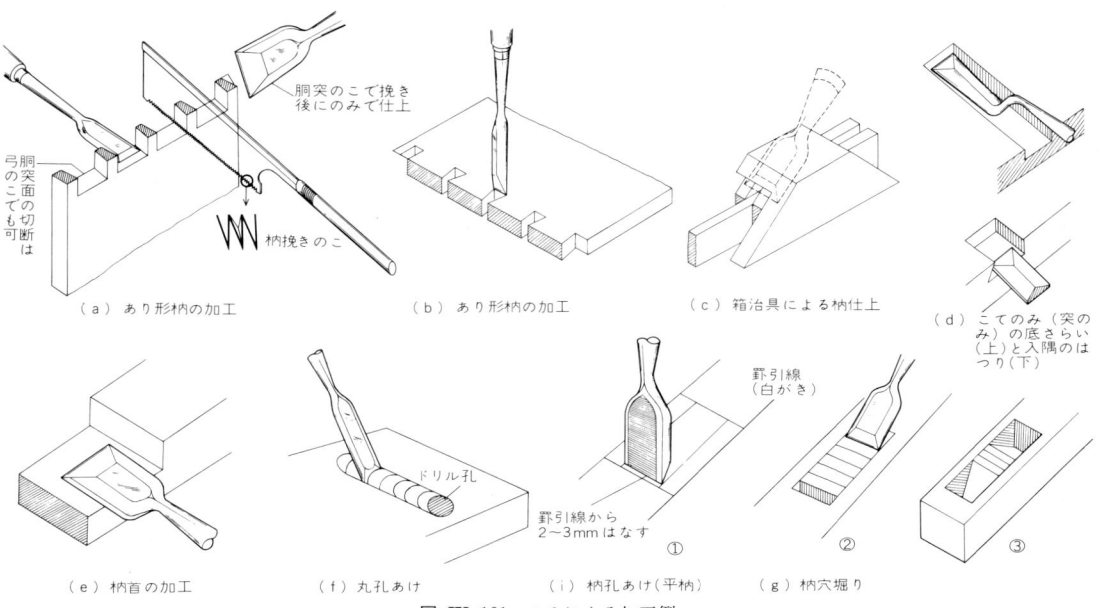

(a) あり形柄の加工
(b) あり形柄の加工
(c) 箱治具による柄仕上
(d) こてのみ（突のみ）の底さらい（上）と入隅のはつり（下）
(e) 柄首の加工
(f) 丸孔あけ
(i) 柄孔あけ（平柄）
(g) 柄穴掘り

図 IV-161　のみによる加工例

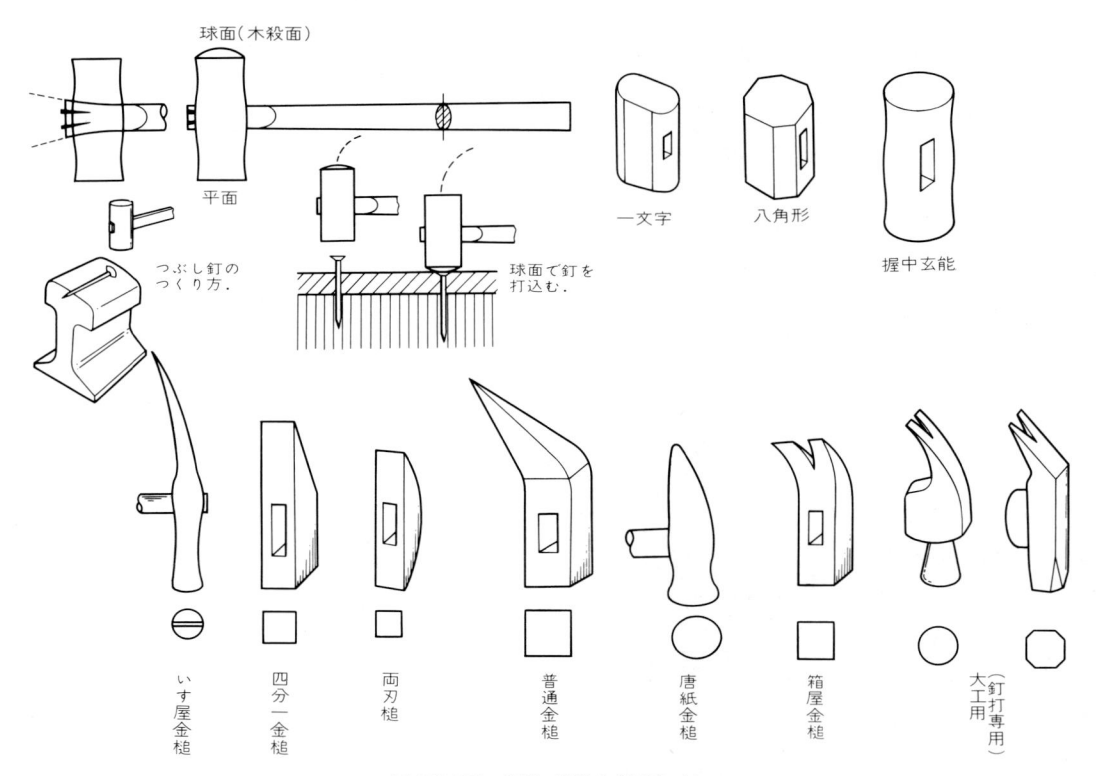

図 IV-162 玄能の構造と各種金づち

具である.

のみの構造は図 IV-160 (a) のようである. 柄頭に冠(かつら)のあるのはたたきのみといい, ないものは柄と首, 穂が長くかつ穂は薄い. これは突のみという. 刃先はかんな刃と同様の構造で研削もかんな刃に準ずる. 柄は白ガシ, 赤ガシ, ツゲ, ツバキ, シタン, などの割れにくい材(装飾性の高いものなど)が使われる.

のみには次のような種類がある.

i) 追入れのみ: やや刃が薄く, 浅穴掘り, その他の細工用で, 冠つき.

ii) 向待ちのみ: 刃が厚く深穴掘り(大工用)冠つき. 代表的なたたきのみ.

iii) 彫刻のみ: 耳が薄く, 刃先は丸い. 主にはつり用(木彫用で冠つき).

iv) 突のみ: 柄, 首, 穂が長くかつ刃は薄く鋭利. 冠がなく腕力で押し切る.

その他に, 丸溝のはつり, 丸穴用の丸のみ和釘などの下穴掘りをするつばのみ, 通し穴を上下からあけ残ったまん中を打抜く打抜きのみ, 深穴のくずをかき上げるかき上げのみなどがある. 図 IV-160 (b) はたたきのみと突きのみを示した.

11.3.2 のみによる加工

のみによる作業では, 欠き込み, 穴掘り, 面取りなど多様なものだが, このうち, 仕口の加工は代表的なものである.

柄(ほぞ)孔の加工では材料が繊維にそって割れやすいので, 孔あけで最初に柄孔上下の繊維を切断することが必要である.

板組では弓のこ, 胴付のこ, 柄挽きのこなどと併用し, のみで細工をする. 図 IV-161

(a)～(g)はのみによる加工例である．

11.4　玄能・槌類（図 IV-162）

玄能は大工・造作，建具，指物など木材加工用の大切な工具である．おもな用途は，① かんな刃の調整（台への仕込み，裏出しなど）② たたきのみの柄をたたく，③ 釘打ち，④ 組立時に当木をして部材をたたいたり，柄（ほぞ）首部や柄穴周囲をたたく木殺しをする，など打撃用工具である．

その構造は，頭部と，柄とからなり，頭部の形には，握形（楕円）一文字，丸，面取，八角などがある．家具や造作用・建具用には 500 g 前後の中玄能が多用される．

柄は素状のよいかし材がよく，他にツバキ，シイ，サカキなど雑木も使われる．

玄能の頭部は平面と丸面（木殺し面）とがあり，のみの柄頭や，釘打ちには平面を使い，木殺し（木釘，太柄，柄など接合前に横方向から丸面で軽くつぶし接着剤塗布により接合後膨潤させなじみをよくするもの）や釘打込みで材面に玄能による三日月状のあとをつけないためには丸面を使用する．

また玄能は，柄をにぎるとき，頭部から長さ約8割程度のところを持ち，ひじを脇腹につけ玄能頭部が釘頭やのみの柄頭に垂直にふりおろされるようにして使う．材料をたたいて組立てるときは当木（短冊状の木片）を併用する．

その他，金槌類は玄能同様に使われるが木箱製造，椅子張り業，タイル業，屋根葺など各種作業の専用のものがある．頭部は目立て用の両刃槌以外は一方がとがって，目釘打ちとなっている．鋲，小釘類の下穴を打つのに使われる．また，釘抜き付きとなっているものなどがある．彫刻のみなどは柄頭を玄能だけでなく，はつり取る量に応じて木槌が使われる．欧米ののみは冠がなくもっぱら木槌でたたく．

11.5　曲尺（かねじゃく）（図 IV-163（a））

さしがねは，まがりがね（麻可利加禰）あるいは，差金，指金，金尺，曲差，曲金などといわれる規矩．これを使用し，大工規矩術や指物の技法がわが国独自の発展をとげた．

その構造は，幅約 1.5 cm，厚さ 0.2 cm ほどで，長手と妻手とは直角に交差し，寸法は尺寸法のものとメートル法とがある．目盛は，表目と裏目とあり，直角の内側に内目も付けてある．

このうち，表目は，直角の頂点からそれぞ

図 IV-163（a）　測定用具（さしがね，スコヤ，直定木）

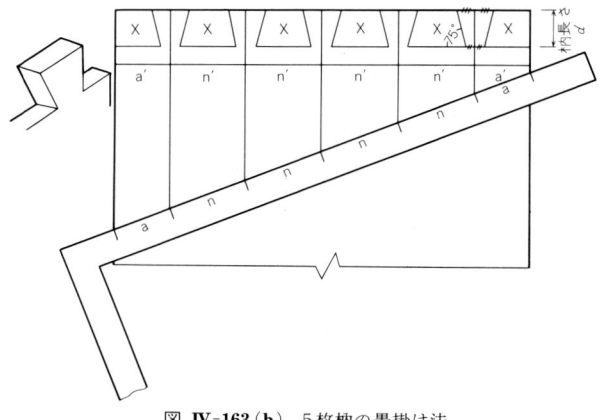

図 IV-163（b）　5枚柄の墨掛け法
任意の板幅に等間隔に蟻形柄の設計をする．

11. 手加工と工具類　147

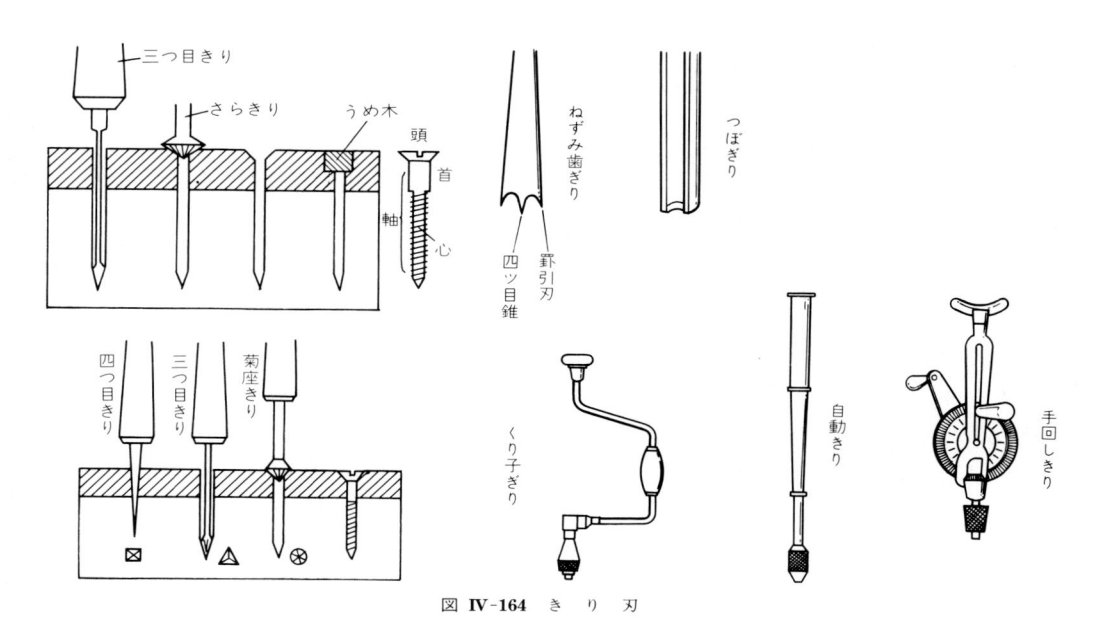

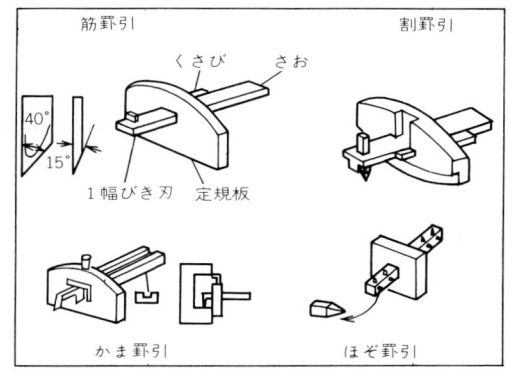

図 IV-164　きり刃

図 IV-165　罫引（けびき）の種類

れ，長手，妻手に向かって尺寸またはメートル法による目盛がついている．これは直定規・ものさしとして使われる．

裏目は，表目の裏面に刻んだ目盛で，1尺角の対角線の長さを単位とした十進法の目盛を付してある．表目1：裏目1.414…の対比である．盛目の1目盛は表の$\sqrt{2}$倍である．この関係を利用して，丸太から製材後の正角の寸法を予測したり，屋根の垂木の勾配を墨掛したり，指物における脚部などの傾斜部の

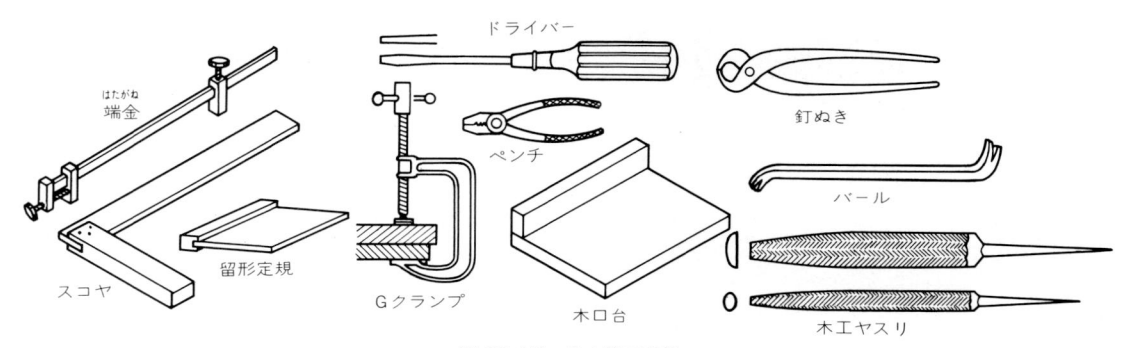

図 IV-166　その他の工具

仕口の墨掛けなど広い用途がある．図Ⅳ-163 (b) は応用例である．

11.6 その他の工具
11.6.1 錐（きり）
錐は小穴をあけるのに使うが，その構造によって，刃先を保持している柄を直接手もみにより回転して穴あけをする手もみ錐と，ねじや歯車機構などのはたらきで錐を回転させるものとがある．これには，舞錐のような古典的なものもあるが，概して錐を保持するチャックがあり，ハンドドリル，自動錐，くり子錐などがある．各種錐刃には図Ⅳ-164のようなものがある．

11.6.2 罫引（けびき）（図Ⅳ-165）
罫引には，筋罫引と割罫引とがある．その構造はさおに片刃のけびき刃を打ち込んで取りつけ，このさおを定規板に通してくさびで押さえたものである．

筋罫引は，けがき用工具として多用されるもので，墨掛け作業では重要である．

割罫引は，薄板をその基準木端に沿って桟状にひき割るもので，罫引刃は鋭利で，定規板は引きやすく下部が弯曲している．

かま罫引は，罫引刃がかま状に曲がったもので，罫引づめとさおとが一体で，2枚がセットされており，溝の内側などをけがく筋罫引である．

また筋罫引の一種で，柄（ほぞ）罫引といわれるものは，さおに柄幅に合せた罫引づめを取り付けたもので，これは，柄幅，柄穴の幅を専用にマークするものである．

11.6.3 その他
くぎ抜き，ドライバー，ペンチ，スパナ類，木工ヤスリ，釘抜きなども木工作業では大切な工具である．図Ⅳ-166にこれらをあげた．

（a）座式工作台　　　　　　　　　　（b）腰掛式工作台

図 Ⅳ-167　指物師の工房（京都）

V. 接着・塗装

1. 接着

物と物とを接着することによって、加工、施工が自由かつ容易になる。それは物と物とを接着させるすぐれた接着剤によるところが大きい。接着剤を選ぶときや接着を行う場合に、大切なことは接着する材料、方法に適し

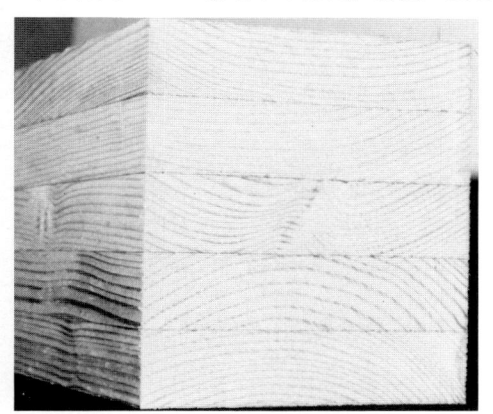

図 V-1 接着された木材

た接着剤を選ぶこと、その接着剤の使用条件にあった接着法を行うこと、そして強い結合ができることが望ましい。接着剤の進歩が、新材料にも加工方法にもデザインにもさまざまな形で影響をおよぼしている。今後ますます接着の役割に大きな期待が持たれる。

1.1 接着と接着剤

ある同種または異種の固体を接合するこれらの物を被接着物という。被接着物と被接着物とが接合することを接着といい、そして接着のなかだちをさせているものを接着剤とい

う（図 V-2）。

1.2 接着機構

木材と木材とが接着材によってどうしてくっつくのか、はっきりした定説はまだないようである。一般的には、機械的接着と分子間引力それに化学結合などさまざまな説がある。木材接着の場合、木材組織に接着剤が少し浸みこんであしを形成し、それが投錨力を生じて接着作用が行われる（図 V-3）。分子間引力は接着剤が薄い膜を形成した場合、木材分子と接着剤分子の間に凝集力と呼ばれる分子間引力が生じ、また分子間に化学結合が生じ、このために接着作用が行われる（図 V-4）。分子間引力は分子と分子の距離が非常に接近した場合（3～5Å）に生ずる力である。[1Å（オングストローム）は 1/10000000 mm]。

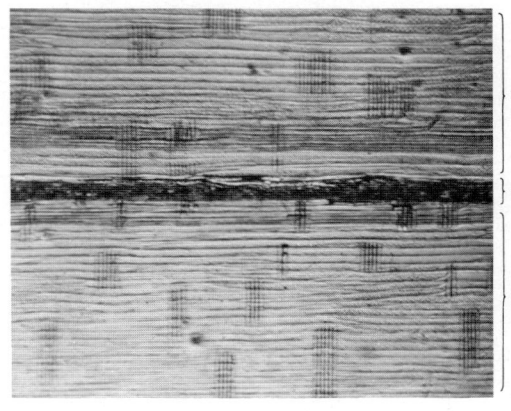

図 V-2 接 着

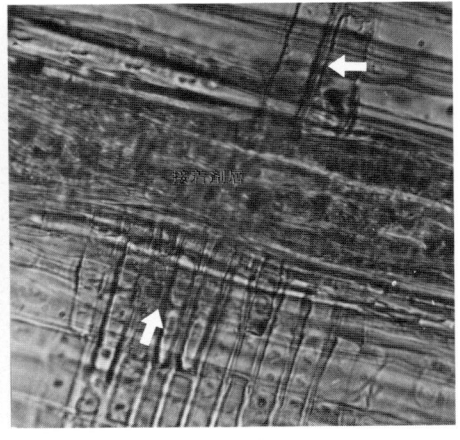

図 V-3　機械的接着　[➡機械的投錨作用（木材組織に浸入固化）]

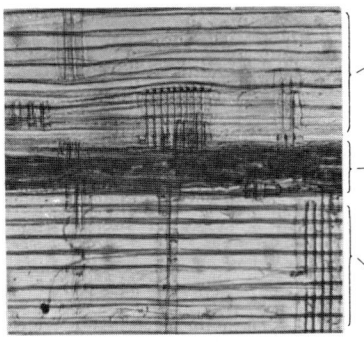

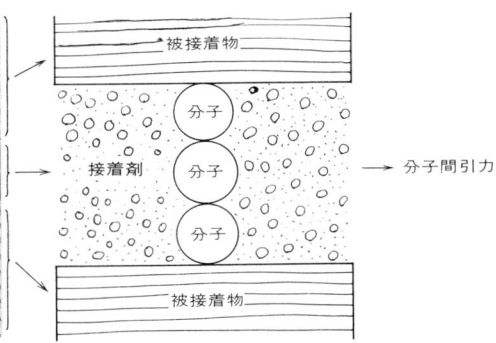

図 V-4

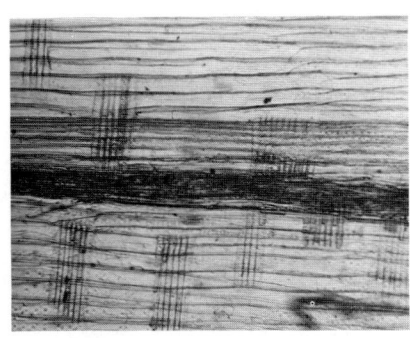

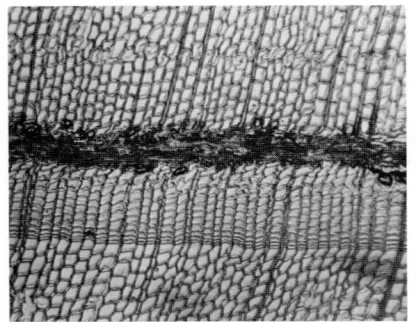

図 V-5　接　着　層

1.3　接着層の形成

　被接着材面上に接着剤を塗付し，適正な圧縮力を加えて，接着剤中にある気泡，水泡などをとりのぞき均一で連続している薄い接着層を形成することが望ましい．それは被接着材分子の距離を分子間引力の範囲内にあって層が薄いほど凝集力が高く，層内に残留する内部応力は小さくなるので接着性能がよくなる．また接着剤の硬化を十分に行うことによって接着層の形成はできるのである．

　注意することは，接着操作において，欠膠をおこさない範囲で，接着層を薄くすることが必要なわけである．厚い層は薄い層より接着性能は低下する．

1.4　接着剤に必要な性質

1.4.1　材表面のぬれ

　木材を接着する場合，接着剤による材面の湿潤が十分に行われ，接着層が均一に連続的に薄い層になるのがよい．それには木材表面

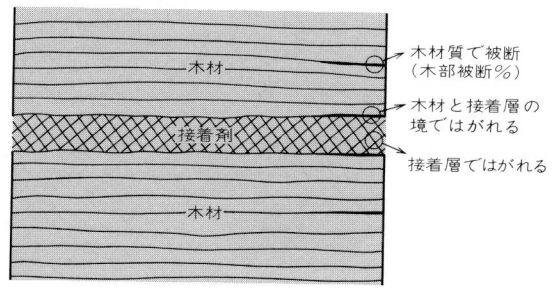

図 V-6 接着強さ

は接着剤で「ぬれ」なければならない.

接着剤のぬらす性質を湿潤性という. 木材面に接着剤である液体が接触すると, 毛管または間隙に液体が浸透したり材表面に沿って液体が拡がったりする.

これらの状態を木材からみれば, ぬれる性質, 接着剤からみればぬらす性質になる. ぬれの状態を判定する方法に接触角の測定がある. 図 V-7 に示すごとく接触角の大きいものはぬれが悪く, 小さい方がぬれがよい.

1.4.2 材面の浸透

接着剤は木材表面の細隙内に浸透することで接着剤と木材との接触面積を大きくし, 投錨力も大きくなる. 接着剤が過度に浸透しすぎると接着層に接着剤がなくなり欠膠を生じることになる.

1.4.3 接着剤の流動

接着剤は均一な連続した膜をつくるために容易に流動するもので一般には液体でなければならない. 固状でも接着剤に使用する瞬間には熱を加えて溶融, 流動するものでなければならない.

1.4.4 接着剤の固化

液状の接着剤を木材表面に塗布し適正な圧縮力を加え乾燥, 固化し, 接着層を形成すれば接着力を示すが, その固化する過程によって次のように分類される.

(1) 溶剤蒸発: 図 V-8 に示すごとく溶剤を蒸発させて接着剤を固化させる. 酢酸ビニル樹脂, でんぷん系の接着剤などがある.

(2) 冷却することによる固化 (図 V-9): 加熱溶融させ冷却により固化. ホットメルト型接着剤, にかわ (水を蒸発).

(3) 化学的変化による固化: 硬化剤を添加するか, 熱を加える. 接着剤はもとの状態

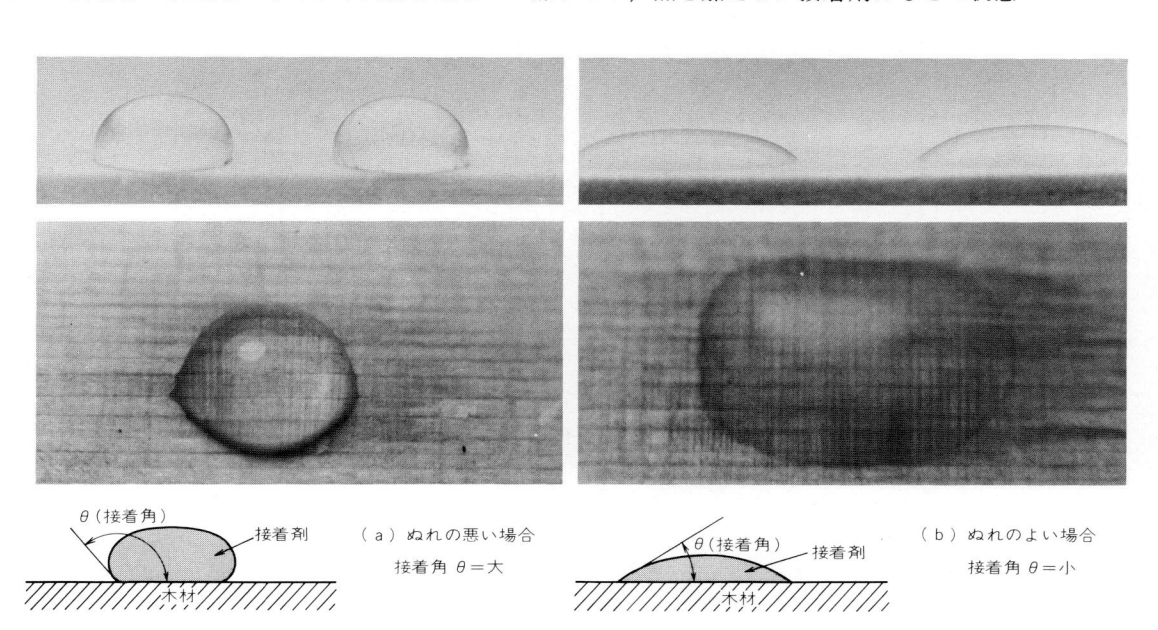

図 V-7 ぬれの悪い場合(a)とよい場合(b)

152　V. 接着・塗装

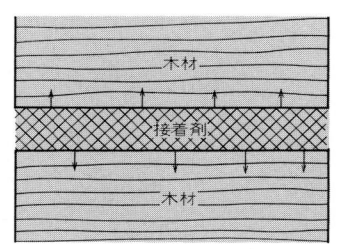

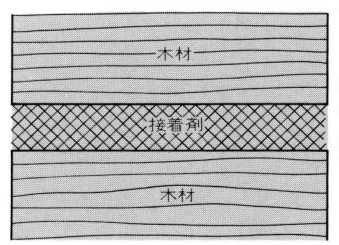

図 V-8　溶剤の蒸発による固化

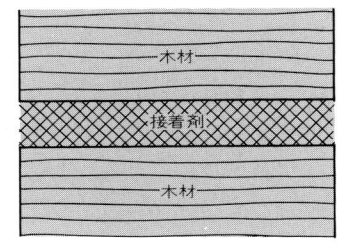

図 V-9　冷却による固化

図 V-10　化学変化による固化

にもどらない不可逆的なものになる．メラミン樹脂，レゾルシノール樹脂，フェノール樹脂，ユリア樹脂，エポキシ樹脂などがある．

1.5 接着剤に関係する木材の条件

1.5.1 樹種と比重

木材材料を同一方法で接着を行っても，被接着材である木材の樹種および比重によって接着性能に差異がある．タブ，クスノキ，アカガシ，イスノキなど，抽出物の多い樹種の材は接着が困難である．また木材の比重が高くなるほど接着力は強くなる．高比重では木

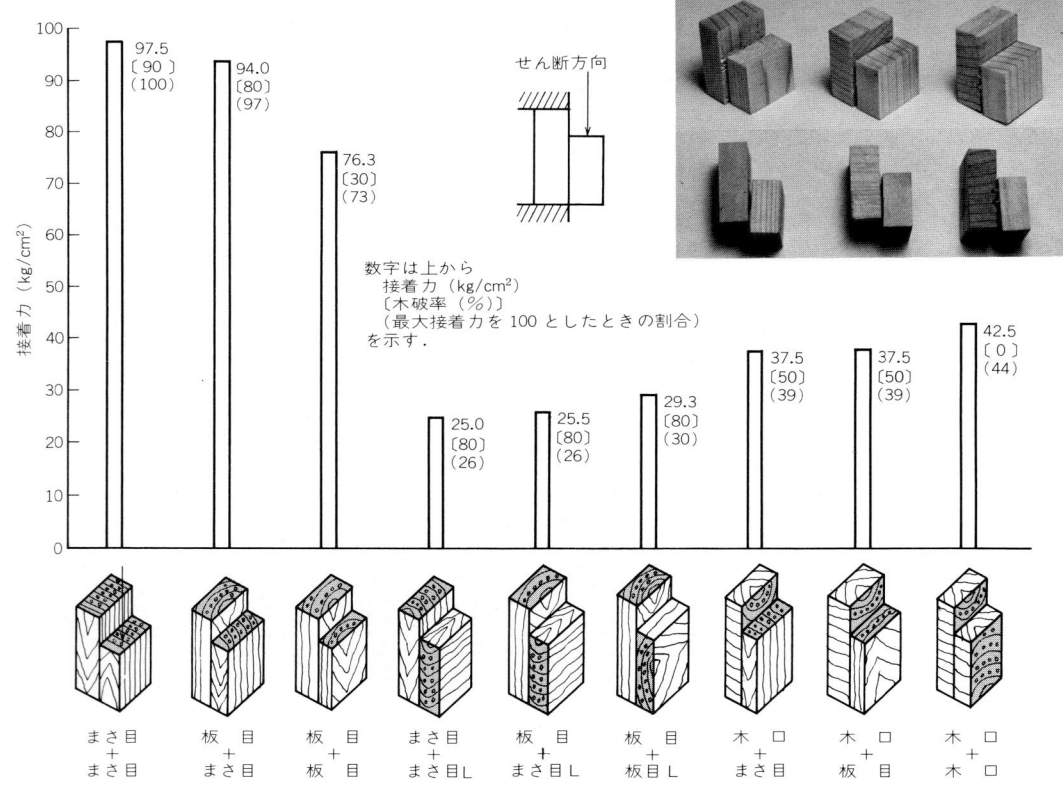

数字は上から
接着力（kg/cm²）
〔木破率（％）〕
（最大接着力を100としたときの割合）
を示す．

接着面	接着力	〔木破率〕	（割合）
まさ目＋まさ目	97.5	〔90〕	(100)
板目＋まさ目	94.0	〔80〕	(97)
板目＋板目	76.3	〔30〕	(73)
まさ目＋まさ目L	25.0	〔80〕	(26)
板目＋まさ目L	25.5	〔80〕	(26)
板目＋板目L	29.3	〔80〕	(30)
木口＋まさ目	37.5	〔50〕	(39)
木口＋板目	37.5	〔50〕	(39)
木口＋木口	42.5	〔0〕	(44)

図 V-11　接着面と接着力の関係（せん断試験）
樹種：スギ，含水率 12 %
接着剤：酢酸ビニルエマルジョン，樹脂率 40 %，塗付量 300 g/m²
圧締圧力：10 kg/cm²，圧締時間：12 時間

材自体の破断（木破率%）は少ないが，低比重の材では接着層より木材自体が破壊するのが多い．

1.5.2 接着材面

木材には木口面，板目面，まさ目面などさまざまな材面があり，接合し荷重の方向によっては接着性能は大きく異なる（図 V-11）．接着面と接着力との関係に示すように，接着力は繊維方向が同じ方向で0°に接着したものが一番高く，繊維方向と繊維が直交90°に接着したものは木破によって接着力が低い．木口面との接着は木破はないが接着力は低くなる．

1.5.3 木材の含水率

接着時の木材含水率が適正でないと，木材の膨縮性によって接着層の内部応力をおこし接着力が低下する．高含水率の木材を接着すると，接着剤が木材へ浸透し過ぎたりし，いわゆる欠膠の現象をおこす．薄い化粧単板などは接着剤の表面浸出などもおこす．また木材を熱圧接着した場合，硬化に長時間を要し，時によっては，ふくれ，パンクなどの現象を生じることもある．使用する接着剤の種類により多少異なるが，一般的に木材含水率は4～15%の範囲に調湿するのが望ましい．

1.5.4 接着面の粗さ

木材の表面は，平滑な面といっても組織構造の粗さがあり，樹種によって大きく異なる．接着材面が平滑なほど塗付量が少なくてすみ，低圧で接着でき，また逆に材面が粗いほど塗付量を多くし，圧縮力を高くする必要がある．そのようなときは適当な充てん剤を利用する．接着面の粗さは機械かんな仕上げ程度で充分である．

図 V-12 に木材加工面の粗さと接着力の関係を示す．

1.6 接着操作条件

1.6.1 接着材の塗付量

接着剤を適量以上塗付すると接着層が厚くなり，接着膜の凝集力が弱くなって接着力は

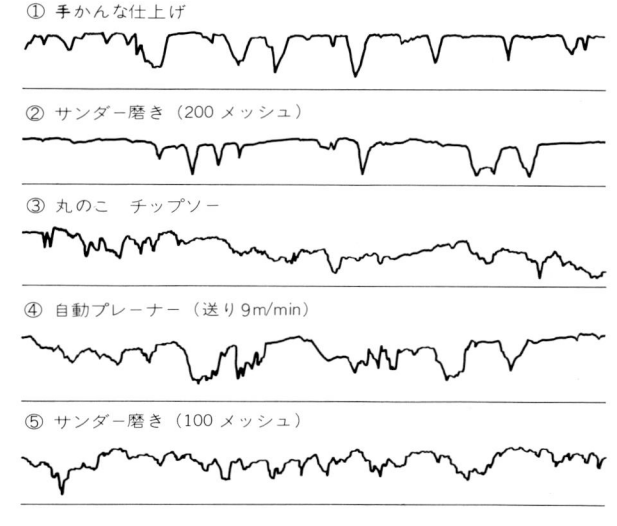

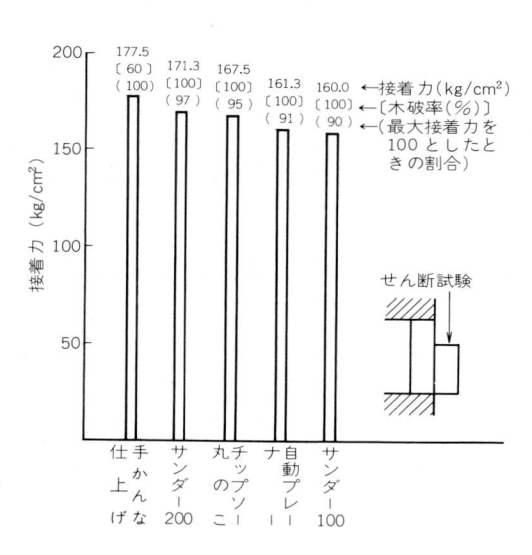

図 V-12 木材加工面の粗さと接着力との関係（倍率：縦200倍，横10倍）
　　　　樹種：ブナ，含水率 12%
　　　　接着剤：酢酸ビニルエマルジョン，樹脂率 40%，塗付量 300 g/m²
　　　　圧縮圧力：10 kg/cm²，圧縮時間：24時間

図 V-13 スギ材の塗付量と接着力の関係
　樹種：スギ，含水率 12％
　接着剤：酢酸ビニルエマルジョン，樹脂率 40％
　圧縮圧力：10 kg/cm²，せん断試験

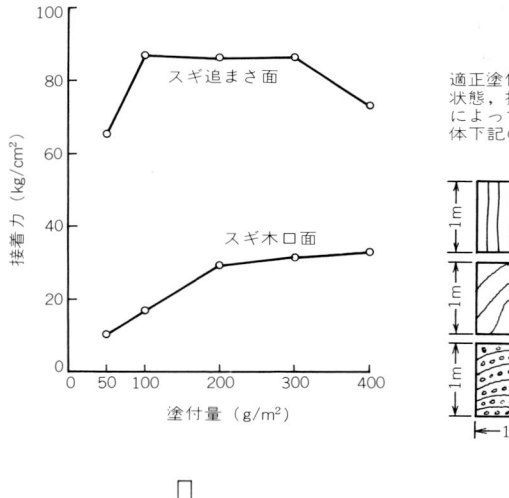

適正塗付量は材面の状態，接着剤の種類によって異なるが大体下記のとおり．

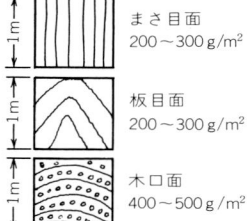

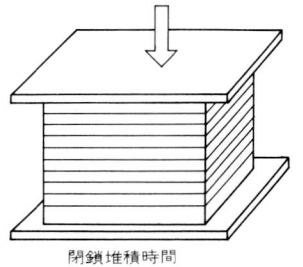

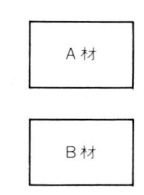

まさ目面 200～300 g/m²
板目面 200～300 g/m²
木口面 400～500 g/m²

閉鎖堆積時間
被接着材が重ねられてから加圧されるまでの時間．
合板，フラッシュなどの製造のときに見られる．
時間は15分～30分ぐらいまで．

開放堆積時間
接着剤をA・B材に塗付し少し空気にさらして，溶剤が蒸発している時間．
自転車のパンク修理などで見ることができる．
接着剤は合成ゴム系．

図 V-14 閉鎖堆積時間と開放堆積時間

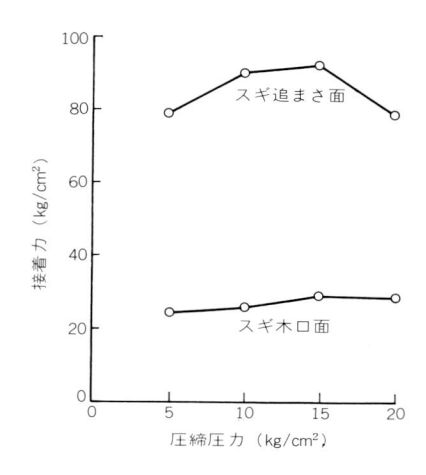

図 V-15 スギ材の圧縮圧力と接着力の関係
　樹種：スギ，含水率 12％
　接着剤：酢酸ビニルエマルジョン，
　　　　　樹脂率 40％
　塗付量：300 g/m²，せん断試験

低下する．また圧縮時には外部への流出などを生じる．逆に適量以下だと欠膠を生じやすく連続的な膜をつくらない．「適量」には接着剤の粘度が関係してくるが，一般的な適正塗付量は図 V-13 に示したごとくである．

1.6.2 堆積時間

堆積時間とは接着剤を塗付してから圧縮するまでの間の時間である．堆積時間には閉鎖（クロスタイム）と開放（オープンタイム）の区別がある（図 V-14）．

表 V-1 樹種（材の比重）による圧縮力の差異

圧縮力	樹　　　種
5 kg/cm²	サワラ　キリ
10 kg/cm²	モミ　トドマツ　ヒノキ　スギ　カラマツ　ツガ　トチノキ　カツラ　オニグルミ　ホオノキ　ラワン類
15 kg/cm²	ブナ　ヤチダモ　ハリギリ　ミズナラ　ケヤキ
20 kg/cm²	イタヤカエデ　ミズメ　クスノキ　イスノキ　タブ　アカガシ

1.6.3 圧縮力

接着剤と被接着物とを接触させ適正な圧力を加えて接着剤が硬化するまで，その状態で維持しておくのが圧縮圧力である．木材の比重，含水率および接着剤の性質によって異なるが（表 V-1），木材を密着させる程度に加圧する（図 V-15）．

1.6.4 接着材の塗付方法

接着材の塗付方法にはいろいろな方法がある．接着する対象物，面積などにより塗付方法を選定しなければならない．接着剤を被接着物に塗付する工機具を表 V-2 に示した．
　図 V-16 はダブルロールスプレッダーを示す．

1.6.5 接着の圧縮方法

木材の接着作業や成型，組立作業には圧縮が行われるが，その方法は用途に応じていろいろある．大きいのは量産工場で用いている

表 V-2 接着剤塗付のための工機具および用途

工 機 具	用 途
刷　　　毛	小面積の接着面．塗布厚さは不均一になりやすい．
ヘ　　　ラ	小面積の接着面．高粘度，ペースト状接着剤によい．
櫛　ゴ　テ	床材，寄木フローリングなどの接着に適す．高粘度，ペースト状接着剤によい．
ハンドローラー	中面積の接着面によい．接着剤が薄く均一に塗付できる．ローラーはゴムスポンジがある．溶剤型接着剤はローラーが侵されるので使用できない．
ポリエチレン油さし	家具の組立でだぼ孔，柄孔の中に接着剤を入れる．
スプレーガン	大面積の接着面によい．比較的均一な薄い接着剤膜を広い面積に塗付できる．大量生産に適する．接着剤は低粘度のものがよい．空気圧による方法．
スプレッダー	大面積の接着面で連続大量生産方式に適する．ローラーによる方法で均一な薄い接着剤膜が塗布できる．接着剤は中粘度のものがよい． 合板，集成材などの塗付方法として使用されている．

プレスから，小さな加工品まで多種多様の方法が用いられている．

簡単な圧縮方法には，① おもしを置く，② ゴム輪にはさむ，③ ひもで巻いておく，④ 粘着テープで巻いておく，⑤ クサビをはさんで圧縮する，⑥ 竹，木の支持棒でおさえる，⑦ 仮くぎを打っておきあとで引抜く，⑧ カスガイで締めておく，などがある．もっとも多く使用されている方法は，らせんによる締具（電動式・手動式）の利用である．これには，① ボルト・ナット，② ターンバ

図 V-16 ロール塗付機
（ダブルロールスプレッダー）

図 V-17 接着の圧縮方法
　左上：平板接着（常温プレスで圧縮）
　右：平板接着（熱圧プレスで圧縮）
　左下：成形接着（高周波加熱）

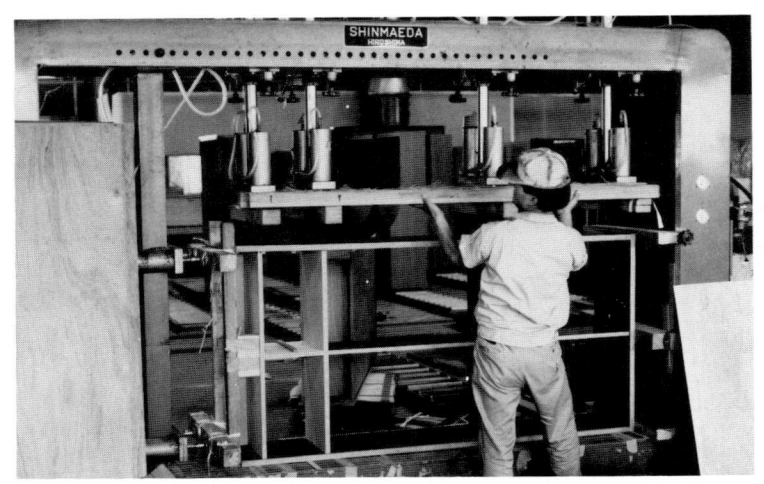

156　V. 接着・塗装

家具組立プレス 　　　　　　　　　　　　　　　　　　　　　　　　　　　　ハタガネによる板幅矧

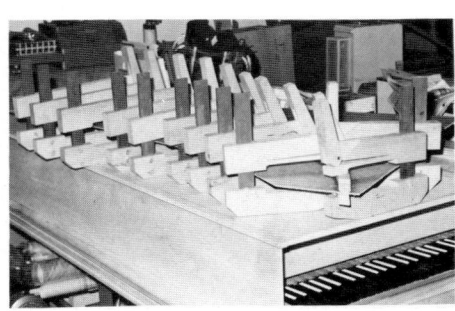

クランプ 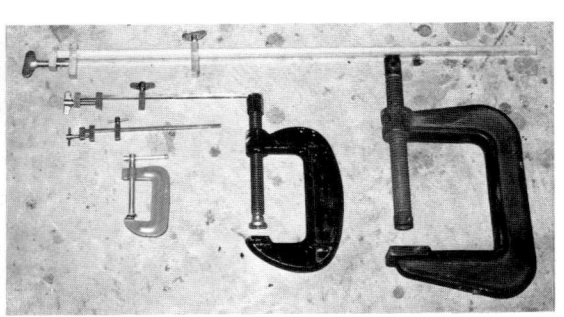　　　　　　　　　　ハタガネ　　　　　Gクランプ

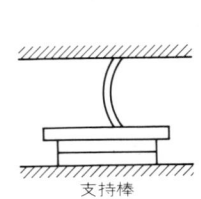

支持棒 　　　　　　クランプ 　　　　　　　　　　　　　ひも巻き圧締

図 V-18　家具組立プレスの状況と各種圧締具

ックル，③ クランプ類，④ ハタ金（端金），⑤ ハンドプレス，などがある．また工業生産用として油圧装置式がある．これには，① ホットプレス（加熱に蒸気，電気，高周波など），② コールドプレス，③ その他 空気圧のゴム袋プレス，などがある．

プレスの種類には，平板プレスの1段・多段式成形プレス，多方面から反締できて組立が同時にできる多方向プレスがある．

1.7　接着剤
1.7.1　化学組成による分類と用途
天然物接着剤

にかわ（膠）：　木工用
カゼイングルー：　木工用
大豆グルー：　木工用
酪豆グルー：　木工用
血液アルブミン：　フェノール樹脂の増量材
　としても使用

でんぷん，デキストリン： クロス，壁紙など
ロジン： 充てん剤，増量剤として使用
シェラック： 金属用
うるし（漆）： 美術工芸品

合成樹脂接着剤

（1） 熱加塑性樹脂接着剤　加熱すると軟化あるいは溶融し，冷却するとふたたび固化する．

酢酸ビニル樹脂接着剤： エマルジョン型—木工用，溶剤型—床用，塩ビタイル
ポリビニルアルコール接着剤： 木工用，紙，布
ポリビニルアセタール接着剤： 安全ガラスの中間膜，金属，布，ガラス
セルロース誘導体接着剤： 紙，布，ガラス，金属，陶器質，ボード，合板
アクリル樹脂接着剤： 塩ビ鋼板，木材，ゴム，プラスチック
ホットメルト型接着剤： 紙，布，木材

（2） 熱硬化性樹脂接着剤　加熱すると硬化して，もとの状態にもどらない．

ユリア（尿素）樹脂接着剤： 濃縮型—木工用，未濃縮型—合板
メラミン樹脂接着剤： 木質材料，含浸紙
フェノール樹脂接着剤： 木質材料，金属，プラスチック，ガラス
ポリエステル樹脂接着剤： 金属，ガラス，陶磁器
レゾルシノール樹脂接着剤： 木質材料
エポキシ樹脂接着剤： 金属，ガラス，木質材料

（3） 混合型共縮合接着剤　2種の異なる樹脂を混合させる．

酢酸ビニル＋ユリア樹脂： 木質材料
ユリア樹脂＋メラミン樹脂： 木質材料
ユリア樹脂＋フェノール樹脂： 木質材料
フェノール樹脂＋レゾルシノール樹脂： 木質材料

（4） エラストマー接着材　常温でゴム状弾性を示す高分子物質の総称．

天然ゴム接着剤： 感圧テープ，布，ビニル系以外のフォーム
ポリクロロプレン接着剤： ゴム，金属，プラスチック，木材，石綿板
アクリロニトリル-ブタジエン共重合体接着剤： 金属，木材，紙，布，プラスチック，ウレタンフォーム
スチレン-ブタジエン共重合体接着剤： 布，紙，プラスチック，木材，金属，ガラス，感圧テープ
再生ゴム接着剤： 金属，木材，タイル，ガラス，紙，プラスチックフォーム，床材
ポリスルフィド接着剤： 建築用の弾性シーラント
ブチルゴム接着材： 鉄板とゴム，感圧型接着，ビニル床タイル
シリコン接着剤： 弾性シーラント
ポリイソブチレン接着剤： プラスチックフィルム，シート，感圧型接着

（5） 混合型接着剤　エラストマー接着剤およびエポキシ樹脂に各種変性剤を添加させる．

変性エポキシ樹脂接着剤： 金属，木材，ガラス，熱硬化性プラスチック

（6） 瞬間接着剤　変性エポキシ樹脂接着剤とシアノアクリレートモノマーを主成分とする接着剤．

シアノアクリレート接着剤： 金属，プラスチック，ゴム，木材

1.7.2 木材と異種材料との接着

木材産業においては，木材と木材の接着だけでなく異種材料との接合，接着をしなければならないことが多い．たとえば家具について考えても，木材と金属，木材とプラスチック，木材とガラス，など異種材料との接着を

表 V-3 木材と異種材料の接着に対する適用接着剤の種類

木材と接着させる異種材料 \ 接着剤の種類	酢ビエマルジョン系	酢ビ溶剤系	酢ビ共重合系	酢ビ・塩ビ共重合エマルジョン系	ポリオレフィン系	エポキシ樹脂系	ユリア樹脂系	フェノール樹脂系	メラミン樹脂系	レゾルシノール樹脂系	熱硬化性樹脂混合系	クロロプレン系	合成ゴム系	アクリル系	ニトリルゴム系	ポリウレタン系	シアノアクリレート
木　材	○	○	○	○	○	○	○	○	○	○	○	○	○				
紙	○	○		○								○	○				
繊　維	○	○		○		○						○	○				
普通セロハン	○	○										○	○				
防湿セロハン	○	○		○								○	○				
軟質用塩ビ	○		○											○	○		
硬質用塩ビ	○		○	○								○		○	○	○	
スチロール			○									○					
アクリル						○						○		○			
ポリエチレン												○					
ポリプロピレン												○					
ポリカーボネート						○						○					
メラミン，ユリア，フェノール			○			○	○					○		○			○
ポリエステル						○						○				○	○
フッ素樹脂												○					
セルロイド	○	○										○					
天然ゴム						○						○		○	○	○	○
合成ゴム												○					
発泡スチロール	○	○	○									○					
発泡ウレタン	○	○				○						○				○	
発泡ゴム												○					
皮　革	○		○									○		○			
石材，コンクリート	○		○			○						○					
ガラス，陶磁器	○	○				○						○					

することによって，新しい製品，デザインが開発されることにもなる．

接着剤はいちじるしく進歩し，多数の種類に分類され，使用目的，用途によって選ばなければならない．表 V-3 は木材と異種材料の接着に対する適用接着剤の種類である．たとえば木材とガラスとを接着するときは，ガラスのところを見て丸印のある接着剤，つまり酢ビエマルジョン系，酢ビ溶剤系，エポキシ樹脂系，合成ゴム系の4種類の接着剤が使用可能である．

1.7.3 動物にかわ（膠）接着剤

にかわの原料は馬，牛，水牛，クジラなどの生皮，骨，腱，筋などで，その主成分は，ゼラチンというタンパク質である．原料を精製，漂白，煮沸して抽出したにかわ液を沪過

図 V-19 にかわを溶解する銅製二重なべ

1. 接 着　159

表 V-4　にかわの長所と欠点

長　　所	欠　　点
○他の接着剤に比べて固着が早い． ○ゲル化して固まったにかわは加熱して何度も使用できる． ○熱でとけるので，接合部を分解させやすい．したがって修理もしやすい．	○耐水性がない． ○腐敗することがある． ○接着乾固したものでも水湿にあうとやわらかくなってはがれることがある． ○加温しながら用いなければならない．

し，濃縮，乾燥させて作る．保存は板状，棒状，粒状，粉状などの形で，三千本，千本，さらし，板，上漉膠などと呼ばれている．

使用法は，にかわを細片にして水に浸漬し，十分に膨潤させた後，湯煎鍋で加熱して溶かす．溶解温度は60℃ぐらいが最適である．接着する木材は20℃ぐらいに保温した方がよい．にかわは水に対して弱いので，耐水性の増強剤としてホルマリン液を被着材の片面に塗付し，他面のにかわ液と接着させる．硬化，加工まで4時間ぐらいおくとよい．

にかわの利点としては，接着・固化した部分を加熱することによって軟化させ，組立てした品物を容易に分解させることができるので，楽器，高級家具などの修理を必要とする場合に非常に便利である．木工用としてかつて広く利用された接着剤である．

1.7.4　カゼイン接着剤

カゼイン接着剤は，バターをとった残りの脱脂乳から作られた粉末のたんぱく接着剤で，主成分はカゼインであるが，そのほか消石灰および各種ソーダ塩の粉末が混合されている．

使用方法は試料の2倍量の水（20〜25℃）を加えて攪拌し，10分以内に溶解する．粉末に水を加えるとき粒状物（ままこ）ができやすいので，まず全量の水の約60％で固めに練って溶解し，さらに残りの水を徐々に加えて溶解する．可使用時間は比較的短く，溶解後4時間ぐらいまでである．

この接着剤は強いアルカリ性を呈するから

表 V-5　にかわの品質規格（JIS K 6503-1961）

種　別	水分(%)	粘度(mp)	ゼリー強度(g)	灰分(%)	油脂分(%)	不溶解分(%)
1 種	17以下	60以上	240以上	4以下	1以下	0.5以下
2 種	〃	50以上	190以上	〃	〃	〃
3 種	〃	40以上	140以上	〃	〃	〃
4 種	〃	30以上	90以上	〃	〃	〃
5 種	〃	20以上	40以上	〃	〃	〃

表 V-6　にかわの接着力

樹種	比重	常態接着力 (kg/cm²)	木破率 (%)	耐水接着力* (kg/cm²)	木破率 (%)
スギ	0.38	81	67	0.5	0
ブナ	0.63	107	27	0.6	0

塗付量：300 g/m²．　圧縮圧力：15 kg/cm²．せん断試験．
スギ，ブナともに板目面．含水率 12%，固形率 80%．
* 20℃水中に24時間浸漬後．

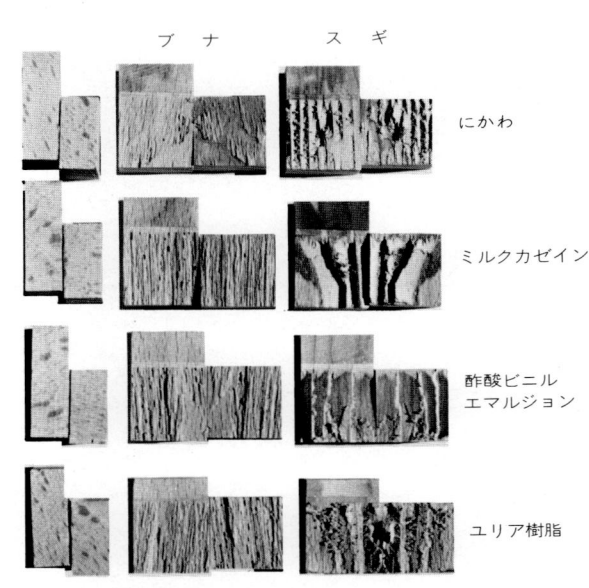

図 V-20　各種接着剤の常態接着力の木破
（例：ブナ，スギ）（せん断試験）

溶解する容器は陶製のものが適当である．鉄製の容器は錆がでるうえに，そのために接着

表 V-7　カゼイン接着剤の長所と欠点

長　　所	欠　　点
○粘稠性が良好で，塗付作業が容易である． ○常態接着力は強い． ○乾燥膜はかなり弾性に富み，老化性も比較的少ない． ○刃物を傷めない．	○耐水性が劣る． ○圧縮に長時間を要し能率が悪い． ○菌類の影響を受けやすい． ○アルカリが強いから，アルカリによる材面の汚染を生じる．

表 V-8 ミルクカゼインの接着力

樹種	比重	常態接着力 (kg/cm²)	木破率 (%)	耐水接着力* (kg/cm²)	木破率 (%)
スギ	0.38	78	67	26	0
ブナ	0.63	161	90	19	0

塗付量：300 g/m²，圧縮圧力：15 kg/cm²，せん断試験．
スギ，ブナとも板目面．含水率 12％，固形率 36％．
* 20℃ 水中に 24 時間浸漬後．

表 V-9 酪豆グルーの配合と接着力

配合物	酪豆グルー		
	特	1号	2号
カゼイン (％)	80	70	30
大豆粉 (％)	20	30	70
樹種	接着力 (kg/cm²)		
カ バ	125	107	70
ナ ラ	100	90	
タ モ	90	85	65
シ ナ	70	66	58

表 V-10 酢ビ樹脂エマルジョン接着剤の長所と欠点

長　　　　所	欠　　　　点
○有機溶剤を含まない．臭気が少ない．火気の危険がない． ○乾燥膜はほとんど無色透明なので，木材を汚さない． ○接着後の硬化膜は長年月安定・老化性がない． ○油，ガソリン，弱い酸に耐える．　○各種の材料によく接着する． ○冷圧・熱圧いずれも使用できる．　○接着層による刃物の損傷がない．	○耐水性に劣る．水を吸水膨潤すると強度が低下する． ○耐熱性に劣る．70～100℃で軟化する． ○接着剤は器具類を錆させる．使用後は水でよく洗う．

材面が褐色に汚染される．

　木材に対する接着力は強力で耐水性もあり，合成樹脂系の発達した今日でも，臭気や酸度を嫌う食品関係の容器，鏡台用の合板，建具，家具の内部などの用途に使用されている．

　ミルクカゼイングルーのほかに脱脂大豆粉末とカゼインの混合物，酪豆グルーなどが混合されることもあり，混合比率によって，特，1号，2号と分けられている．

表 V-11 酢ビエマルジョンの接着力

樹種	比重	常態接着力 (kg/cm²)	木破率 (%)	耐水接着力* (kg/cm²)	木破率 (%)
スギ	0.38	81	100	12	0
ブナ	0.63	172	57	2	0

塗付量：300 g/m²，圧縮圧力：15 kg/cm²，せん断試験．
スギ，ブナとも板目面．含水率 12％，樹脂率 40％．
* 20℃ 水中に 24 時間浸漬後．

○薄物つき板用の接着剤混合比

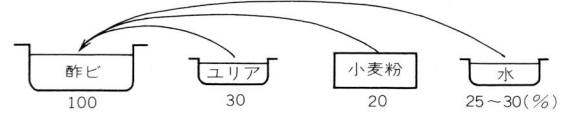

酢ビ	ユリア	小麦粉	水
100	30	20	25～30 (％)

○耐水性を増す場合

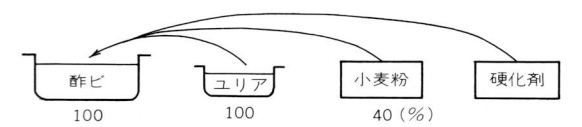

酢ビ	ユリア	小麦粉	硬化剤
100	100	40 (％)	

図 V-21 ホットプレス熱圧接着剤の混合
ホットプレス温度 85～100℃
圧縮時間 30秒～1分，圧縮圧力 3 kg/cm²

1.7.5 酢酸ビニル樹脂エマルジョン接着剤

　酢酸ビニルエマルジョンは乳白色，クリームの乳濁液で，pH 4.0～5.5，かすかに酢酸臭のする水性接着剤である．主成分は酢酸ビニル，水，少量の乳化剤を含み，エマルジョンは水溶液でなく，樹脂が微小な粒子（直径 1/1000 mm 前後）となって水中に分散している．樹脂分は 40～50％ 含んでいる．冷圧あるいは熱圧のいずれでも使用できる．

　木工用酢ビエマルジョンの貯蔵は，暖かい室内に置くのが望ましい．零度以下になってエマルジョンが凍結すると樹脂と水が分離してしまう．

　市販接着剤には成膜温度の異なる夏型と冬型がある．耐水性は比較的悪く，接着膜が吸水膨潤すると接着力が低下する．耐水性を増大させるには酢ビエマルジョンにユリア樹脂を混合して使用するとよい．

　薄いつき板を熱圧接着するときは，酢ビにユリア樹脂のほか小麦粉と水で増量する．つき板が薄いと板表面にしみがでるので，接着剤を増量して粘度を高めることが必要である．

　この接着剤は現在一般木工用として最も多く使用されているものの一つである．

1.7.6 ユリア（尿素）樹脂接着剤

　尿素樹脂は尿素とホルムアルデヒドの縮合反応によって得られる熱硬化性樹脂で，無色透明ないし白濁した粘稠物で，水，アルコールによって溶合する．

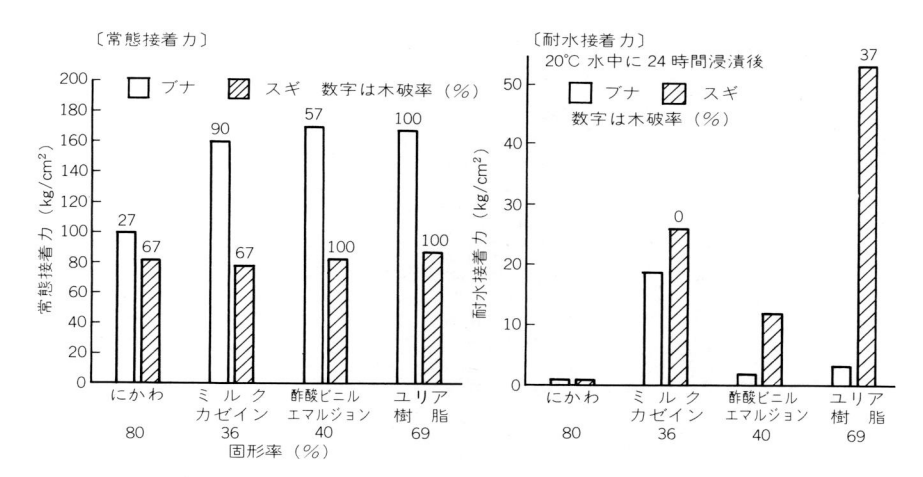

図 V-22 各種接着剤の常態接着力および耐水接着力
樹種：スギ，ブナ板目面（材の含水率 12％），塗付量 300 g/m²
圧縮圧力 15 kg/cm²，せん断試験

接着剤は使用する方法により，一般木工用として加熱圧着をしないですむ濃縮型（樹脂分 60〜70％）のものと，合板，パーティクルボード用として加熱をして揮発分を除去する未濃縮型（樹脂分 45〜50％）とがある．

この接着剤は保存中に徐々に粘度が変化してゆきゲル化（糊化）の状態になる．保存期間は 25℃ で 4〜6ヵ月ぐらいである．

尿素樹脂接着剤を使用するときは硬化剤として塩化アンモニウム（NH_4Cl）の 10〜20％ 水溶液を樹脂液に対して 10％ 添加する．硬化剤添加後の可使用時間は温度によって影響され，高温になると短くなる（図 V-23）．また尿素樹脂を小麦粉，大豆粉と水とで増量し，接着剤費を引下げ，浸透，欠膠，老化性を防止・減少させて使用することもできる．また尿素樹脂 100（％）に対して酢酸ビニル

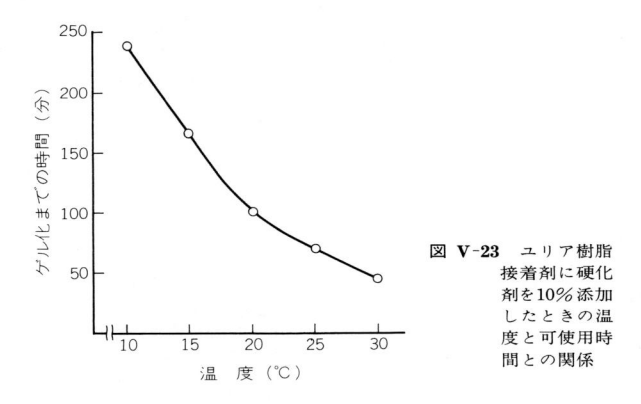

図 V-23 ユリア樹脂接着剤に硬化剤を 10％ 添加したときの温度と可使用時間との関係

表 V-12 ユリア樹脂接着剤の長所と欠点

長　　所	欠　　点
○水溶性であって取扱いが容易である． ○冷圧・熱圧いずれにも適する． ○硬化剤によって常温，中温で硬化する． ○常態接着力が強い． ○耐水性増強はメラミン，レゾルシノールと共縮合ができる． ○色は無色透明．	○接着膜の厚いとき老化性，時日の経過とともに亀裂を生ずる． ○接着膜が硬く刃物を損傷しやすい． ○可使用時間や硬化時間が温度に影響される． ○ホルマリン臭がする．

表 V-13 ユリア樹脂接着剤の接着力

樹　種	比　重	常態接着力 (kg/cm²)	木破率 (％)	耐水接着力* (kg/cm²)	木破率 (％)
スギ	0.38	87	100	3	0
ブナ	0.63	167	100	53	37

塗付量：300 g/m²，圧縮圧力：15 kg/cm²，せん断試験．
スギ，ブナとも板目面．含水率 12％，樹脂率 69％．
* 20℃ 水中に 24 時間浸漬後．

[接着性能]

$$木部破断率（％）＝\frac{木部で破断している部分の面積}{接着面積} \times 100$$

樹脂率（固形分）（％）　$S = \dfrac{G_2}{G_1} \times 100$

揮発部　$W = \dfrac{G_1 - G_2}{G_1} \times 100$

G_1：接着剤を秤量したときの重さ．
G_2：接着剤を 100〜105℃ の乾燥機で乾燥した後の重さ．

○酢酸ビニルエマルジョンを混合．
　刃物の保護，耐老化性，耐熱性，耐水性の向上．

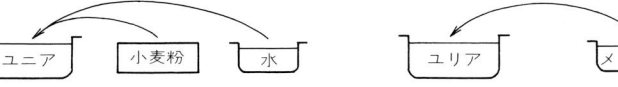

○小麦粉，水で増量．
　耐老化性の向上，糊液の単価引下げ．

○メラミン樹脂，レゾルシノール樹脂，フェノール樹脂などの混合．
　耐水性の向上．

ユリア　酢ビ　　　　ユリア　小麦粉　水　　　　ユリア　メラミン　など

図 V-24　ユリア樹脂の各種性能向上のための操作

エマルジョンを30（%）混合することによって加工時の刃物の損傷を少く耐老化性にも効果があることが知られている．

屋外用として耐水性を増強させるにはユリア・メラミン共縮合樹脂かあるいはユリア・フェノール共縮合樹脂の形のものを使用する．

2. 塗　装

2.1 塗装の概要

木工の最終工程は塗装である．その目的は
① 製品の美的価値を高める．
② 狂いの防止や変色，劣化の防止をする．
③ 防かび，腐朽の防止をする．

などである．このうち，①の美的価値を高めるというのは，木材特有の材質感を可能な限り美しく表現することである．そのためには，銘木の木理を強調する塗り方をしたり，木材特有の柔らかな質感や，深み，肌合いといったものを表現するような透明塗装が主体となる．

また，時に不透明塗装（ペイント，エナメル）などにより低廉材を覆ってしまうやり方が行われることもある．

2.2 塗装工程

塗装工程は，透明塗装を主体に示すと次の

表 V-14　塗装法の一例*

方　法		特　　　　　　　失	その他
刷毛塗り		手軽．形態を選ばず一様に塗れる．どんな場所でもできる．用具管理が簡単．均一にゆかない．能率が悪い．乾燥の早い塗料に不向き．	小規模用．公害の心配がない．
ローラー塗り		板状平面に向く．能率がよい．凸凹面に塗れない．塗面はややラフ．	グルースプレッダーのハンドタイプともいえる．
スプレー塗装	エアスプレー	ラッカーなど比較的粘稠度の低いものに向く．高能率で刷毛の約10倍．原理は霧吹き器と同じ．空気圧は3 kg/cm²ぐらい．20〜25 cmぐらいの距離から吹付ける．速乾燥塗料に向く．変化に富んだ面も高能率．はね返しが多く不経済．	大規模用．空気圧．距離は塗料粘度によって調節．
	エアレススプレー	原理は高圧水鉄砲と同じ（塗料に70〜150 kg/cm²の高圧を与え，ノズルから霧状に噴射）．一度に厚い塗膜が得られる．はね返しが少ない．衛生的．噴霧量はノズルチップの交換による．面倒．	高粘度塗料には60〜90°に加温するホットエアレスもある．高能率．

* このほか，フローコーター，カーテンコーター，シャワーコーター，静電塗装などがある（表V-8参照）．

表 V-15　塗装方法と用具・設備

塗装分類	塗装法	説　　　　　　　明
刷毛塗り	刷毛塗り	塗り広げ塗り重ねるやり方．
スプレー塗装	エアスプレー	圧縮空気を用いて霧状に塗料を吹き付ける．
	エアレススプレー	水鉄砲のようにして塗料を噴射する．
	ホットスプレー	スプレーに加熱装置があり，粘度を下げて吹き付ける．
フローコート	シャワーコーター	塗料をシャワー状に流し浴びせて塗る．
	カーテンコーター	加圧塗料をカーテン状に流下させコンベア下の物を塗る主に自動装置．
浸漬塗り	ディッピング塗装	タンク内の塗料に物を漬け引き上げ乾燥する．
	電着塗装	塗料槽を（−）電極にし，塗る物を（＋）電極にし直流通電して塗料を吸着させる．
静電塗装	固定式静電塗装	塗装機と塗る物との間に電界を作り機械より電界内に（−）帯電塗料を噴射し（＋）側のものに吸着させる．
	静電スプレー塗装	噴出塗料の霧化率を高めたもので，静電塗装とスプレー塗装をかねたもの．
	粉体静電塗装	粉体塗料を（−），被塗装体を（＋）としスプレーガンより噴射する．
ローラー塗り	ローラーブラシ	円筒面に毛を接着し，これに塗料を含ませ回転塗りする．
	ロールコーター	ローラーを組み合わせ，回転させながら塗料をからませ，このローラー間を被塗物を通過させるやり方．グルースプレッダーに似る．

ようである.
① 素地の調整
② 目止め,着色
③ 下塗り
④ 中塗り
⑤ 上塗り

主な木工用塗装法の数例を表 V-14 に示した. これらの他にも, それぞれ塗料に適しかつ施工法のよい方法がある. また表 V-8 には塗装法の分類とその用具・設備を示した.

次に, これら①～⑤の各工程がどんな目的のために行われるのか, またどんなことに注意しながら, どんな方法で行うのかについてみてゆくことにする.

2.2.1 素地調整

いろいろな工程を経た加工材には, 直接刃物によるナイフマーク, サンダーの研削むら, 作業中発生した損傷, 刃物による焼け, 回転ロールなど送材機構によって与えられる組織内のひずみなどがある. これらは, いったん塗料を吸収して組織が膨潤すると, 欠点部分が増幅されて一層顕著に浮かび上ってくるものである. これでは滑らかな美しい塗装仕上げ面は望めない. これらを改善したり, 取り除くのが素地調整の目的で, 塗装工程の最初に行われる. また樹脂やよごれを除いたり, 必要に応じて漂白などが行われる場合もある.

素地調整は各種のサンダー類によって研削することによって行う. 機械的には, ワイドベルトサンダーや, ポータブルサンダーで行われる. 切削速度は 20 m/sec ぐらいで, 目づまりを生じないよう, 手作業に比較してやや荒目の粒度のサンドクロスが使われる.

手作業では, 初め ♯240～♯280 のサンドペーパーを当て木に巻き付けたペーパーパッドで木理に沿って研摩する. 調整する木地の仕上がり程度によってはさらに粒子の荒い♯150～♯180 を使う必要も生ずる. 回転刃物で衝撃的に行われた切削面や, 研削材で組織が押え付けられたりして荒れのいちじるしい

表 V-16 研摩材の種類

研摩材		記号	粒度	番手記号			
溶融アルミナ	Al_2O_3	A	極粗	♯16	♯20	♯24	♯30
炭化ケイ素	SiC	C	粗	♯36	♯40	♯50	
ガーネット(ざくろ石)		G	中	♯60	♯80	♯100	
エメリー	$Al_2O_3 \cdot Fe_2O_3$	E	細	♯120	♯150	♯180	
			極細	♯220	♯240	♯280	♯320
				♯360	♯400	♯500 など	

表 V-17 漂白剤と使用法

漂白剤	用法	塗布後処理
しゅう酸	5%水溶液塗布	塗布して30分後に水洗
亜塩素酸ソーダ	5%水溶液塗布	10時間以上放置後水洗
過酸化水素+炭酸ナトリウム	混和液塗布	1時間後水洗いする
過酸化水素+アンモニア水	混和液塗布	放置乾燥する

図 V-25 ポータブルサンダー

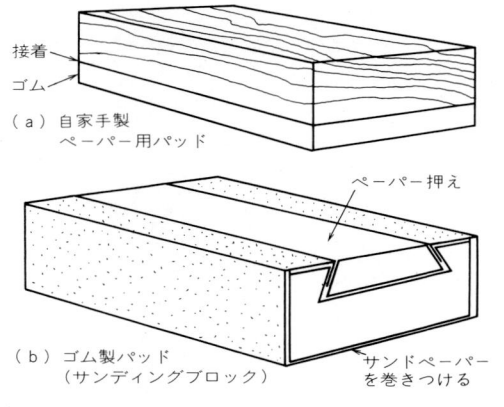

図 V-26 ペーパー用パッド類
(a) 自家手製ペーパー用パッド
(b) ゴム製パッド(サンディングブロック)

ものは，水びきをして組織をおこしてから，耐水ペーパーで研磨することも工夫の一つである．

表V-16には研磨材の規格，また表V-17には漂白剤とその方法を示した．

2.2.2 目止め，着色

木材はII章で学んだとおり多孔質の細胞の集合体である．このような木材の表面に均等な塗膜を効率よく形成するには，塗料の細胞孔への吸込みを防止し，滑らかな表面を作ることが目的である．細胞孔へ塗り込むのは，目止め剤が使われる．目止め剤には，砥の粉や，セラックニス系，ラッカー系，ビニルブチラール系，ポリウレタン樹脂系など各種ウッドシーラーがある．

また，目止め工程では，木材質の価値を高めその良さを強調するために着色剤によって材質を染料で染めたり，顔料を付着させて色調の変化を与えることも行われる．

目止め，着色は，水性，油性のいずれかによって行われるが，このとき組織の毛羽立ちがおこるので，♯400ぐらいの極細目の耐水性サンドペーパーで表面荒れ（毛羽立ち）を除くことが必要である．着色後は下塗り塗料を塗り着色剤のうき上りを押えてから次の工程に入る．

着色剤の中には，NGRステインのように比較的着色時の表面荒れの少ないものもある．これはnon grain rising stainの略で，文字どおり着色時の表面荒れを防止するものである．また着色には塗料に混入して行われるものもある（表V-18参照）．

顔料は，その微粒子を素地表面に存在させることで着色するものであるから，その粒子によって紫外線が反射して，素地を保護する

表 V-18 木材用着色剤

	主要成分	特徴	欠点	備考
油性ステイン	油溶性染料，無機顔料，ベンガラ，クロムグリーン，との粉，胡粉，カオリンクレー，乾性油，クレオソート油，油性ワニス，テレピン油など	①顔料ステインは使用される顔料が不透明なので素地の欠陥をかくすことができる．②顔料ステインは耐候性良．③にじみ，むらがでにくい．	①顔料が不透明なので鮮明に仕上げるのは困難．②油溶性顔料を用いるものは耐候性が劣る．③クレオソート油の添加されたものは上塗り塗料を塗るとにじみが出る．	色調はライトオーク，ダークオーク，ゴールデンオーク，フレッシュオーク，ウォルナットチーク，ライトマホガニーなどあり．
アルコール性ステイン	アルコール可溶性染料（塩基性），メタノール，変性アルコール，ブタノール，あるいはセラック	①着色性がよい．②速乾性である．③木部への浸透性がよい．④木材を膨潤させない．	①木部への浸透性がよいので色むらを生じやすい．②耐候性小．	木製の小工芸品スプレー着色がむく．
ラッカーステイン	油溶性染料，ラッカークリヤー	①吹付け塗りの場合は木部の荒れ，毛羽立ちがなく，色むらができにくい．②部分的補修塗りによい．	はけ塗りの場合色むらができやすい．	色調はマホガニーダーク，ウォルナットダーク，ミシンキャビネット，音響キャビネット，家具
水性ステイン	水溶性染料（酸性・直接・塩基性），にかわ，カゼイン	①火災の危険がない．②においがない．③作業性がよい．④透明度，鮮明度が高い．	①冬期は乾燥がおそい．②木部の肌を荒らす．	木製家具．いろいろな着色法が可能．
化学性ステイン	重クロム酸カリウム，過マンガン酸カリウム，硝酸銀，硫酸鉄．	①渋みのある着色．②摩擦による着色のはがれ退色，変色がない．	①素地が荒れる．②手間がかかる．③着色むらができやすい．	木工品は刷毛塗りがよい．
NGRステイン*	酸性染料，アルコール	①素地を荒らさない．②耐光性，着色性が大．③にじみがない．④乾燥が早い．	①価格が高い．②耐水性が劣る．	高級家具．スプレーがよい．

* NGR：non grain rising.

2. 塗 装   165

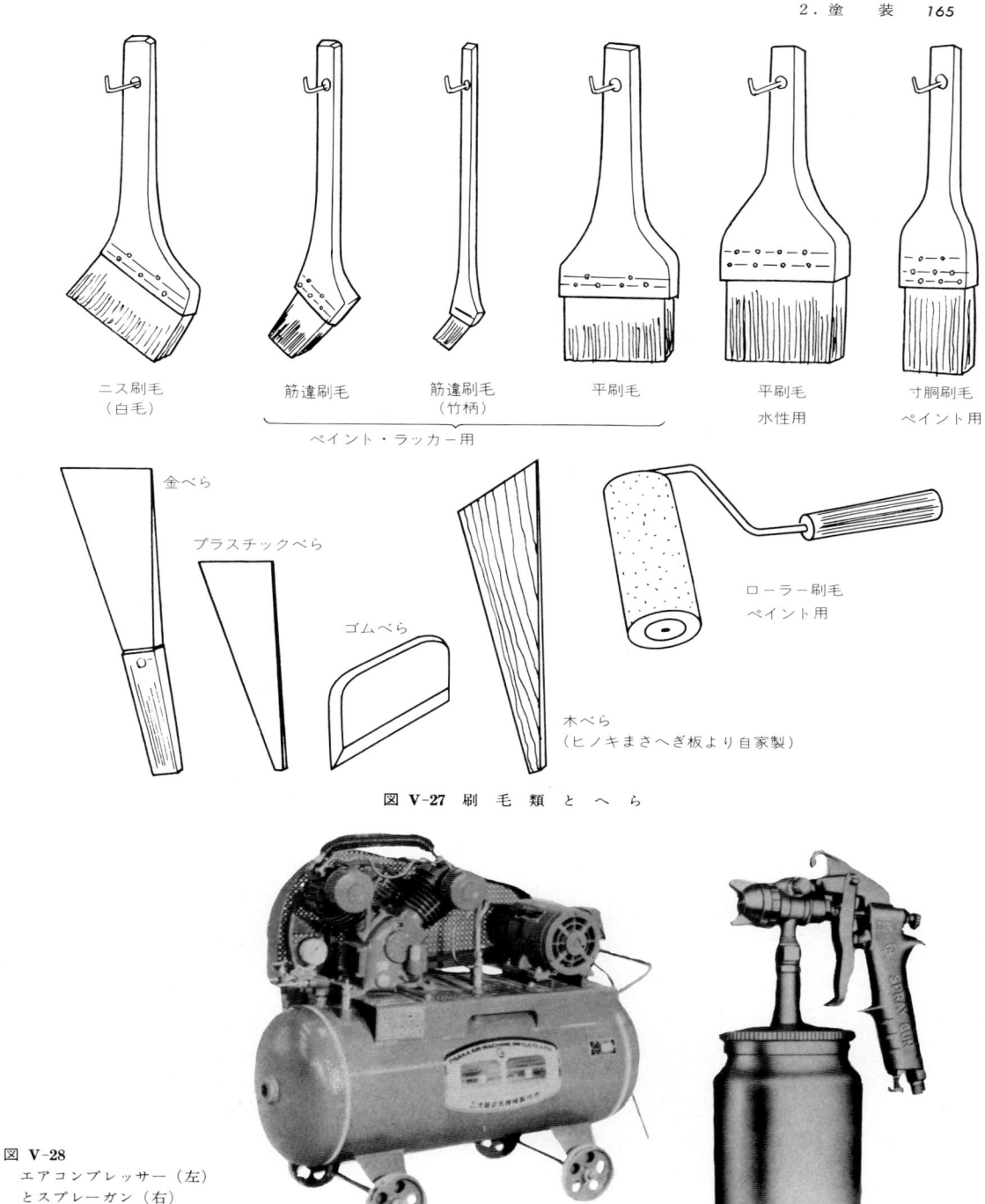

ニス刷毛
（白毛）

筋違刷毛

筋違刷毛
（竹柄）

ペイント・ラッカー用

平刷毛

平刷毛
水性用

寸胴刷毛
ペイント用

金べら
プラスチックべら
ゴムべら
木べら
（ヒノキまさへぎ板より自家製）

ローラー刷毛
ペイント用

図 V-27 刷毛類とへら

図 V-28
　エアコンプレッサー（左）
　とスプレーガン（右）

性能を有する．よって，塗膜そのものも長く保たれる結果となる．

2.2.3 下塗り

素地の調整によって改善された表面に，さらに平滑な鏡面の下地になるように濃度の高い塗料を数回，塗っては乾燥，研磨をくり返す工程を下塗りという．この工程によって塗面は一層平滑度を高め，塗料の不必要な吸収は防止される．

下塗り用塗料に求められる性能としては，

図 V-29 スプレーガンによる塗料噴霧

表 V-19 塗装用具

(1) 刷毛の材料	動物毛：人毛（頭髪），羊，山羊，馬，狸，豚など 植物毛：シュロ，ヤシなど 合成繊維：ナイロン，レイヨンなど	
(2) 刷毛の種類と用途	種類	特徴・用途
	寸胴刷毛	図のように先端が楕円形になるようにそろえ，紙，桜皮で巻いて柄に銅線で綴ったもの．脱毛防止のためつけ根は接着剤で固める．
	筋違刷毛	毛が柄から斜めに出るようにつけられている．木端，入隅，細かい個所の塗装用．
	平刷毛	木工用にはあまり使わず，壁様の塗布面積が広いところを塗り広げる．エマルジョン塗料などに使う．
	ローラーブラシ	径6cm，長さ15cmほどのフェルト，ナイロン，モケットなどを円筒に巻いて金属製の柄をつけたもの．塗料に浸して塗面をころがす．

このほか，用具では塗料容器がある．これはせと，ほうろうびき容器がよい．油性ワニスは鉄容器では時間とともに黒変することがある．

付着力がよくかつ耐久性能の高いということである．下塗りは各種刷毛類，エアスプレーなどで行うが，これらは図 V-25～V-27 の通りである．

2.2.4 中塗り

中塗りは，塗装面をさらに平滑にし，水や湿気から木製品を保護するために行われる工程である．特に中塗り用塗料の性能が劣ると，塗膜の密着不良や層間剥離などがおこりやすいもので，付着性能の高いことが求められる．

肉持ちをよくするには揮発成分の少ない塗料（ハイソリッドラッカーの不揮発分は35％以上）を用いるといいが，時には透明度が高くごく軽量の粉末を充てん剤として塗料に併用することもある．しかし塗膜の弾力性を失いやすく耐衝撃性が低下するという欠点がある．

2.2.5 上塗り

塗装工程の最後は上塗りで，この工程は注意深く入念に行って，滑らかで均等な塗膜を形成する大切な作業である．

この工程は，薄めの塗料を，薄くかつむらを直すようなつもりで塗り重ねて行く．乾燥後は刷毛目を軽く♯400サンドペーパーで研摩して均等な塗膜に整えるとともに，次の塗り重ね塗料の付着をよくする．研摩後は研摩カスなども十二分にふき取るか，エアーを吹き付けて除塵してから塗り重ねてゆく．

以上，上塗りは塗料を塗布し乾燥，研摩，ふき取り塗布と数回くり返し行い，最後に塗布後ラビングコンパウンドをつけ，フェルト，きれ片でみがくと鏡面が得られる．

つや消し仕上げは，ごく細かいスチールウールみがきか耐水ペーパー000番などで研摩して細かいヘアライン様の塗膜キズをつけるものである．専用つや消し塗料もある．

表 V-20 に各種木材用塗料とその用途を示した．

なお，塗装に関する詳細は，別巻 朝倉『技術シリーズ 塗装』によって補完されたい．

図 V-30 ライティングビューローの塗装ライン
（コダカ石岡工場）

表 V-20 木材用塗料の種類と用途

主な用途	種類	塗料名	成分	溶剤、希釈剤	特徴
家具、木製品、室内木部、楽器、玩具、床材	セルロース系	ニトロセルロースラッカー（クリヤー、エナメル）	硝化綿、短油性アルキド樹脂	ラッカーシンナー	揮発、重合乾燥、速乾、塗膜肉持不良、多湿時白化
		ハイソリッドラッカー	硝化綿、メラミン樹脂、アルキド樹脂	ケトン、アルコール、タール系	揮発、重合乾燥、速乾、肉持不良、光沢有、耐候性良
	合成樹脂系	酸硬化型アミノアルキド樹脂塗料	短油性アルキド樹脂、アミノ樹脂、塩酸またはベンゼンスルホン酸（硬化剤）	アミノアルキドシンナー	縮合、常温乾燥、肉持良、硬度良、光沢有、ホルマリン臭有
		不飽和ポリエステル樹脂塗料	無水マレイン酸、フマル酸、エチレングリコール、スチレン、メチルエチルケトンパーオキサイド（硬化剤）	アセトン、スチレン	重合、常温乾燥、不揮発分極大、硬さ良、耐衝撃性劣
		ポリウレタン樹脂塗料	トリレンジイソシアネート、ポリエステル樹脂	ポリウレタンシンナー	重合、常温乾燥、付着性良、機械的性能良、コスト高
		アルコール溶性フェノール樹脂塗料	レゾール型フェノール樹脂（フェノール、ホルマリン）トリオールスルホン酸（硬化剤）	アルコール系	縮合、常温乾燥、不溶、不融性の硬い塗膜、変色しやすい
和家具、漆器	天然樹脂系	うるし	ウルシオール		酸化重合、硬度良、耐水性良、耐酸性、電気絶縁性良
		セラックニス	セラック	アルコール、タール系	揮発乾燥、速乾性、不粘着性、耐候性悪
並級木製品、下塗り		コパールニス	コパール、ロジン	アルコール、タール系	揮発乾燥、速乾性、耐候性悪
		スパーワニス	エステルガム、油性フェノール樹脂、支那桐油	テレピン、ミネラルターペン	酸化重合、耐水性良、耐候性、光沢有、肉持良
家具、床、ボーリングアレー	合成樹脂系	油変化ポリウレタン樹脂塗料	ウレタン化アルキド樹脂	キシレン、トルエン、メチルエチルケトン	重合、常温乾燥、硬度良、耐摩耗性良、光沢良、付着性良
		ユリア樹脂塗料	エーテル化ユリア樹脂、メラミンまたはアルキド樹脂、塩酸 etc	キシレン、トルエン、ソルベントナフサ、ブタノール	縮合、常温乾燥、硬さ良、光沢良、耐薬品性良、耐候性良
玩具		光重合不飽和ポリエステル樹脂塗料	ポリエステル樹脂、増感剤	アセトン、スチレン	重合、常温乾燥、超速乾性、コスト高、透明または半透明塗膜にかぎられる
合板、ボード類		乾性油変性アミノアルキド樹脂塗料	アルキド樹脂、あまに油、大豆油	芳香族炭化水素系	酸化重合、耐水性良、耐候性良、光沢保持性大
家具		アクリル樹脂塗料	アクリルエステル、メタアクリル酸共縮合	エステル、エーテル、ケトン系	重合、常温乾燥、肉持良、耐紫外線良、光沢保持性大
耐アルカリ内装		フタル酸樹脂塗料	多価アルコール、多塩基酸、脂肪酸	フタル酸シンナー	酸化重合、付着性良、耐候性良、弾力性良、光沢良
木製品		塩化ビニル樹脂塗料	塩ビ、酢ビ共重合樹脂	塩ビシンナー	重合、常温乾燥、耐薬品性良、耐熱性悪
建築外装	油性系	ボイル油	あまに油、えごま油、支那桐油、乾燥剤	テレピン、ミネラルターペン	酸化重合、乾燥性、耐候性良
		油性調合ペイント	ボイル油、フタル酸樹脂	テレピン、ミネラルターペン	酸化重合、乾燥遅、耐候性良、塩化ゴムビニル塗料の上塗不可
内装		合成樹脂調合ペイント	ボイル油、ロジン、フェノール樹脂	石油、タール系	酸化重合、常温乾燥、耐候性良、耐塩水性良
		油溶性フェノール樹脂塗料		ミネラルターペン	重合、常温乾燥、耐候性良、乾燥性良

文　　献

■ **参考文献**

千葉大学工学部木材工芸学教室編：木材加工室内計画便覧，産業図書（1961）
鈴木太郎：木工技術，日刊工業新聞社（1964）
小倉　謙：増補 植物の事典，東京堂出版（1974）
山岸高旺：植物系統分類の基礎，北隆館（1974）
島地　謙，須藤彰司，原田浩：木材の組織，森北出版（1976）
浅野猪久夫編：木材の事典，朝倉書店（1982）
林業試験場編：木林工業便覧，日本木林加工技術協会（1951）
林業試験場監修：木林工業ハンドブック（改訂3版），丸善（1982）
木林工学刊行会：木林工学，養賢堂（1961）
北原覚一：木材物理，森北出版（1966）
東京大学農学部林産学教室編：木材理学及加工実験書，産業図書（1956）
世界有用木材300種編集委員会：世界の有用木材300種性質とその用途，日本木材加工技術協会（1975）
枝松信之，森　稔：製材と木工，森北出版（1963）
北原覚一，丸山憲一郎：ファイバーボード・パーティクルボード，森北出版（1962）
平井信二，堀岡邦典：合板，槇書店（1960）
平井信二，木方洋二：建築用材の知識，全国木材協同組合連合会（1965）
満久崇麿：木材の乾燥，森北出版（1962）
寺沢　真，筒本卓造：木材の人工乾燥，日本木材加工技術協会（1976）
森田哲郎：素材，製材，等の日本農林規格解説並に材積表，全国木材協同組合連合会（1972）
塚木　堯：外材規格と検量，日本林材新聞社（1972）
インテリアデザイン事典編集委員会：インテリアデザイン事典，理工学社（1977版）
内堀　繁・藤城幹夫編：現代のインテリア，朝倉書店（1980）
清家　清監修：インテリアデザイン辞典，朝倉書店（1980）
吉見　誠：木工具・使用法，創元社（1935），複刻（1980）
坂井秀春：チップソー，槇書店（1975）
中山一雄：切削加工論，コロナ社（1978）
篠崎　襄：加工の工学，開発社（1977）
安藤丈夫：NC工作のプログラミング，東京電気大学出版局（1970）
岩村　保：工作機械の数値制御，産報（1971）
半井勇三：木材の接着と接着剤，森北出版（1961）
芝崎一郎：接着百科(上)，高分子刊行会（1975）
日本接着協会：接着ハンドブック，日刊工業新聞社（1971）
接着技術便覧編集委員会：接着技術便覧，日刊工業新聞社（1963）

塚田邦夫：接着技術マニュアル，テクノ（1976）

GRONEMAN, C. H. & GLAZENER, E. R.: Technical Wood Working, Second Edition, MCGRAW-HILL（1976）

DECRISTOFORO, R. J.: Wood Working Techniques——Joints and their applications, RESTON PUBLISHING（1979）

［雑　誌］

　　日本木林加工技術協会：木材工業

　　全国木工機械工業会：木工機械

　　明邦国際研究会：Miws 16 号他

■図・表　引用文献

　　図 I - 1　　彰国社編：伝統のディテール，p. 93，彰国社，1974.
　　図 I - 2　　同上，p. 91.
　　図 II-13　　林業試験場編：木材工業ハンドブック（旧版），丸善，1958.
　　図 II-17　　北原覚一：木材物理，p. 30，森北出版，1966.
　　図 II-20　　満久崇麿：木材の乾燥，p. 37，森北出版，1962.
　　図 II-21　　Kollmann, F.: Technologie des Holzes, p. 80, 1963.
　　図 II-26　　Baumann, R. - Kollmann, F., 1951.
　　図 II-28　　同上.
　　図 II-45　　林業試験場編：木材工業便覧，pp. 175-180，日本木材加工技術協会，1951.
　　図 II-46　　同上.
　　図 II-47　　同上.
　　図 II-48　　同上.
　　図 II-55　　林業試験場編：木材工業ハンドブック（旧版）丸善，p. 267，1958.
　　図 II-56　　同上，p. 277.
　　図 II-69　　北原覚一，丸山憲一郎：ファイバーボード・パーティクルボード，森北出版，1962.
　　図 II-73　　同上，p. 162.
　　図 II-74　　同上，p. 155.
　　図 IV- 9　　斎藤美覚，森　稔：64 回林業大会講演等，1955.
　　図 IV-27　　McMillen, C. W.：製材と木工，p. 136.
　　図 IV-49　　林業試験場編：木材工業ハンドブック（新版），丸善，1973.
　　図 IV-53　　枝松信之，森　稔：製材と木工（第 3 版），森北出版，p. 314.
　　図 IV-54　　同上.
　　表 II-21　　浅野猪久夫：木質材料の研究と技術，p. 55，1973.
　　表 II-23　　柳下　正：特殊合板，森北出版，p. 3，1967.
　　表 II-25　　平井信二，堀岡邦典：合板（新版），丸善，p. 187. 1976.
　　表 IV- 1　　庄田鉄工（株）：カタログ.
　　表 IV- 2　　坂井秀春：チップソー，槇書店，1975.
　　表 V -18　　林業試験場編：木材工業ハンドブック（新版），丸善，1973.
　　表 V -20　　同上，p. 519.

索　引

ア

相欠き継ぎ　43, 44
あおり張り　80
赤ゴム　79
アクリル樹脂塗料　167
脚　59
脚　貫　55
畔挽きのこ　129
圧　縮　19
圧縮力　154
厚張り　79
後　柱　55
穴あけ　110, 146
編組張り　81
あられ継ぎ　46
蟻くさび継ぎ　45
蟻組継ぎ　46
アルコール性ステイン　164
アルコール溶性フェノール樹脂塗
　　料　167
安全率　22
安楽椅子　57

イ

石畳継ぎ　46
異種材料　157
椅　子　55
椅子回転金物　54
板押え機構　96
板組構造　66
板　材　2
　　──の接合　44
板材削り　143
板の接合　44
板目面　9

板面削り　93
一重テーブル　90
一枚甲板　59
一枚戸　70
芋はぎ　44
隠花植物　5

ウ

ウイングチェア　57
受け桟による伸長テーブル　62
薄張り　78
打付け継ぎ　46
うねり　119
埋込みナット　52
裏　板　67
うるし　167
ウレタンフォーム　79
上塗り　163, 166
上向き切削　93

エ

X形脚　61
エッジ構造　49
NC木工機　81
NGRステイン　162
エマルジョン　158
エラストーマ接着剤　157
塩化ビニル樹脂塗料　167

オ

追入れ継ぎ　48
追入れのみ　144
応　力　20
置き家具　75
押縁止め　71
落込み　25

帯のこ盤　81
帯紐張り　81

カ

回転押込戸　73
ガイドピン　107
ガイドリング　105
化学性ステイン　164
鏡　54
鏡　板　48
かき上げ鎖のみ盤　110
家　具　3
家具金物　53
家具構造　55
角材削り　143
角　胴　91
角のみ盤　111
加工面のアラサ　119
笠　木　55
カゼイン接着剤　159
硬　さ　21
片袖机　64
肩付追入れ継ぎ　46
カッターヘッド　95
割　裂　21
仮道管　10
金具類　50
かまち(框)組板戸　71
かまち組構造　67
かまち組甲板　59
かまち組パネル　48
かまち材　2
　　──の仕口　41
　　──の接合　44
ガラス戸　71
側（かわいた）板　67

索引

環孔材　13
含水率　153
乾性油変性アミノアルキド樹脂塗料　167
乾燥スケジュール　32
かんな　132
　　──の調整　136
かんな胴　91
かんな盤　90

キ

木　裏　9
木　表　9
木くぎ　77
木ざね継ぎ　45
きざみ継ぎ　46
き　ず　24
キックバック　99
木取り　8, 27
基本構造　41
脚部の構造　59
脚部の取付け　61
キャスター　54
ギャングリッパー　88
強制循環方式　106
曲線曲面削り　105
許容応力　21
きわ継ぎ　44
金属によるエッジ構造　49
緊結金具　50

ク

空隙率　15
く　ぎ　50
櫛ゴテ　155
靴掛け　64
クッション　77
クッション性能　78
組継ぎ　46
組継ぎ加工　116

ケ

傾斜削り　99
形成層　6
化粧ばり　33
罫引　147
罫引線　132
顕花植物　5

研削機械　120
研削量　122
建築構成部品　75
けんどん　72
玄　能　145

コ

小　穴　48, 67, 90
小椅子　55
合金工具鋼　85
工具類　3, 4, 125
交叉木埋　24
光重合不飽和ポリエステル樹脂塗料　167
工　匠　3
合成樹脂接着剤　157
合成樹脂調合ペイント　167
甲　板　59
　　──の取付け　61
合　板　34
　　──の類別　38
広葉樹　6, 11
固　化　149
腰入れ　82
腰掛け　55
コーナーロッキングマシン　116
小根ほぞ　41
駒止め　61
混合型共縮合接着剤　157
混合型接着剤　157

サ

材　積　30
最大送り速度　91
細胞壁　14
先　板　70
酢酸ビニル樹脂エマルジョン接着剤　160
指　物　3
逆目削り　95, 134
逆目掘れ　136
酸硬化型アミノアルキド樹脂塗料　167
散孔材　14
サンダー　120
サンダー粒子　122
桟積み　30
三枚組継ぎ　46

三枚継ぎ　44

シ

仕上げ加工用機械　119
地　板　65
色　香　3
軸ずり　72
軸の形式（丸のこ盤）　87
仕　口　41
下塗り　163, 165
下塗り用塗料　165
下端すり機　64
下向き切削　95
自動一面かんな盤　96
自動化　123
自動三面かんな盤　101
自動直二面かんな盤　100
自動二面かんな盤　100
自動四面かんな盤　101
自動機械　83
自動クロスカットソー　87
自動送材装置　93
四方材　2
締付け円盤　52
JAS　28
重研削　122
収　縮　17
収縮率　18
自由水　15
柔組織　10
集成材　32
手加工　125
樹種と比重　152
樹　木　5
衝撃吸収エネルギー　21
衝撃強さ　20
昇降丸のこ盤　88
上端すり機　64
省力化　123
支　輪　65, 67
シロアリ　26
人工乾燥　31
心　材　7
浸漬塗り　162
浸　透　151, 153
真比重　15
針葉樹　10

ス

水性ステイン 164
吸付き桟 59
水分傾斜 31, 95
スカーフジョイント 33
すくい角 89
筋違刷毛 166
筋罫引 147
ステープル止め 67
スパイラルカッター 93
スーパーサーフェーサー 119
スパーワニス 167
スピンドルサンダー 120
スプリング 79
スプレーガン 155
スプレッダー 155
スプレー塗装 162
すべり桟による伸長テーブル 62
すみ打付継ぎ 46
スライドコートハンガー 54
スライドスラー 54
スライドレール 54
すり合せ継ぎ 44
寸胴刷毛 166

セ

成形削り機械 102
成形治具 105
製材 27
製材規格 28, 29
製材歩止り 27
脆心材 24
背板 55
静的平衡度 106
静電塗装 162
生物材料 1
成膜温度 160
整理だんす 65
積層材 32
接合 41
接合金具 50
切削速度 85
切削長さ 92
接触角 151
接着 149
接着剤 156
接着性能 152

接着層 150
背貫 55
背盛り 82
セラックニス 167
セリー装置 84
背割 1
繊維走向度 19
繊維板 38
繊維飽和点 17
旋回木理 24
旋削加工 110
せん断強さ 20
専用機械 83
専用クランプ 105

ソ

送材形式（丸のこ盤） 87
送材速度 85
送材変速機構 98
送材用ロール 96
速乾ニス 167
素地の調整 163
ソリッドパネル 49

タ

堆積時間 154
台輪 55, 67
竹くぎ 77
多軸柄取り盤 115
多軸ボール盤 110, 112
縦形単軸柄取り盤 112
縦挽き盤 87
棚板 69
棚口桟 64
棚受けだぼ 54
ダブテールマシン 118
ダブルエンドテノナー 114
ダブルサイザー 114
だぼ継ぎ 41
単位家具 74
単位要素 74
段欠き 67
短期応力 22
炭素工具鋼 85
単板 34
断面係数 20

チ

力布 78
ちぎり 44
チップブレーカー 99
着色 164
抽出物 152
長期応力 22
彫刻のみ 144
超仕上げかんな盤 119
丁番 54
直面削り 104

ツ

束 57
継手 41
机 59
つなぎ貫 61
面一 73

テ

ディスクサンダー 120
手押しかんな盤 92
手押し用安全治具 95
天井板 77
テーパ削り 99
テーブル 59, 92
テーブル形式（丸のこ盤） 87
テーブル昇降ハンドル 93
テーブルロール 97
天然乾燥 30
天然物接着剤 154
天板 67
てんびんざし 46

ト

戸 70
戸の取付け 72
道管 1, 11
胴突のこ 132
簾張り 80
投錨力 149
塗装 4, 162
土手 79
とびら 71
留形包み打付け継ぎ 46
止金具 54
留継ぎ 44

ナ

内装材　1
内部応力　153
長椅子　57
内部送風式乾燥室　31
中仕切板　65
中塗り　163, 166
中袋式スプリングマットレス　82
夏材　7
波くぎ　44
ならい目　95
ならい目切削　133
なわ張り　81

ニ

にかわ　140
逃げ角　89
二重テーブル　92
ニトロセルロースラッカー　167
日本農林規格　28
二枚組継ぎ　46

ヌ

貫（ぬき）　59
ぬれ　151

ネ

熱加塑性樹脂接着剤　157
熱硬化性樹脂接着剤　157
練心合板構造　48
練付け甲板　59
年輪　7

ノ

濃縮型接着剤　161
のこぎり　125
のこ切味鈍化　91
のこ装着形式（丸のこ盤）　87
のこ盤　83
のこ挽き作業　125
のこ身の緊張度　84
ノックダウン金物　54

トランスファーマシン　123
ドリルユニット　112
泥脚　61

ハ

ハイソリッドラッカー　167
刷毛　155
刷毛塗り　162
箱脚　64
箱治具　99
はしばみ　59
柱組み　65
剝離抵抗　38
刃先角　89
刃先線　132
端だれ　121
端ばめ継ぎ　45
パーティクルボード　37
羽根脚　61
パネル構造　47
張包（くる）み　80
春材　7
汎用機械　83

ヒ

ひき得る曲率半径　85
ひき込角　132
ひき込み継ぎ　44
引出し　64, 69
引出し受け桟　64
引出しすり機　64
引出しの仕込み　70
引手　54
　——の取付け　70
引戸　72
被削材　95
ひじ掛け椅子　57
ひじ掛け板　57
肘木　57
被子植物　5, 6
比重　152
ひずみ　18
被接着物　149
引張り強さ　19
平打付け継ぎ　46
開き戸　72
ヒラタキクイムシ　27
平机　64
平留継ぎ　44
平刷毛　166
平ほぞ　41

ビルトインファニチャ　74

フ

ファイバーボード　38
フィンガージョイント　41
フォームマットレス　82
フォームラバー　79
不可逆的　152
腐朽　26
節　23
フタル酸樹脂塗料　165
フックの法則　19
フットボード　57
歩止り　27
プラスチックによるエッジ構造　49
フラッシュパネル構造　49, 67
プレッシャーバー　99
振止板　64
フレームコア合成構造　49
フローコート　162
プロフィールサンダー　122
分子間引力　149

ヘ

平衡含水率　15
壁孔　14
ヘッシャンクロス　81
ベッド　55, 57
ヘッドボード　57
ヘラ　153
ベルトサンダー　120, 121
辺材　7

ホ

ボイル油　167
放射孔材　14
放射組織　10
膨潤　17
方建（ほうたて）　64
防腐処理　26
補強金物　54
ほぞ組み　41
ほぞ継ぎ　41
ほぞ（枘）取り盤　111
帆立板　65
ポリウレタン樹脂塗料　167
ボール盤　110, 112

マ

巻込み戸　72, 73
幕　板　59
曲　げ　19
柾目材　2
まさ目面　9
マットレス　81
丸テーブル　61
丸のこ歯の周速度　90
丸のこ盤　86

ミ

ミクロフィブリル　14
ミセル　14
ミニフィンガージョイント　33
未濃縮型接着剤　161

ム

無　垢　47
無孔材　14
向待ちのみ　144

メ

目止め　163, 164
目止め剤　164
面　縁　59
面取り盤　102
　　――の作業　104
面の粗さ　153

モ

杢　9
木工機械　83
木工旋盤　110

木工用小型帯のこ盤　86
木　材　2
　　――によるエッジ構造　49
　　――の色　10
　　――の乾燥　30
　　――の欠点　23
　　――の構造　6
　　――の性質　15
　　――の接合　41
木材加工　3
木質材料　32
木繊維　11
木ねじ　52
木　理　3, 4, 9
モールダー　101
紋様材　14

ヤ

雇いざね継ぎ　44
雇いざね留継ぎ　44
ヤング係数　19

ユ

油性ステイン　164
油性調合ペイント　167
湯煎鍋　159
ユニットファニチャ　74
油変性ポリウレタン樹脂塗料　167
油溶性フェノール樹脂塗料　167
ユリア樹脂接着剤　160
ユリア樹脂塗料　167

ヨ

溶剤蒸発　151

横すくい角　89
横挽き盤　87

ラ

裸子植物　5
ラジアルボール盤　112
ラッカーステイン　116
ランニングソー　87
ランバーコア合板構造　50

リ

両袖机　65

ル

ルーター作業　107, 108
ルータービット　107, 109
ルーターマシン　102, 106

レ

連結金具　52
連結スプリングマットレス　81

ロ

ロッキングカッター　116
ロータリーレース　34
ローラーブラシ　166
ローラー塗り　162

ワ

ワイドベルトサンダー　119, 120
わく心合板構造　49
わく体　65
和だんす　76
割　れ　24

MEMO

MEMO

MEMO

監修者

平井信二（ひらいしんじ）
東京大学名誉教授

著　者

上田康太郎（うえだこうたろう）
東京都立工芸高等学校教諭

土屋欣也（つちやきんや）
東京大学農学部林産学科技官

藤城幹夫（ふじしろみきお）
東京都立工芸高等学校教諭

技術シリーズ

木　工（普及版）　　　　　　　定価はカバーに表示

1979 年 11 月 30 日　　　初版第 1 刷
1984 年 3 月 15 日　　　第 5 刷（増補版）
2005 年 3 月 20 日　　　普及版第 1 刷
2005 年 8 月 30 日　　　第 2 刷

監修者　平井信二
発行者　朝倉邦造
発行所　株式会社　朝倉書店
　　　　東京都新宿区新小川町6-29
　　　　郵便番号　162-8707
　　　　電　話　03(3260)0141
　　　　FAX　03(3260)0180
　　　　http://www.asakura.co.jp

〈検印省略〉

© 1979 〈無断複写・転載を禁ず〉　　　　中央印刷・渡辺製本

ISBN 4-254-20511-2　C 3350　　　　　　Printed in Japan

産業技術総合研究所人間福祉医工学研究部門編

人間計測ハンドブック

20107-9 C3050　　B 5 判　928頁　本体36000円

基本的な人間計測・分析法を体系的に平易に解説するとともに，それらの計測法・分析法が製品や環境の評価・設計においてどのように活用されているか具体的な事例を通しながら解説した実践的なハンドブック。〔内容〕基礎編（形態・動態，生理，心理，行動，タスクパフォーマンスの各計測，実験計画とデータ解析，人間計測データベース）／応用編（形態・動態適合性，疲労・覚醒度・ストレス，使いやすさ・わかりやすさ，快適性，健康・安全性，生活行動レベルの各評価）

武庫川女大 梁瀬度子・和洋女大 中島明子他編

住 ま い の 事 典

63003-4 C3577　　B 5 判　632頁　本体22000円

住居を単に建築というハード面からのみとらえずに，居住というソフト面に至るまで幅広く解説。巻末には主要な住居関連資格・職種を掲載。〔内容〕住まいの変遷／住文化／住様式／住居計画／室内環境／住まいの設備環境／インテリアデザイン／住居管理／住居の安全防災計画／エクステリアデザインと町並み景観／コミュニティー／子どもと住環境／高齢者・障害者と住まい／住居経済・住宅問題／環境保全・エコロジー／住宅と消費者問題／住宅関連法規／住教育

前東工大 清家 清監修

インテリアデザイン辞典

68004-X C3570　　A 5 判　420頁　本体16000円

インテリアデザインの目標や内容，それに領域などを示すとともに，インテリアにかかわる歴史・計画・設計・構造・材料・施工および関連用語など，広範に及ぶインテリアデザインの全分野にわたって基礎的用語を約4000項目えらんで，豊富な写真・図によりビジュアルに解説した。インテリアデザイナー，建築家，工業デザイナーや学生・生徒諸君，インテリア産業・住宅関連産業にたずさわる方々および広くインテリアデザインに関心をもつ一般の方々の座右の書

共立女短大 城 一夫著

西 洋 装 飾 文 様 事 典

68009-0 C3570　　A 5 判　532頁　本体22000円

古代から現代まで，西洋の染織，テキスタイルデザインを中心として，建築，インテリア，家具，ガラス器，装幀，グラフィックデザイン，絵画，文字，装身具などにみられる様々な装飾文様，図像およびそれに関するモチーフ，様式名，人名，地名，技法など約1800項目を50音順に平易に解説〔項目例〕アイリス／インカ／渦巻水波／エッシャー／黄道帯十二宮／ガウディ／奇想様式／孔雀／月桂樹／ゴシック様式／更紗／獅子／ストライプ／聖書／象眼／太陽／チェック／壺／庭園／他

実用インテリア辞典編集委員会編

実 用 イ ン テ リ ア 辞 典

68010-4 C3570　　A 5 判　520頁　本体20000円

インテリアコーディネーター，インテリアプランナーの資格制度が発足して，インテリアを学ぶ方々が増えつづけている。本書は，長年インテリアの教育・研究に携わった筆者らが，インテリアの計画と設計，歴史，構造と材料，施工と生産，インテリアエレメント，住宅政策および関連法規などの諸分野から，内容の検討を重ねて約4300項目を選び，図を多数使ってビジュアルにわかりやすく解説した用語辞典。インテリア資格試験の受験者，学生，インテリア産業界の方々の座右書

日本デザイン学会編

デ ザ イ ン 事 典

68012-0 C3570　　B 5 判　756頁　本体28000円

20世紀デザインの「名作」は何か？—系譜から説き起こし，生活〜経営の諸側面からデザインの全貌を描く初の書。名作編では厳選325点をカラー解説。［流れ・広がり］歴史／道具・空間・伝達の名作。［生活・社会］衣食住／道／音／エコロジー／ユニバーサル／伝統工芸／地域振興他。［科学・方法］認知／感性／形態／インタラクション／分析／UI他。［法律・制度］意匠法／Gマーク／景観条例／文化財保護他。［経営］コラボレーション／マネジメント／海外事情／教育／人材育成他

上記価格（税別）は 2005 年 7 月現在